普通高等院校机电类专业系列特色教材

数控加工及 CAM 技术

主　编　姚华平　张日红　黄　钊
副主编　梁楚亮　王锦峰

西南交通大学出版社
·成都·

图书在版编目（CIP）数据

数控加工及 CAM 技术 / 姚华平，张日红，黄钊主编.
成都 ：西南交通大学出版社，2024. 11. -- ISBN 978-7-
5774-0165-2

Ⅰ．TG659

中国国家版本馆 CIP 数据核字第 20245UZ745 号

Shukong Jiagong ji CAM Jishu

数控加工及 CAM 技术

主　编 / 姚华平　张日红　黄　钊

策划编辑 / 陈　斌
责任编辑 / 何明飞
责任校对 / 蔡　蕾
封面设计 / 吴　兵

西南交通大学出版社出版发行

（四川省成都市金牛区二环路北一段 111 号西南交通大学创新大厦 21 楼　610031）

营销部电话：028-87600564　　028-87600533

网址：http://www.xnjdcbs.com

印刷：成都中永印务有限责任公司

成品尺寸　185 mm × 260 mm

印张　19.75　　字数　492 千

版次　2024 年 11 月第 1 版　　印次　2024 年 11 月第 1 次

书号　ISBN 978-7-5774-0165-2

定价　49.80 元

课件咨询电话：028-81435775

【前言】 >>>>

　　随着现代制造业的迅猛发展，数控加工（CNC）和计算机辅助制造（CAM）技术已经成为工业生产中的核心技术。这些技术在复杂零件制造、生产柔性化和高精度加工等方面发挥着举足轻重的作用。掌握数控加工和 CAM 技术已经成为当代工程技术人员的必备技能之一。本书是在充分吸取广州数控设备有限公司和广州市广数职业培训学院多年来对社会、高校、高职和中职数控人才的培训经验的基础上，结合高校多年教学经验编写而成。本书内容涵盖数控加工的基本原理、编程技巧、设备操作以及 CAM 软件应用等方面，力求通过理论与实践相结合的方式，帮助学生们深入理解并熟练掌握数控加工及 CAM 技术。

　　本书注重理论基础与实际应用相结合，通过工业案例的导入深化理论学习，增强实际操作技能；内容安排从基础知识到高级应用循序渐进，确保学生能够逐步深入，全面掌握数控加工及 CAM 技术；本书还将最新的技术发展和行业动态融入其中，确保知识体系紧跟时代步伐。

　　本书共分 7 章，由仲恺农业工程学院相关的骨干教师和广州数控设备有限公司和广州市广数职业培训学院的资深工程师共同撰写完成，第 1 章"数控机床概述"主要介绍数控机床的组成、分类和发展趋势，由王毅教授和黄钊高级工程师编写；第 2 章"数控编程的基础知识"主要介绍数控编程的概念、内容、坐标系和程序格式，由姚华平副教授和黄钊高级工程师编写；第 3 章"数控车床程序编制及加工"主要介绍车床的工艺分析、编程基础、车床的操作以及综合实例，由张瑞华副教授和梁楚亮高级工程师编写；第 4 章"数控铣床程序编制及加工"主要介绍铣床的工艺分析、编程基础、铣床的操作以及综合实例，由姚华平副教授和林杰坤工程师编写；第 5 章"UG NX12.0 CAM 基础知识"主要介绍 UG 数控加工环境设置、操作流程和各种参数设置，由凌轩副教授和樊俊江工程师编写；第 6 章"UG NX12.0 CAM 加工工序"主要介绍平面铣、底壁铣、轮廓铣、孔以及型腔铣等铣削加工流程，由张日红副教授和王锦峰工程师编写；第 7 章"UG NX12.0 CAM 加工综合实例"综合举例说明了 CAM 加工工序模拟和程序生成过程，由张翔副教授和王锦峰工程师编写。

　　本书在编写过程中，得到了各方人士的指导、支持和帮助，还引用了部分标准和技术文献资料，在此，编者一并表示衷心的感谢。

　　由于编者水平有限，书中不足之处在所难免，敬请广大读者批评指正。

编　者

2024 年 6 月

【目录】 >>>>

1

数控机床概述

1.1 数控机床的基本概念

数控技术是综合了计算机、自动控制、电机、电气传动、测量、监控、机械制造等学科领域新成果而形成的一门边缘科学技术。在现代机械制造领域中，数控技术已成为核心技术之一，是实现柔性制造（Flexible Manufacturing，FM）、计算机集成制造（Computer Integrated Manufacturing，CIM）、工厂自动化（Factory auto Manufaction，FA）的重要基础技术之一。国家标准（GB/T 8129—2015）把机床数控技术定义为"用数字化信息对机床运动及其加工过程进行控制的一种方法"，简称数控（Numerical Control，NC）。数控机床就是采用了数控技术的机床。数控机床是一个装有程序控制系统的机床，该系统能够逻辑地处理具有使用代码，或其他符号编码指令规定的程序。换言之，数控机床是一种采用计算机，利用数字信息进行控制的高效、能自动化加工的机床，它能够按照机床规定的数字化代码，把各种机械位移量、工艺参数、辅助功能（如刀具交换、冷却液开与关等）表示出来，经过数控系统的逻辑处理与运算，发出各种控制指令，实现要求的机械动作，自动完成零件加工任务。数控机床是一种灵活性很强、技术密集度及自动化程度很高的机电一体化加工设备。随着自动控制理论、电子技术、计算机技术、精密测量技术和机械制造技术的进一步发展，数控技术正向高速度、高精度、智能化、开放型以及高可靠性等方向迅速发展。

1.2 数控机床的组成

机床数控技术由机床本体、数控系统和外围技术组成，如图 1.1 所示。

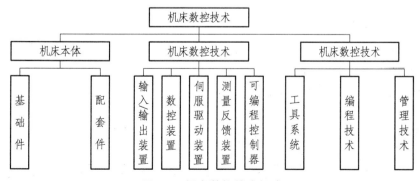

图 1.1 机床数控技术组成

1.2.1 机床本体

机床本体通常是指数控机床上的机械部件，主要包括主运动部件（如主轴组件、变速箱等）、进给运动执行部件（如工作台、拖板、丝杠、导轨及其传动部件）和支承部件（床身、立柱等），此外，还有冷却、润滑、转位和夹紧等辅助装置。对于能同时进行多道工序加工的加工中心类的数控机床，还有存放刀具的刀库、交换刀具的机械手等部件。

数控机床的机械部件的功能与普通机床机械部分的功能相似，可用于实现运动的传递、使机床产生相应的动作。数控加工是自动控制，不能像普通机床那样由人工进行调整、补偿。数控机床的主运动、进给运动都由单独的伺服电机驱动，多采用变频调速方式来改变运动速度，其传动链短、结构简单。为保证数控机床的快速响应特性，数控机床普遍采用精密滚珠丝杠和直线滚动导轨副。为保证数控机床的高精度、高效率和高自动化加工，机械结构应具有较高的动态特性、动态刚度、抗变形性能、耐磨性。除此之外，数控机床还配备有冷却、自动排屑、对刀、测量等配套装置，以利于更好地发挥数控机床的功能。

1.2.2 数控系统

数控系统是一种程序控制系统，它能逻辑地处理输入到系统中的数控加工程序，控制数控机床运动并加工出零件。图 1.2 所示为数控系统的基本组成。它由输入输出装置、计算机数控（Computer Numerical Control，CNC）装置、可编程控制器（Programmable Logic Control，PLC）、主轴伺服驱动装置、进给伺服驱动装置以及检测装置等组成。

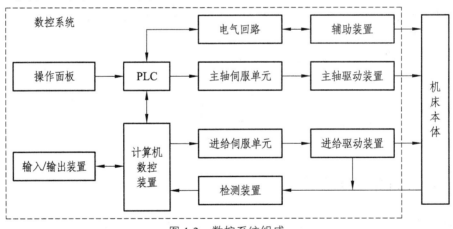

图 1.2　数控系统组成

1. 输入/输出装置

输入/输出设备是 CNC 系统与外部设备进行信息交换的桥梁，主要用于零件数控程序的编译、打印和显示等。通过输入/输出设备可进行信息交换，是实现 CAD/CAM 集成、FMS 和 CIMS 的基本技术。常见的控制介质和输入、输出装置见表 1.1。

表 1.1　控制介质与输入、输出设备

控制介质	输入设备	输出设备
CF 卡、SD 卡、U 盘、硬盘	键盘、输入按钮、开关	打印机、显示器、状态灯
	以太网接口、读卡器、USB 读写控制电路、硬盘驱动器	

2. 数控装置

数控（CNC）装置是数控系统的核心。在一般的数控加工过程中，首先启动 CNC 装置，在 CNC 内部控制软件的作用下，通过输入装置或输入接口读入零件的数控加工程序，并存放到 CNC 装置的程序存储器内。开始加工时，在控制软件作用下，将数控加工程序从存储器中读出，按程序段进行处理，先进行译码处理，将零件数控加工程序转换成计算机能处理的内部形式，将程序段的内容分成位置数据和控制指令，并存放到相应的存储区域，最后根据数据和指令的性质进行各种流程处理，完成数控加工的各项功能。

3. 伺服驱动装置

伺服驱动装置又称伺服系统，把来自 CNC 装置的微弱指令信号解调、转换、放大后驱动伺服电机，通过执行部件驱动机床运动，使工作台精确定位或使刀具与工件按规定的轨迹做相对运动，最后加工出符合图纸要求的零件。数控机床的伺服驱动装置包括主轴驱动单元（主要是转速控制）、进给驱动单元（包括位移和速度控制）、回转工作台和刀库伺服控制装置以及它们相应的伺服电机等。伺服系统分为步进电机伺服系统、直流伺服系统、交流伺服系统、直线伺服系统。各种伺服电机的优缺点见表 1.2。

表 1.2　各种伺服系统的优缺点

伺服系统类型	优点	缺点
直线伺服系统	高精度定位能力； 高速运动性能； 良好的动态响应特性	初始投资较高； 对环境温度和湿度要求较高； 对维护和保养要求较高
交流伺服系统	高效节能； 较低的噪声水平； 高可靠性和稳定性	需要专业工程师进行调试和维护； 初始成本相对较高； 对电网干扰敏感
直流伺服系统	高速、高精度控制； 调速范围广； 相对简单的控制结构	能效较低； 维护成本较高； 日益被交流伺服系统取代
步进电机系统	简单结构，易于控制和驱动； 低成本、易于维护和更换	存在失步现象，对控制要求高； 功率密度低，适用范围有限； 低速扭矩表现一般

4. 测量反馈装置

测量反馈装置的作用是通过传感器检测出实际的位移量，反馈给 CNC 装置中的比较器，与 CNC 装置发出的指令信号比较，如果有差值，就发出运动控制信号，控制数控机床移动部件向消除该差值的方向移动。不断比较指令信号与反馈信号，纠正所产生的误差。常用检测装置有旋转变压器、编码器、感应同步器、光栅、磁栅、霍尔检测元件等。

5. 可编程控制器

PLC 控制是对机床动作的"顺序控制"，即以 CNC 内部和机床各行程开关、传感器、按钮、继电器等开关量信号状态为条件，并按预先规定的逻辑顺序对诸如主轴的起停、换向，刀具的更换，工件的夹紧、松开，冷却、润滑系统等的运行等进行的控制。

1.2.3 外围技术

外围技术主要包括工具系统（主要指刀具系统）、编程技术和管理技术。

1.3 数控机床的分类

数控机床的品种规格繁多，分类方法不一。根据数控机床的功能、结构、组成不同，可从控制方式、伺服系统类型、功能水平、工艺方法几个方面进行分类。

1.3.1 按控制方式分类

根据数控机床运动控制方式的不同，可将数控机床分为点位控制、直线控制和轮廓控制三种类型，如图 1.3 所示。

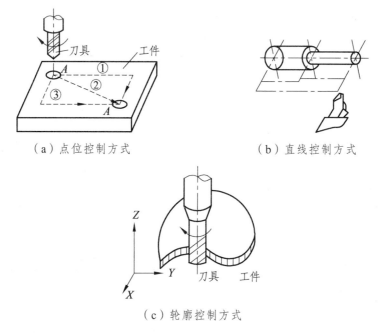

（a）点位控制方式　　　　　　　　　　（b）直线控制方式

（c）轮廓控制方式

图 1.3　数控系统的运动控制方式

1．点位控制数控机床

一些孔加工数控机床，如数控钻床、数控冲床等，数控系统只控制刀具从一点到另一点的准确定位，从一个孔到另一个孔的移动轨迹则无严格要求。在机床移动部件的移动过程中，不进行切削加工。具有这种运动控制的机床称为点位控制数控机床。

2．直线控制数控机床

直线控制数控机床不仅要求控制点到点的精确定位，而且要求机床工作台或刀具（刀架）以给定的进给速度，沿平行于坐标轴的方向或与坐标轴成 45°角的方向进行直线移动和切削加工。目前具有这种运动控制的数控机床很少。

3. 轮廓控制数控机床

对一些数控机床，如数控铣床、加工中心等，要求能够对两个或两个以上运动坐标的位移和速度同时进行连续相关的控制，使刀具与工件间的相对运动符合工件加工轮廓要求。具有这种运动控制的机床称为轮廓控制数控机床。该类机床在加工过程中，每时每刻都对各坐标的位移和速度进行严格的不间断的控制。

对于轮廓控制数控机床，根据同时控制坐标轴的数目可分为两轴联动、两轴半联动、三轴联动、四轴、五轴及六轴联动。两轴联动同时控制两个坐标轴实现二维直线、圆弧、曲线的轨迹控制。两轴半联动除了控制两个坐标轴联动外，还同时控制第三坐标轴作周期性进给运动，可以实现简单曲面的轨迹控制。三轴联动同时控制 X、Y、Z 三个直线坐标轴联动，实现曲面的轨迹控制。四轴或五轴联动除了控制 X、Y、Z 三个直线坐标轴外，还能同时控制一个或两个回转坐标轴，如工作台的旋转、刀具的摆动等，从而实现复杂曲面的轨迹控制。图1.4 所示为 2～5 坐标联动加工示意图。

由于加工中心同时具有点位和轮廓控制功能，直线控制的数控机床又很少，因此按上述运动控制方式的分类方法在目前的数控机床之间很难给出明确的界限。

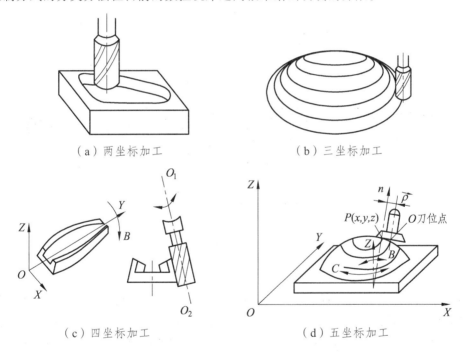

（a）两坐标加工   （b）三坐标加工

（c）四坐标加工   （d）五坐标加工

图 1.4 2～5 坐标加工示意图

1.3.2 按伺服系统类型分类

根据数控机床伺服驱动控制方式的不同，可将数控机床分为开环控制、闭环控制和半闭环控制三种类型，如图 1.5 所示。

1. 开环控制数控机床

没有位移检测反馈装置的数控机床称为开环控制数控机床。数控装置发出的控制指令直接通过驱动装置控制步进电机的运转，然后通过机械传动系统转化成刀架或工作台的位移。开环控制数控机床结构简单，制造成本较低，价格便宜。但是，由于这种控制系统没有检测反馈，无法通过反馈自动进行误差检测和校正，因此位移精度一般不高。

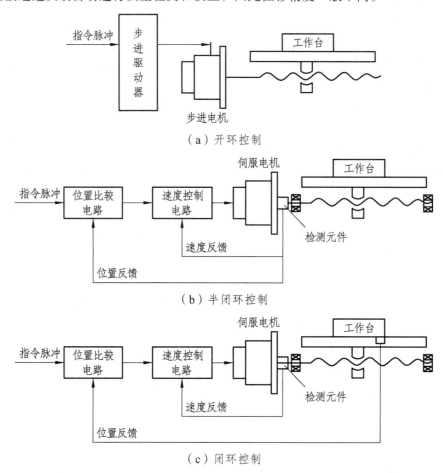

图 1.5　伺服系统控制方式

2. 闭环控制数控机床

闭环控制数控机床带有位置检测装置，而且检测装置安装在机床刀架或工作台等执行部件上，用以随时检测这些执行部件的实际位置。插补得到的指令位置值与反馈的实际位置值相比较，根据差值控制电机的转速，进行误差修正，直到消除为止。这种闭环控制方式可以消除由于机械传动部件误差给加工精度带来的影响，因此可得到很高的加工精度，但由于它将丝杠螺母副及工作台导轨副这些大惯量环节放在闭环之内，系统稳定性受到影响，调试困难，且结构复杂、价格昂贵。

3. 半闭环控制数控机床

半闭环控制数控机床的位置检测装置安装在伺服电机上或丝杠的端部，通过检测伺服电机或丝杠的角位移间接计算出机床工作台等执行部件的实际位置值，然后与指令位置值比较，进行差值控制。这种机床的闭环控制环内不包括丝杠螺母副及机床工作台导轨副等大惯量环节，因此可以获得稳定的控制特性，而且调试比较方便，价格也较全闭环系统便宜。

1.3.3 按功能水平分类

数控机床按其功能水平的高低可以分为低档型、中档型和高档型三种类型，由它们的主要技术及功能指标和关键部件的功能水平等决定，主要包括中央处理器位数、分辨率、进给速度、多轴联动轴数、显示功能以及通信功能等。表 1.3 中所列的数据为目前普遍认同的分类指标，可供参考。

表 1.3　数控机床按功能水平分

项目	低档	中档	高档
分辨率	10	1	0.1
进给速度/（m/min）	8～15	15～24	15～100
联动轴数	2～3 轴	2～4 轴或 3～5 轴以上	
主 CPU 位数	8 位	16 位、32 位、64 位	
伺服系统	步进电机开环	直流及交流闭环伺服系统	
内装 PC	无	有	
显示功能	简单的数码显示或 CRT 显示功能	齐全的 CRT 显示功能，有字符图形、人机对话、自诊断及三维动态图形显示	
通信功能	无	R232 或 DNC 接口	MAP 接口

1.3.4 按工艺方法分类

按工艺方法，数控机床可分为金属切削数控机床、金属成型数控机床、特种加工数控机床，也可分为普通数控机床（指加工用途、加工工艺单一的机床）和加工中心（指带有自动换刀装置、能进行多工序加工的机床）。

1. 金属切削数控机床

金属切削数控机床有数控车床、数控铣床、数控钻床、数控磨床、带有刀库和能实现多工序加工的铣镗加工中心及车削中心。铣镗加工中心主要完成铣、镗、钻、攻丝等工序；车削中心以完成各种车削加工为主，也能完成铣平面、铣键槽及钻横孔等工序。

2. 金属成型数控机床

金属成型数控机床指使用挤、冲、压、拉等成型工艺的数控机床，如数控压力机、折弯机、弯管机、旋压机等。

3. 特种加工数控机床

特种加工数控机床主要指数控线切割机、电火花成型机、火焰切割机、激光加工机等。

4. 其他类数控机床

属于此类的有数控装配机、数控测量机、机器人等。

1.4　数控技术发展趋势

数控技术不仅给传统制造业带来了革命性的变化，使制造业成为工业化的象征，而且随着数控技术的不断发展和应用领域的扩大，它对国计民生的一些重要行业的发展起着越来越重要的作用。数控技术发展的趋势，主要有如下几个方面：

1. 向高速度、高精度方向发展

精度和速度是数控机床的两个重要指标，直接关系到产品的质量和档次、产品的生产期与在市场上的竞争能力。

在加工精度方面，近 10 年来，普通级数控机床的加工精度已由 10 μm 提高到 5 μm，精密级加工中心则从 3～5 μm 提高到 1～1.5 μm，并且超精密加工精度已进入纳米级（0.001 μm）。加工精度的提高不仅在于采用了滚珠丝杠副、静压导轨、直线滚动导轨、磁浮导轨等部件，提高了 CNC 系统的控制精度，应用了高分辨率的位置检测装置，而且在于使用了各种误差补偿技术，如丝杠螺距误差补偿、刀具误差补偿、热变形误差补偿、空间误差综合补偿等。

在加工速度方面，高速加工源于 20 世纪 90 年代初，以电主轴和直线电机的应用为特征，使主轴转速达到 100 000 r/min 以上，进给速度达到 60 m/min 以上，进给加速度和减速度达到 1 g 以上。微处理器的迅速发展，使运算速度极大提高，当分辨率为 0.1 μm、0.01 μm 时仍能获得高达 24～240 m/min 的进给速度。高速进给要求数控系统具有足够的超前路径加（减）速优化预处理能力（前瞻处理），有些系统可提前处理 5 000 个程序段。为保证加工速度，高档数控系统可在每秒内进行 2 000～10 000 次进给速度的改变。换刀时间逐渐缩短，目前国外先进加工中心的刀具交换时间普遍在 1 s 左右，有的已达 0.5 s。

2. 向柔性化、功能复合化方向发展

数控机床在提高单机柔性化的同时，朝单元柔性化和系统化方向发展，如出现了数控多轴加工中心、换刀换箱式加工中心等具有柔性的高效加工设备；出现了由多台数控机床组成底层加工设备的柔性制造单元（Flexible Manufacturing Cell，FMC）、柔性制造系统、柔性加工线（Flexible Manufacturing Line，FML）。在现代数控机床上，自动换刀装置、自动工作台交换装置等已成为基本装置。随着数控机床向柔性化方向的发展，功能复合化更多地体现在：工件自动装卸，工件自动定位，刀具自动对刀，工件自动测量与补偿，集钻、车、镗、铣、磨为一体的"万能加工"和集装卸、复合加工、测量为一体的"完整加工"等。

3. 向智能化方向发展

随着人工智能在计算机领域不断渗透和发展，数控系统向智能化方向发展。在新一代的数控系统中，由于采用"进化计算"（evolutionary computation）、"模糊系统"（fuzzy system）和"神经网络"（neural network）等控制机理，性能大大提高，具有加工过程的自适应控制、负载自动识别、工艺参数自生成、运动参数动态补偿、智能诊断、智能监控等功能。

（1）引进自适应控制技术。由于在实际加工过程中，影响加工精度的因素较多，如工件余量不均匀、材料硬度不均匀、刀具磨损、工件变形、机床热变形等，这些因素事先难以预知，以致在实际加工中，很难用最佳参数进行切削。引进自适应控制技术的目的是使加工系统能根据切削条件的变化自动调节切削用量等参数，使加工过程保持最佳工作状态，从而得

到较高的加工精度和较小的表面粗糙度，同时也能延长刀具的使用寿命和提高设备的生产效率。

（2）故障自诊断、自修复功能。在系统整个工作状态中，利用数控系统内装程序随时对数控系统本身以及与其相连的各种设备进行自诊断、自检查。一旦出现故障，立即采用停机等措施，并进行故障报警，提示发生故障的部位和原因等，并利用"冗余"技术，自动使故障模块脱机，接通备用模块。

（3）刀具寿命自动检测和自动换刀功能。利用红外、声发射、激光等检测手段，对刀具和工件进行检测，发现工件超差、刀具磨损和破损等，及时报警、自动补偿或更换刀具，确保产品质量。

（4）模式识别技术。应用图像识别和声控技术，使机床自己辨识图样，按照自然语言命令进行加工。

（5）智能化交流伺服驱动技术。目前已研究出能自动识别负载并自动调整参数的智能化伺服系统，包括智能化主轴交流驱动装置和进给伺服驱动装置，使驱动系统以最佳状态运行。

4. 向高可靠性方向发展

数控机床的可靠性一直是用户最关心的主要指标，它主要取决于数控系统各伺服驱动单元的可靠性。为提高可靠性，目前主要采取以下措施。

（1）采用更高集成度的电路芯片，采用大规模或超大规模的专用及混合式集成电路，以减少元器件的数量，提高可靠性。

（2）通过硬件功能软件化，适应各种控制功能的要求，同时通过硬件结构的模块化、标准化、通用化及系列化，提高硬件的生产批量和质量。

（3）增强故障自诊断、自恢复和保护功能，对系统内硬件、软件和各种外部设备进行故障诊断、报警。当发生加工超程、刀损、干扰、断电等各种意外时，自动进行相应的保护。

5. 向网络化方向发展

数控机床的网络化将极大地满足柔性生产线、柔性制造系统、智能制造系统对信息集成的需求。目前先进的数控系统为用户提供了强大的联网能力，除了具有 RS232C 接口，还带有具有远程缓冲功能的 DNC 接口，可以实现多台数控机床间的数据通信和直接对多台数控机床进行控制。有的已配备与工业局域网通信的功能以及网络接口，促进了系统集成化和信息综合化，使远程在线编程、远程仿真、远程操作、远程监控及远程故障诊断成为可能。

6. 向标准化方向发展

数控标准是制造业信息化发展的一种趋势。数控技术诞生后的 70 多年里，信息交换都是基于 ISO 6983 标准，即采用 G 代码、M 代码对加工过程进行描述的。显然，这种面向过程的描述方法已越来越不能满足现代数控技术高速发展的需要。为此，国际上制定了一种新的 CNC 系统标准 ISO 14649（STEP-NC），其目的是提供 种不依赖于具体系统的中性机制，能够描述产品整个生命周期内的统一数据模型，从而实现整个制造过程，乃至各个工业领域产品信息的标准化。

7. 向现场总线控制方向发展

随着数控系统开放化、智能化和网络化的发展，传统脉冲式或模拟式系统控制接口方式已不能满足高速、高精、多通道、复合化的要求，数控装置和伺服驱动器、I/O 之间越来越多地采用现场总线的通信方式。现场总线支持数据双向传输，具有传输速率高、传输距离远、抗干扰能力强的优点，又以实现良好的实时性、同步性和可靠性，大大提高了数控系统的运算能力和柔性，简化了数控系统部件之间的连接，是实现机床多通道多轴联动复杂控制的技术保障。

数控编程的基础知识

2.1　数控编程的基本概念

数控编程工作是数控机床使用中最重要的一环，对于产品质量控制有着重要的作用。数控编程技术涉及制造工艺、计算机技术、数学、人工智能、微分几何等众多学科领域的知识。

在数控编程之前，首先对零件图纸规定的技术要求、几何形状、加工内容、加工精度等进行分析；在分析的基础上确定加工方案、加工路线、对刀点、刀具和切削用量等；然后进行必要的坐标计算。在完成工艺分析并获得坐标的基础上，将确定的工艺过程、工艺参数、刀具位移量与方向以及其他辅助动作，按走刀路线和所用数控系统规定的指令代码及程序格式编制出程序单，经验证后通过 MDI、RS232C 接口、USB 接口、DNC 接口等多种方式输入数控系统，以控制机床自动加工。这种从分析零件图纸开始，到获得数控机床所需的数控加工程序的全过程叫作数控编程。

2.2　数控编程的内容和步骤

数控编程的主要内容包括零件图纸分析、工艺处理、数学处理、程序编制、控制介质制备、程序校验和试切削。具体步骤与要求如下：

2.2.1　零件图纸分析

拿到零件图纸后首先要对零件进行数控加工工艺性分析，根据其材料、毛坯种类、形状、尺寸、精度、表面质量和热处理要求确定合理的加工方案，并选择合适的数控机床。

2.2.2　工艺处理

工艺处理涉及内容较多，主要有以下几点：

（1）加工方法和工艺路线的确定。按照能充分发挥数控机床功能的原则，确定合理的加工方法和工艺路线。

（2）刀具、夹具的设计和选择。数控加工刀具确定时，要综合考虑加工方法、切削用量、工件材料等因素，满足调整方便、刚性好、精度高、耐用度好等要求。数控加工夹具设计和选用时，应考虑能迅速完成工件的定位和夹紧过程，以减少辅助时间，并尽量使用组合夹具，以缩短生产准备周期。此外，所用夹具应便于安装在机床上，便于协调工件和机床坐标系的尺寸关系。

（3）对刀点的选择。对刀点是程序执行的起点，选择时应以简化程序编制、容易找正、在加工过程中便于检查、减小加工误差为原则。对刀点可以设置在被加工工件上，也可以设置在夹具或机床上。为了提高零件的加工精度，对刀点应尽量设置在零件的设计基准或工艺基准上。

（4）加工路线的确定。加工路线确定时要保证被加工零件的精度和表面粗糙度的要求；尽量缩短走刀路线，减少空走刀行程；有利于简化数值计算，减少程序段的数目和编程工作量。

（5）切削用量的确定。切削用量包括切削深度、主轴转速及进给速度。切削用量的具体数值应根据数控机床使用说明书的规定、被加工工件材料、加工内容以及其他工艺要求，并结合经验数据综合考虑。

2.2.3　数学处理

数学处理就是根据零件的几何尺寸和确定的加工路线，计算数控加工所需的输入数据。一般数控系统都具有直线插补、圆弧插补和刀具补偿功能。因此对于加工由直线和圆弧组成的较简单的二维轮廓零件，只需计算出零件轮廓上相邻几何元素的交点或切点（称为基点）坐标值。对于较复杂的零件或零件的几何形状与数控系统的插补功能不一致时，就需要进行较复杂的数值计算。例如，对于非圆曲线，需要用直线段或圆弧段做逼近处理，在满足精度的条件下，计算出相邻逼近线段或圆弧的交点或切点（称为节点）坐标值。对于自由曲线、自由曲面和组合曲面的程序编制，其数学处理更为复杂，一般需通过自动编程软件进行拟合和逼近处理，最终获得直线或圆弧坐标值。

2.2.4　程序编制

在完成工艺处理和数学处理工作后，应根据所使用机床的数控系统的指令、程序段格式，逐段编写零件加工程序。编程前，编程人员要了解数控机床的性能、功能以及程序指令，才能编写出正确的数控加工程序。

2.2.5　控制介质制备

程序编完后，需制作控制介质，作为数控系统输入信息的载体。目前控制介质主要有磁盘、U盘、移动硬盘等。数控加工程序还可直接通过数控系统操作键盘手动输入到存储器，或通过 RS232C、DNC 接口输入。

2.2.6　程序校验和试切削

数控加工程序一般应经过校验和试切削才能用于正式加工。可以采用空走刀、空运转画图等方式以检查机床运动轨迹与动作的正确性。在具有图形显示功能和动态模拟功能的数控机床上或 CAD/CAM 软件中，用图形模拟刀具切削工件的方法进行检验更为方便。但这些方法只能检验出运动轨迹是否正确，不能检查被加工零件的加工精度。因此，在正式加工前一般还需进行零件的试切削。当发现有加工误差时，应分析误差产生的原因，及时采取措施纠正。

2.3 数控机床坐标系

2.3.1 坐标轴的命名及方向

为方便数控加工程序的编制以及使程序具有通用性，目前国际上数控机床的坐标轴和运动方向均已标准化。我国也于 1982 年颁布了（JB/T 3051—82）《数控机床坐标和运动方向的命名》的标准，并于 1999 年进行了更新。标准规定，在加工过程中无论是刀具移动，工件静止，还是工件移动，刀具静止，一般都假定工件相对静止不动，而刀具在移动，并同时规定刀具远离工件的方向作为坐标轴的正方向。

直线运动的坐标轴采用右手直角笛卡儿坐标系统，如图 2.1 所示。大拇指指向为 X 轴的正方向，食指指向为 Y 轴的正方向，中指指向为 Z 轴的正方向。三个坐标轴互相垂直。此外，当数控机床直线运动多于三个坐标轴时，则用 U、V、W 轴分别表示平行于 X、Y、Z 轴的第二组直线运动坐标轴，用 P、Q、R 分别表示平行于 X、Y、Z 轴的第三组直线运动坐标轴。旋转运动的坐标轴用右手螺旋定则确定，用 A、B、C 分别表示绕 X、Y、Z 轴的旋转运动，大拇指指向该轴正方向时，其余四指的方向为转动的正方向。

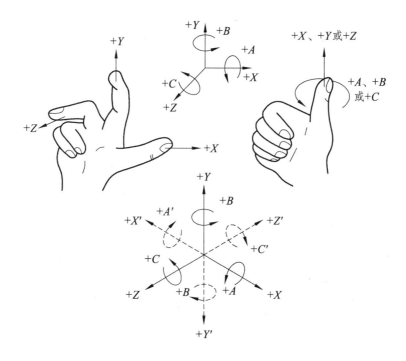

图 2.1 右手直角笛卡儿坐标系统

2.3.2　数控机床坐标轴的确定方法

1. Z 轴的确定

在确定数控机床坐标轴时，一般先确定 Z 轴，再确定其他轴。通常将传递切削力的主轴轴线方向定为 Z 轴。当机床有几个主轴时，则选一个垂直于工件装夹面的主轴为 Z 轴；如果机床没有主轴，则 Z 轴垂直于工件装夹面。同时，规定刀具远离工件的方向作为 Z 轴正方向。

2. X 轴的确定

X 轴平行于工件装夹面且与 Z 轴垂直，通常呈水平方向。对于工件旋转类的机床（如数控车床、外圆磨床等），X 轴方向是在工件的径向上，且平行于横滑座。X 轴的正方向取刀具远离工件的方向。对于刀具旋转类机床，如果 Z 轴是垂直的，则面对刀具主轴向立柱方向看，X 轴的正方向为向右方向。如果 Z 轴是水平的，则从刀具主轴后端向工件方向看，X 轴的正方向为向右方向。

3. Y 轴的确定

X、Z 轴的正方向确定后，Y 轴可按图 2.1 所示的右手直角笛卡儿直角坐标系来判定。

4. 旋转或摆动轴确定

旋转或摆动运动中 A、B、C 的正方向分别沿 X、Y、Z 轴的右螺旋前进的方向。

图 2.2 所示为各种数控机床的坐标系示例。对于工件旋转类机床，如数控车床，刀具的实际运动就是刀具相对于工件运动；对于刀具旋转类机床，如数控铣床、数控镗床、数控钻床和加工中心等，实际上是工件运动而不是刀具运动，为了编程方便只能看成是刀具相对工件运动。图 2.2 所示的 X、Y、Z 方向都是刀具相对于工件的运动方向，而工件实际运动方向与刀具相对工件的运动方向正好相反，为了区别，用带 "′" 的字母表示，如 "X′、Y′、Z′" 等。编程时一律按照 X、Y、Z 坐标编程，即按刀具相对运动的原则进行。

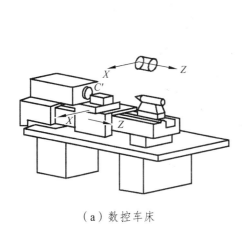

（a）数控车床

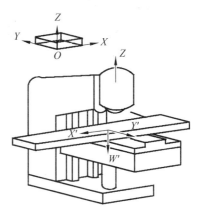

（b）立式铣床

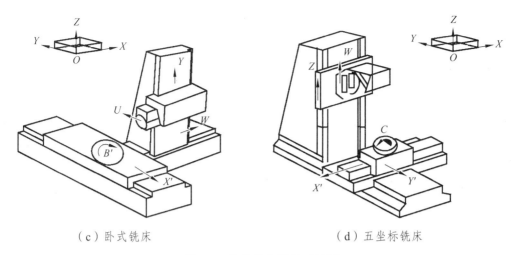

（c）卧式铣床　　　　　　　（d）五坐标铣床

图 2.2　数控机床坐标系示例

2.3.3　机床坐标系与工件坐标系

1. 机床坐标系与机床原点

机床坐标系是机床上固有的坐标系，用于确定被加工零件在机床中的坐标、机床运动部件的位置（如换刀点、参考点）以及运动范围（如行程范围、保护区）等。机床坐标系的原点称为机床原点或机床零点，它是机床上的一个固定点，也是工件坐标系、机床参考点的基准点，由机床制造厂确定。

2. 工件坐标系与工件原点

工件坐标系是编程人员在编制零件加工程序时使用的坐标系，可根据零件图纸自行确定，用于确定工件几何图形上点、直线、圆弧等各几何要素的位置。工件坐标系的原点称为工件原点或工件零点，可用程序指令来设置和改变。

工件坐标系的原点选择要尽量满足编程简单、尺寸换算少、引起的加工误差小等条件。一般情况下，选择设计基准点作为编程原点；对于对称零件或同心圆为主的零件，编程原点应选在对称中心或圆心上。

在数控车床上加工工件时，工件原点一般设在主轴中心线与工件右端面（或左端面）的交点处。

在数控铣床上加工工件时，工件原点选在零件的尺寸基准上。对于对称零件，工件原点应设在对称中心上；对于一般零件，工件原点设在进刀方向一侧工件外轮廓的某个角上，这样便于计算坐标值。Z 轴的编程原点通常设在工件的上表面，并尽量选在精度较高的工件表面。

根据编程需要，在一个零件的加工程序中可一次或多次设定或改变工件原点。编程原点变了，程序段中的坐标尺寸也随之改变。编程原点的确定是通过对刀来完成的，对刀的过程就是建立工件坐标系与机床坐标系之间关系的过程。

2.3.4　对　刀

1. 刀位点

在数控加工中，工件坐标系确定后，还要确定刀位点在工件坐标系中的位置。所谓刀位点是指编制加工程序时用以表示刀具位置的特征点。常用刀具的刀位点如图 2.3 所示，面铣刀、立铣刀等是其底面中心、钻头的刀位点是钻尖；球头铣刀的刀位点是球头的球心；圆弧车刀的刀位点是圆弧的圆心上；尖头车刀和镗刀的刀位点是刀尖。数控加工程序控制刀具的运动轨迹，实际上控制刀位点的运动轨迹。

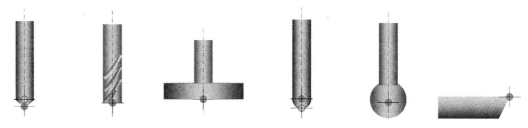

（a）钻头　（b）立铣刀　端铣刀（c）面铣刀　　　（d）指状铣刀　（e）球头铣刀　　（f）车刀

图 2.3　不同刀具的刀位点

2. 对　刀

由于数控机床上装的每把刀的半径、长度尺寸或位置都不同，即各刀的刀位点都不重合。因此，刀具安装在机床（刀架）上后，应在控制系统中设置刀具的基本位置，即需要对刀。对刀是指通过刀具或者对刀工具确定工件坐标系与机床坐标系之间的空间位置关系，并将对刀数据输入到相应的存储界面。

2.4　程序段与程序格式

2.4.1　程序段

在数控机床上，把程序中出现的英文字母及其字符称为"地址"，如 X、Y、Z、A、B、C、% 等；数字 0~9（包含小数点、"+"、"-"号）称为"数字"。"地址"和"数字"的组合称为"程序字"（也称为代码指令），程序字是组成数控加工程序的最基本单位，如 N10、G01、X100、Z-20、F0.1 等。

数控加工程序是由若干程序段组成，而程序段是由若干程序字和段结束符组成。如"N10 G00 X100 Z100；"就是一个程序段，它是由 5 个程序字组成，其中程序字"N10"是程序段顺序号，简称段号；程序字"G01""X100""Z100"称为功能代码；"；"为段结束符。在书写和打印程序段时，每个程序段要占一行，在屏幕显示程序时也是如此。程序段格式是指一个程序段中程序字、字符、数据的书写规则。不同的数控系统，往往有不同或大同小异的程序段格式。

2.4.2　常规加工程序格式

数控加工程序是由程序名、程序体和程序结束三部分组成。

1．程序名

每个程序都应有程序名，它可以作为识别、调用该程序的标志，由地址码和 4～8 位的数字组成，如"O0040"由地址码"O"和数字"0040"组成。不同的数控系统，程序名的地址码不同，表 2.1 为常见数控系统程序名编写规则。

表 2.1　常见数控系统程序名编写规则

数控系统品牌	程序名格式示例	备注或特点
GSK CNC	O1234	主要使用 O+数字格式
FANUC	O1234	程序号通常为四位数，也可根据系统设置调整
Siemens SINUMERIK	%1234 或 1234	可以仅使用数字，具体取决于控制系统型号
Heidenhain	LATO0001	提供广泛的自定义标签功能
Mazak (MAZATROL)	1001 或 T001	对话式编程接口，格式可能包括数字或字母开头的程序号
Haas	O0123	主要使用 O+数字格式
Mitsubishi Electric	O1234	主要使用 O+数字格式
Okuma	O1234	主要使用 O+数字格式

2．程序体

程序体表示数控加工要完成的全部动作，是整个程序的核心，它由许多程序段组成。例如程序 O0600 的程序体由 4 个程序段组成，包括 N100、N102、N104 和 N106。

O0600　　　　　　　　　（程序名）

N100 G92 X0 Y0 Z0；　　（程序体开始）

N102 S3000 M03；

N104 G00 X10 Y10 Z10；

N106 X20 Y20；　　　　　（程序体结束）

N108 M02；　　　　　　　（程序结束）

3．程序结束

程序结束指令可以用 M02 或 M30。

4．注　释

程序注释内容可以用"（）"注释，不影响程序执行。

2.4.3　程序段格式

程序段格式是指一个程序段中字的排列顺序和表达方式。不同的数控系统往往有不同的程序段格式，下面是常见的一种编写方式。

N_G_X_Y_Z_F_S_T_M_；

N：程序段序号。

G 指令：准备功能字，主要是指定数控机床的运动方式，为数控系统的插补作好准备。G 指令的组成为 G+两位数字，如 G00～G99。

X、Y、Z：尺寸字，坐标值。

F：进给速度，用来设置机床的进给率，即刀具相对于工件的移动速度。进给率是数控加工中一个非常关键的参数，它直接影响到加工的效率、表面质量、切削温度，以及刀具的使用寿命。F 指令指定的是每分钟或每转的进给量，具体单位依赖于数控系统的设定（通常是 mm/min 或 in/min）

S：主轴速度，用于设置或控制主轴的转速，主轴转速的精确控制直接影响到切削效率、工件表面质量、刀具寿命以及切削热，通常以每分钟转数（r/min）来表示。正确的转速设置是确保有效切削并防止刀具过早磨损的关键因素。

T：指定刀具。

M：辅助功能字；用于控制机床的各种机械动作，如启动和停止主轴、更换刀具、开启或关闭冷却液等。这些指令是数控编程中不可或缺的部分，它们指导机床执行非切削动作，确保加工过程的顺利进行。

;：程序结束。

3

数控车床程序编制及加工

3.1 数控车床加工工艺分析

3.1.1 数控车床常用刀具

数控车床工序的自动化性要求数控刀具精度、刚度高，装夹调整方便，切削性能强，耐用度高。合理地选用刀具既能提高加工效率，又能提高产品质量。

1. 数控车床刀具类型

数控车床的刀具类型主要根据零件的加工形状进行选择，常用的刀具类型如图 3.1 所示，主要有外轮廓加工刀具、孔加工刀具、槽加工刀具和内外螺纹加工刀具等。对于内外形轮廓的加工刀具，其刀片的形状主要根据轮廓的外形进行选择，以防止加工过程中刀具后刀面对工件的干涉。

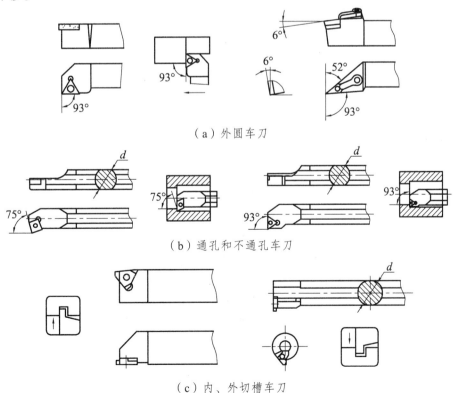

（a）外圆车刀

（b）通孔和不通孔车刀

（c）内、外切槽车刀

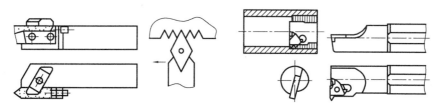

（d）内、外螺纹车刀

图 3.1　常用的刀具类型

2. 常用数控机床刀具材料

刀具材料是决定刀具切削性能的根本因素，对于加工质量、加工效率、加工成本及刀具寿命都有着重大的影响。当前，使用较为广泛的数控刀具材料主要有高速钢、硬质合金、陶瓷、立方氮化硼和金刚石等五类，其性能指标见表 3.1，差别很大，每一种类的刀具材料都有其特定的加工范围。

表 3.1　各种刀具材料的主要性能指标

刀具材料	主要性能指标			
	硬度	抗弯强度/MPa	耐热性/℃	热导率/[W/(m·K)]
高速钢	62~70 HRC	2 000~4 500	600~700	15.0~30.0
硬质合金	89~93.5 HRA	800~2 350	800~1100	20.9~87.9
陶瓷	91~95 HRA	700~1 500	>1 200	15.0~38.0
立方氮化硼	4 500 HV	500~800	1 300~1 500	130
金刚石	>9 000 HV	600~1 100	700~800	210

3. 数控车刀的刀具参数

数控车刀的刀具角度参数如图 3.2 所示。选择这些刀具参数时，主要应考虑工件材料、硬度、切削性能、具体轮廓形状和刀具材料等诸多因素。硬质合金刀具切削碳素钢时的角度参数参考取值见表 3.2。

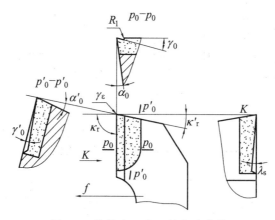

图 3.2　数控车刀的刀具角度参数

表 3.2 　硬质合金刀具切削碳素钢时的角度参数参考取值

刀具	角度						
	前角 （ γ_0 ）	后角 （ α_0 ）	副后角 （ α_0' ）	主偏角 （ κ_r ）	副偏角 （ κ_r' ）	刃倾角 （ λ_s ）	刀尖圆弧半径 （ γ_ε ）
外圆粗车刀	0°～10°	6°～8°	1°～3°	75°	6°～8°	0°～3°	0.5～1
外圆精车刀	15°～30°	6°～8°	1°～3°	90°～93°	2°～6°	3°～8°	0.1～0.3
外切槽刀	15°～20°	6°～8°	1°～3°	90°	1°～1°30	0°	0.1～0.3
三角形螺纹车刀	0°	4°～6°	2°～3°	—	—	0°	0.12P
通孔车刀	15°～20°	8°～10°	磨出双重后角	60°～75°	15°～30°	-6°～-8°	1～2
不通孔车刀	15°～20°	8°～10°		90°～93°	6°～8°	0°～2°	0.5～1

4. 数控车床机夹可转位刀具

可转位刀具是将预先加工好并带有若干个切削刃的多边形刀片用机械夹固的方法夹紧在刀体上的一种刀具。机夹可转位刀具由刀片、刀垫、刀体（或刀把）及刀片夹紧机构组成。刀片是含有数个切削刃的多边形，当刀片的一个切削刃用钝后，只要把夹紧元件松开，将刀片转一个角度，换另一个新切削刃，并重新夹紧就可以继续使用。刀片的具体形状已标准化，且每一种形状均有一个相应的代码表示。图 3.3 列出的是一些常用的可转位刀片形状。

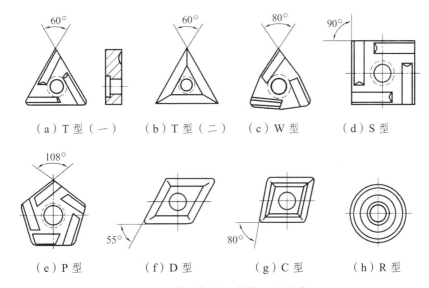

（a）T 型（一）　　（b）T 型（二）　　（c）W 型　　（d）S 型

（e）P 型　　　　（f）D 型　　　　（g）C 型　　　　（h）R 型

图 3.3　常用机夹可转位刀片形状

1）刀片外形的选择

刀片外形与加工对象、刀具的主偏角、刀尖角和有效刃数有关。不同的刀片形状有不同的刀尖强度，一般刀尖角越大，刀尖强度越大，加工中引起的振动也越大。如图 3.4 所示，圆形刀片（R 型）刀尖角最大，35°菱形刀片（V 型）刀尖角最小。在机床刚性、功率允许的情况下，大余量、粗加工应选择刀尖角较大的刀片。反之，机床刚性和功率较小，小余量、精加工应选择刀尖角较小的刀片。

弱 —————————————————————→ 强
刀尖强度

小 —————————————————————→ 大
切削振动

图 3.4 刀尖形状与刀尖强度、切削振动的关系

2）后角的选择

常用的刀片后角有 N（0°）、C（7°）、P（11°）和 E（20°）等型号。一般 N 型后角的刀片用于粗加工、半精加工工序，带断屑槽的 N 型刀片也可用于精加工工序，可加工铸铁、硬钢等材料和大尺寸孔。C、P 型后角的刀片用于半精加工、精加工工序，可加工不锈钢材料和一般孔加工。P、E 型刀片可用于加工铝合金。弹性恢复性好的材料可选用较大后角的刀片加工。

3）断屑槽型的选择

断屑槽的参数直接影响着切屑的卷曲和折断。目前，刀片断屑槽形式较多，各种断屑槽的使用情况也不尽相同。断屑槽型可根据加工类型和加工对象的材料特性来确定。基本槽型按加工类型有精加工、普通加工和粗加工三类，加工材料有铸铁、钢、有色金属和耐热合金等。当断屑槽型和参数确定后，不同进给量的断屑情况如图 3.5 所示。

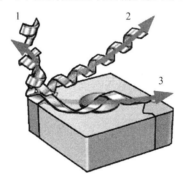

1—f = 0.05 mm/r；2—f = 0.1 mm/r；3—f = 0.2 mm/r
图 3.5 不同进给量的断屑情况

4）刀尖圆弧半径的选择

刀尖圆弧半径影响切削效率、被加工表面的表面粗糙度和断屑的可靠性。从刀尖圆弧半径与最大进给量关系来看，最大进给量不应超过刀尖圆弧半径的 80%，否则将恶化切削条件，甚至出现螺纹状表面。从断屑的可靠性出发，通常对小余量、小进给车削加工采用小的刀尖圆弧半径，反之宜采用大的刀尖圆弧半径。粗加工时宜采用大的刀尖圆弧半径，以提高切削刃强度，实现大进给。从被加工表面来看，刀尖圆弧半径应当小于或等于零件凹形轮廓上的最小曲率半径，以免发生加工干涉。刀尖圆弧半径不宜选择太小，否则既难以制造，还会因其刀头强度弱而被损坏。

5. 机夹可转位刀片的压紧方式

根据加工方法、加工要求和被加工型面的不同，可转位刀片采用不同的夹紧方式与结构。

图 3.6 所示为常用的刀片与刀杆固定方式，即压板式压紧、复合式压紧、螺钉式压紧和销钉杠杆式压紧。

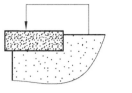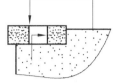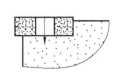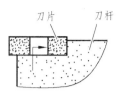

（a）压板式压紧　　　（b）复合式压紧　　　（c）螺钉式压紧　　　（d）销钉杠杆式压紧

图 3.6　刀片与刀杆的固定方式

1）压板式压紧（标准代号 C）

如图 3.7 所示，压板式压紧采用无孔刀片，由压板从刀片上方将其压紧在刀槽内。这种压紧方式结构简单，制造容易，夹紧力与切削力方向一致，夹紧可靠，刀片在刀槽内能两面靠紧，可获得较高的刀尖位置精度，刀片转位和装卸比较方便；但排屑空间窄会阻碍切屑流动，夹固元件易被损伤，且刀头体积大，影响操作。

2）螺钉式压紧（标准代号 S）

如图 3.8 所示，螺钉式压紧采用沉孔刀片，用锥形沉头螺钉将刀片压紧。螺钉的轴线与刀片槽底面的法向有一定的倾角，旋紧螺钉时，螺钉头部锥面将刀片压向刀片槽的底面及定位侧面。这种压紧方式结构简单、紧凑，压紧可靠，切屑流动通畅，但刀片转位性能较差。螺钉式压紧适用于车刀、小孔加工刀具、深孔钻、套料钻、铰刀及单、双刃镗刀等。

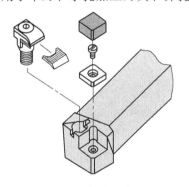　　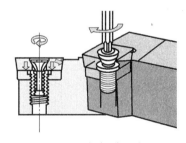

图 3.7　压板式压紧　　　　　　图 3.8　螺钉式压紧

3）销钉杠杆式压紧（标准代号 P）

如图 3.9 所示，这种压紧方式主要有杠杆式压紧和销钉式压紧两种形式。杠杆式压紧时，利用压紧螺钉下移时杠杆的受力摆动，将带孔刀片压紧在刀把上，该方式定位精确，受力合理，夹紧稳定、可靠，刀片转位或更换迅速、方便，排屑通畅；但夹固元件多，结构较复杂，制造困难。销钉式压紧多用旋转偏心夹紧，结构简单紧凑、零件少、刀片转位迅速、方便，不妨碍切屑流动。

4）复合式压紧（标准代号 M）

如图 3.10 所示，复合式压紧主要有上压式与销钉复合压紧和楔形压紧两种形式。复合式压紧结构比较简单，夹紧力大，夹紧可靠，操作方便，排屑通畅，能承受较大的切削负荷和冲击，适用于重切削。

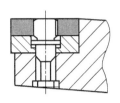
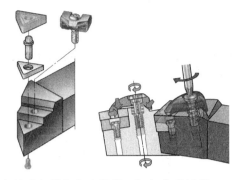

（a）杠杆式压紧　　（b）销钉式压紧　　（a）上压式与销钉复合压紧　（b）楔形压紧

图 3.9　销钉杠杆式压紧　　　　　　　图 3.10　复合式压紧

3.1.2　数控车削过程中的切削用量选择

数控车削过程中的切削用量是指切削速度、进给速度（进给量）和背吃刀量三者的总称，不同车削加工方法的切削用量如图 3.11 所示。

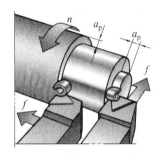
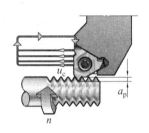
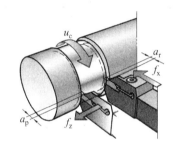

图 3.11　不同车削加工方法的切削用量

切削用量的选择原则：在保证零件加工精度和表面粗糙度的情况下，充分发挥刀具的切削性能，保证合理的刀具寿命，并充分发挥机床的性能，最大限度提高生产率，降低加工成本。另外，在切削用量的选择过程中，应充分考虑切削用量各参数之间的关联性。例如，用同一刀具加工同一零件，当选用较大的背吃刀量时，则应取较小的进给速度；反之，当选用较小的背吃刀量时，则可选取较大的进给速度。

1. 背吃刀量的选择

粗加工时，除留下精加工余量外，一次走刀应尽可能切除全部余量。在加工余量过大、工艺系统刚性较低、机床功率不足、刀具强度不够等情况下，可分多次走刀。切削表面有硬皮的铸锻件时，应尽量使 a_p 大于硬皮层的厚度，以保护刀尖。精加工的加工余量一般较小，可一次切除。在中等功率机床上，粗加工的背吃刀量可达 8 ~ 10 mm；半精加工的背吃刀量取 0.5 ~ 5 mm；精加工的背吃刀量取 0.2 ~ 1.5 mm。

2. 进给速度（进给量）的确定

进给速度是数控机床切削用量中的重要参数，主要根据零件的加工精度和表面粗糙度要求以及刀具、工件的材料性质选取，最大进给速度受机床刚度和进给系统的性能限制。粗加工时，由于对工件的表面质量没有太高的要求，这时主要根据机床进给机构的强度和刚性、刀杆的强度和刚性、刀具材料、刀杆和工件尺寸及已选定的背吃刀量等因素来选取进给速度。精加工时，则按表面粗糙度要求、刀具及工件材料等因素来选取进给速度。

3. 切削速度的确定

切削速度 v_c 可根据已经选定的背吃刀量、进给量及刀具寿命进行选取。实际加工过程中，也可根据生产实践经验和查表的方法来选取。粗加工或工件材料的加工性能较差时，宜选用较低的切削速度。精加工或刀具材料、工件材料的切削性能较好时，宜选用较高的切削速度。切削速度 v_c 确定后，可根据刀具或工件直径（D）按公式 $n=1\,000\,v_c\pi D$ 来确定主轴转速 n（r/min）。在工厂的实际生产过程中，切削用量一般根据经验并通过查表的方式来进行选取。常用硬质合金或涂层硬质合金刀具切削用量的推荐值见表3.3。

表3.3 硬质合金或涂层硬质合金刀具切削用量的推荐值

刀具材料	工件材料	粗加工			精加工		
		切削速度/(m/min)	进给量/(mm/r)	背吃刀量/mm	切削速度/(m/min)	进给量/(mm/r)	背吃刀量/mm
硬质合金或涂层硬质合金	碳钢	220	0.2	3	260	0.1	0.4
	低合金钢	180	0.2	3	220	0.1	0.4
	高合金钢	120	0.2	3	160	0.1	0.4
	铸铁	80	0.2	3	140	0.1	0.4
	不锈钢	80	0.2	2	120	0.1	0.4
	钛合金	40	0.2	1.5	60	0.1	0.4
	灰铸铁	120	0.3	2	150	0.15	0.5
	球墨铸铁	100	0.3	2	120	0.15	0.5
	铝合金	1 600	0.2	1.5	1 600	0.1	0.5

3.1.3 数控车床工件的装夹

1. 机床夹具的分类

机床夹具是指安装在机床上，用以装夹工件或引导刀具使工件和刀具具有正确的相互位置关系的装置。机床夹具的种类很多，按其通用化程度可分为以下几类。

1）通用夹具

自定心卡盘、单动卡盘、顶尖等均属于通用夹具，这类夹具已实现了标准化。其特点是通用性强、结构简单，装夹工件时无须调整或稍加调整即可，主要用于单件小批量生产。

2）专用夹具

专用夹具是专为某个零件的某道工序设计的，其特点是结构紧凑，操作迅速、方便。但这类夹具的设计和制造的工作量大、周期长、投资大，只有在大批量生产中才能充分发挥其经济效益。专用夹具有结构可调式和结构不可调式两种类型。

3）成组夹具

成组夹具是随着成组加工技术的发展而产生的，它是根据成组加工工艺，把工件按形状尺寸和工艺的共性分组，针对每组相近工件而专门设计的。其特点是使用对象明确、结构紧凑和调整方便。

4）组合夹具

组合夹具是由一套预先制造好的标准元件组装而成的专用夹具。它具有专用夹具的优点，用完后可拆卸存放，从而缩短了生产准备周期，减少了加工成本。因此，组合夹具既适用于单件集中、小批量生产，又适用于大批量生产。

2. 一般工件的装夹

在数控车床上主要采用三爪自定心卡盘装夹，三爪自定心卡盘可安装成正爪和反爪两种形式（见图 3.12）。反爪用来装夹直径较大的工件，如盘类零件直径较大，轴向尺寸小可采用这种方法装夹。用三爪自定心卡盘装夹经过精加工的工件时，要用铜皮包住被夹住的加工面，以免夹伤工件表面。

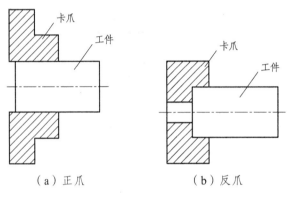

（a）正爪　　　　　　　　（b）反爪

图 3.12　三爪自定心卡盘装夹工件

3. 长轴类工件的装夹

加工长轴类零件时，为防止加工过程中因切削力造成工件变形，可采用两顶尖装夹、一端卡盘一端顶尖和一端卡盘中间加中心架装夹等装夹方式。

两顶尖装夹对于长度尺寸较大或加工工序较多的轴类零件，为保证每次装夹时的精度，可用两顶尖装夹。两顶尖装夹工件方便，不须找正，装夹精度高，但必须事先在工件的两端面钻中心孔。

用两顶尖装夹工件虽然精度高，但刚度较差，因此，车削质量较大的工件时要一端用卡盘夹住，另一端用后顶尖支撑，如图 3.13 所示。为了防止工件由于切削力的作用产生轴向位移，必须在卡盘内装一个限位支承，或利用工件的台阶面限位。这种方法比较安全，工件能承受较大的轴向切削力，安装刚度好，轴向定位准确，所以应用比较广泛。

4. 其他装夹方式

薄壁零件在装夹时易产生变形，所以需要采取必要的措施来防止工件变形。如图 3.14 所示的套筒零件，装夹时在套筒内装心轴，即可防止夹紧力引起的零件变形。

当零件需掉头加工时，为保证两次装夹的同轴度，在掉头后应使用百分表进行找正，使其达到图纸要求的精度。另外，掉头后的装夹部位一般已经过加工，为防止夹紧时压伤已加工面，应在装夹部位包一层铜皮。

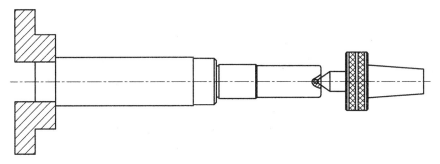

图 3.13　一夹一顶装夹

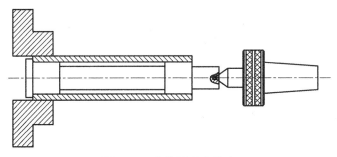

图 3.14　薄壁零件的装夹

3.1.4　数控车床加工工艺编制

编写数控加工专用技术文件是进行数控加工工艺设计时的内容之一。为加强技术文件管理，数控加工专用技术文件也应该标准化、规范化。专用技术文件既是数控加工、产品验收的依据，又是需要操作者需遵守、执行的规程；有的则是加工程序的具体说明或附加说明，目的是让操作者更加明确程序的内容、定位装夹方式、各个加工部位所选用的刀具及其他问题。

1. 数控车削加工工序卡

数控车削加工工序卡与普通车削加工工序卡有许多相似之处，所不同的是，加工图中应注明编程原点与对刀点，要进行编程简要说明及选定切削参数，见表 3.4。

在工序加工内容不是十分复杂的情况下，用数控加工工序卡的形式较好，可以把零件加工图、尺寸、技术要求、工序内容及程序要说明的问题集中反映在一张卡片上，做到一目了然。

表 3.4　数控加工工序卡片

单位	数控加工工序卡片	产品名称		零件名称		材料	零件图号	
工序号	程序编号	夹具编号				设备参数		
工步号	工步内容	加工面	刀具号	刀具规格	主轴转速	进给量	背吃刀量	备注
1								
2								
编制		审核		批准			共　　页	第　　页

2. 数控加工程序说明卡

实践证明，仅用加工程序单和工艺规程来进行实际加工，还有许多不足之处。由于操作者对程序的内容不清楚，对编程人员的意图不够理解，经常需要编程人员在现场进行口头解释、说明与指导，这种做法在程序仅使用一、两次就不用了的情况下还是可行的。但是，若程序是用于长期批量生产的，则比较麻烦。如编程人员临时不在场或调离、已经熟悉的操作工人不在场或调离，这样会影响生产加工，甚至会造成质量事故。因此，采用数控加工程序说明卡（见表 3.5）对加工程序进行详细说明是很有必要的，特别是对于那些需要长时间保存和使用的程序尤其重要。

表 3.5　数控加工程序说明卡

单位	数控加工程序说明卡		产品名称或代号		零件名称	材料	零件图号	
工序号	程序编号	夹具编号			使用设备及控制系统			
	程序原点位置	对刀点	零件装夹方位	镜像加工对称轴	刀号及换刀点	工步顺序	子程序说明	备注
1								
2								
3								
编制		审核		批准			共　页	第　页

根据应用实践，一般应对加工程序做出以下说明：

（1）所用数控设备型号及控制机型号。

（2）程序原点、对刀点及允许的对刀误差。

（3）工件相对于机床的坐标方向及位置（用简图表述）。

（4）镜像加工使用的对称轴。

（5）所用刀具的规格、图号及其在程序中对应的刀具号（如 D1 或 T0101 等）。必须按实际刀具半径、长度加大、缩小补偿值的特殊要求（如用同一条程序、同一把刀具利用加大刀具半径补偿值进行粗加工）更换该刀具的程序段号等。

（6）整个程序加工内容的顺序安排（相当于工步内容说明与工步顺序），使操作者明白加工工艺流程。

（7）子程序说明。对程序中编入的子程序应说明其内容，使操作者明白每段子程序的功用。

（8）其他需要作特殊说明的问题，如需要在加工中更换夹紧点（挪动压板）的计划停车程序段号、中间测量用的计划停车程序段号、允许的最大刀具半径和长度补偿值等。

3. 数控加工路线图

在数控加工中，常常要注意并防止刀具在运动中与夹具、工件等发生意外的碰撞。为此必须说明刀具运动路线（如进刀、退刀等），以便操作者在加工前就计划好夹紧位置及控制夹紧元件的高度，这样可以减少事故的发生。此外，对有些被加工零件，由于工艺性问题，必须在加工过程中挪动夹紧位置，也需要事先说明，包括哪个程序段前挪动，夹紧点原来在零件的什么位置，要更换到什么位置，需要在什么位置事先备好夹紧元件等，以防到时候手忙脚乱或出现安全问题。这些用程序说明卡和工序说明卡是难以说明或表达清楚的，若用进给路线图加以附加说明效果则会很好。

为简化进给路线图，一般可采取统一约定的符号来表示。不同的机床可以采用不同图例与格式。

4. 数控车削加工刀具卡片

数控车削加工刀具卡片（见表 3.6）。内容包括与工步相对应的刀具号、刀具名称、刀具型号、刀片型号和牌号、刀尖半径。

表 3.6　数控加工刀具卡片

产品名称		零件名称		零件图号		程序编号	
工步号	刀具号	刀具名称	刀具型号	刀片		刀尖半径	备注
				型号	牌号		
1	T0101	外圆刀	MCLNR2020K12C	CNMG120404-PM	YBC251	0.4	
2	T0202	切断刀	QEFD2020R17	ZTFD0303-MG	YGB302	0.2	
3	T0303	螺纹刀	SWR2020K16	RT16.01W-G60P*	YBG201	0.2	
编制		审核		批准		共　页	第　页

3.2　数控车床程序编制基础

3.2.1　数控车床坐标系

数控车床的机床坐标原点通常在主轴端面中心，有 X 和 Z 两个方向的进给运动。车床主轴轴线定义为 Z 轴，车刀沿 Z 轴离开工件的方向为正方向；直径方向定义为 X 轴，车刀沿 X 轴离开工件的方向为正方向。平床身和斜床身数控车床由于刀架安装位置不同，X 轴正方向也不同，如图 3.15 所示。

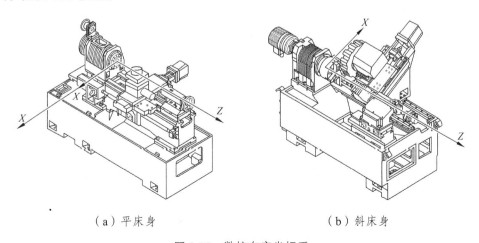

（a）平床身　　　　　　　　　　　（b）斜床身

图 3.15　数控车床坐标系

1. 数控车床坐标系

车床坐标系的零点称为机床原点，是机床上的一个固定点，一般定义在主轴旋转中心线与车头端面的交点或参考点上。数控系统上电时并不知道车床坐标系的零点在什么位置，为了正确地在车床工作时建立车床坐标系，通常在每个坐标轴的移动范围内设置一个机床参考点，数控车床起动后进行机动或手动回参考点（称为"回零"），以建立机床坐标系。

参考点为机床上一固定点，由机床制造商根据 X 向与 Z 向的行程开关设置或系统定义的位置来确定，一般设定在 X、Z 轴正向最大位置。当进行回参考点的操作时，装在纵向和横向滑板上的行程开关，碰到挡块后，向数控系统发出信号，由系统控制滑板停止运动，完成回参考点的操作，由此建立了数控车床 X、Z 轴向的直角坐标系。参考点是机床制造商在机床上用行程开关设置或系统参数定义的一个物理位置，与机床原点的相对位置是固定的，机床参考点与机床原点重合，也可以不重合，可通过参数设置指定机床参考点到机床原点的距离。

机床坐标系不能直接用来供用户编程，它是帮助机床生产厂家确定机床参考点（零点）的。机床参考点由厂家设定后，用户不得随意改变，否则会影响机床的精度。

2. 编程坐标系

编程坐标系是由编程人员设定的坐标系，而通过分析，既要编程坐标系符合图样尺寸，又要便于计算和便于编程。一般先找出图样上加工基准的要求，在满足工艺和精度要求的前提下，选择工件图样上的某一已知点为原点（也称为编程原点），其一般选择在轴线与工件右端面、左端面或其他位置的交点上，如图 3.16 所示。

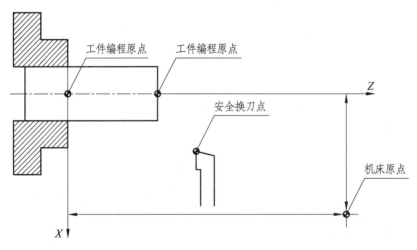

图 3.16 数控车床坐标系中的各原点

3. 工件坐标系

编程坐标系只是在图样上建立的，数控车床系统并不认识编程者设定的坐标系，因此需要操作者通过对刀等方式将编程坐标系的原点建立到数控车床上。此时，在数控车床上建立的坐标系称为工件坐标系。工件坐标系一旦建立便一直有效，直到被新的工件坐标系所取代。

4. 对刀、起刀点和换刀点

对刀的目的是确定程序原点在机床坐标系中的位置,将编程坐标系原点转换成机床坐标系的已知点并作为工件坐标系的原点,这个点就称为对刀点。对刀点可与程序原点重合,也可在任何便于对刀之处。对刀时,可以用 G50 指令或用 G54 ~ G59 指令等建立工件坐标系。

起刀点是零件程序加工的起始点,其位置的设定通常以换刀时刀架不受干涉和最接近工件为依据。

在零件车削过程中需要自动换刀,为此必须设置一个换刀点,该点至工件应有一定距离,以防止刀架回转换刀时刀具与工件发生碰撞。换刀点通常分为两种类型,即固定换刀点和自定义换刀点。

3.2.2 数控车床常用功能指令

1. 数控车床坐标相关指令

绝对坐标:绝对坐标是相对于工件坐标原点的距离。

指令格式:X_ Z_

其中:"X"代表直径,"Z"代表长度。

增量坐标(相对坐标):增量坐标是相对于刀具运动前一点的距离。

指令:U_ W_

其中:"U"代表 X 向相对的距离,"W"代表 Z 向相对的距离。

混合坐标:

指令:X_ W_ 或 U_ Z_

对于图 3.17,工件使用三种坐标编程,在程序中坐标值的表述如下。

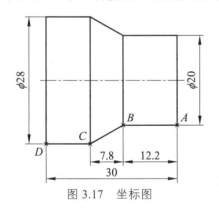

图 3.17 坐标图

绝对坐标编程   混合坐标编程

A:X20 Z0   X20 Z0

B:X20 Z-12.2   X20 W-12.2

C:X28 Z-20   X28 W-7.8

D:X28 Z-30   X28 W-10

相对坐标编程

A:X20 Z0

A→B:U0 W-12.2

B→C:U8 W-7.8

C→D:U0 W-10

2. 辅助功能 M 代码

M 代码是控制机床辅助动作的指令,常用的 M 代码见表 3.7。

表 3.7 常用辅助功能 M 代码

代码	功能	代码	功能
M00	程序停止	M09	冷却液关
M01	计划停止	M12	卡盘夹紧

代码	功能	代码	功能
M02	程序结束	M13	卡盘松开
M03	主轴正转	M20	程序不断地运行（928TE）
M04	主轴反转	M30	程序结束
M05	主轴停止	M98	调用子程序
M08	冷却液开	M99	子程序结束

3. 主轴功能 S 代码

在数控程序中，用字母 S 表示主轴功能，由于机床的机械结构和电器配置不同，分两种格式：

（1）直接用数字表示转速 S×××用于机床配有主轴变频器的机床，如 S600 表示主轴转速为 600 r/min。

（2）用数字表示挡位，S01 表示低速挡，S02 表示高速挡，每一挡转速是固定的（见表3.8）。

表 3.8　齿轮挂挡转速　　　　　　　　　　　单位：r/min

挡位	S01	S02
AB	31	62
AD	42	84
CD	119	237
CE	250	500
CF	425	850
CG	580	1160

注：挂挡的机床需要换挡时，必须停下主轴。

4. 刀具功能 T 代码

数控车床普遍配置的刀架结构，如图 3.18 所示。

（a）四方刀架　　　　　　　（b）排刀架　　　　　　　（c）转塔式刀架

图 3.18　刀架

刀具功能 T 代码的指令格式 T××××，如 T0303 表示刀具在第 3 号上，调用 3 号刀补（四工位刀架）。T0105 表示调用 5 号刀补（使用在排刀架机床）排刀架无须旋转刀架。说明：一般以 1 号刀为基准刀，刀补里的数值以基准刀为偏置，刀具磨损后可以补偿。2 号刀旋转

90°后，其刀尖不与 1 号刀尖重合，存在位置差，位置差即为刀补。

5. 进给功能 F 代码

进给功能 F 代码的指令格式 G98/G99　F_，其含义如下：

G98 用于设定进给方式为每分钟进给(mm/min)，开机后默认状态。

G99 用于设定进给方式为每转进给（mm/r）。

6. G 功能指令

1）G00——快速定位指令（初态、模态）

代码格式：G00　X(U)_　Z(W)_；

代码说明："X" X 轴的终点坐标，"Z" Z 轴的终点坐标。

代码功能：用于指示刀具快速靠近工件或离开工件(系统默认参数为 4 000 mm/min)。

移动轨迹：刀具从起点以 45°直线连接平行于 X 轴或 Z 轴的直线向终点移动。

注意事项：G00 指令下，刀具不能与工件有任何接触，如图 3.19 所示中用 G00 将刀具分别移动至 A，B，C 点。

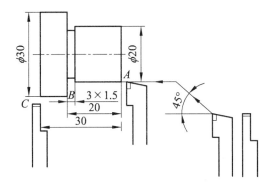

外圆刀快速定位到 A 点：

准备车外圆：G00 X20 Z2；

切断刀快速定位到 B 点：

准备切槽：G00 X32 Z-20；

切断刀快速定位到 C 点：

准备切断：G00 X32 Z-33；

图 3.19　G00 定位示意图

2）G01——直线插补指令（模态）

代码格式：G01　X(U)_　Z(W)_　F_；

代码说明："X" X 轴的终点坐标，"Z" Z 轴的终点坐标，"F" 进给速度。

代码功能：用于直线车削或使刀具慢慢接触工件（通过 F 进给指令来控制刀具移动速度）。

移动轨迹：刀具从起点以一直线方式向终移动。

例 3.1　用进给控制 G00，G01 指令，编制程序对图 3.20 所示的零件进行加工。

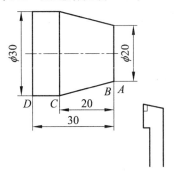

图 3-20 参考程序如下：

绝对值编程：	相对值编程：
G0 X20 Z2；	G0 X20 Z2；
G1 X20 Z0 F60；	G1 U10 W-20 F60；
G1 X30 Z-20 F60；	G1 U0 W-10 F60；
G1 X30 Z-30 F60；	G1 U0 W-2 F60；

图 3.20　进给控制指令编程实例

3）G02/G03——圆弧插补指令

代码格式：G02　X(U)_　Z(W)_　R_　F_；　G03　X(U)_　Z(W)_　R_　F_；

　　　　　　G02　X(U)_　Z(W)_　I_　K_　F_；　G03　X(U)_　Z(W)_　I_　K_　F_；

代码说明：

G02：顺时针圆弧插补。

G03：逆时针圆弧插补。

X(U)：X 轴的圆弧终点坐标。Z(W)：Z 轴的圆弧终点坐标。

R：圆弧的半径。

F：车削速度。

I：从圆弧的起点至圆心点在 X 轴方向的距离。

K：从圆弧的起点至圆心点在 Z 轴方向的距离。

代码功能：用于圆弧车削（通过 F 进给指令来控制刀具移动速度）。

移动轨迹：刀具从起点以指定半径 R 的圆弧轨迹向终点移动。

注意事项：圆弧方向与其移动轨迹有关，面与形状无关。

（1）前刀架中，顺时针用 G03，逆时针用 G02。

（2）后刀架中，顺时针用 G02，逆时针用 G03。

圆弧进给控制指令走刀轨迹，如图 3.21 所示。

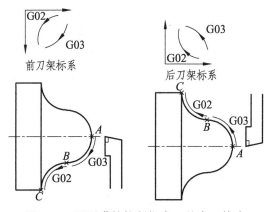

图 3.21　圆弧进给控制指令下的走刀轨迹

例 3.2　用进给控制指令编制程序加工图 3.22 所示的零件。

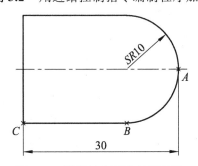

图 3.22　进给控制指令编程实例

图 3.22 参考程序如下：

G0 X0 Z2；　　　　　（快速定位）

G1 Z0 F30；　　　　　（靠近工件）

G3 X20 Z-10 R10；　　（车 R10 圆弧）

G1 Z-30 F50；　　　　（车外圆）

G0 X100 Z50；　　　　（退刀）

例 3.3 用进给控制指令编制程序加工图 3.23 所示的零件。

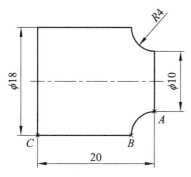

图 3.23 参考程序如下：

G0 X10 Z2；   （快速定位）

G1 Z0 F60；   （靠近工件）

G2 X18 Z-4 R4；（车 R4 圆弧）

G1 Z-30；   （车外圆）

G0 X100 Z50；   （退刀）

图 3.23 进给控制指令编程实例

例 3.4 用进给控制指令编制程序加工图 3.24 所示的零件。

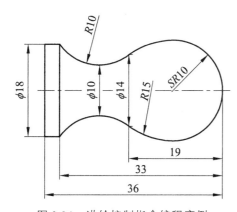

图 3.24 参考程序如下：

G0 X0 Z2；   （定位）

G1 X0 Z0 F30；   （接触工件）

G3 X20 W-10 R10；   （加工 R10 圆弧段）

G3 X14 Z-19 R15；   （加工 R15 圆弧段）

G2 X18 Z-33 R10；   （加工 R10 圆弧段）

G0 X100   Z50；

图 3.24 进给控制指令编程实例

4）G90——外圆车削单一循环指令（模态）

代码格式：G90   X(U)_   Z(W)_   I_   F_；

代码说明：

X：工件每一刀加工后得出的直径坐标。

Z：工件每一刀加工后得出的长度坐标。

F：车削速度。

I：锥度（加工外圆时 X 轴起点与 X 轴终点轨迹的半径差）。

代码功能：用于加工外圆或内孔（通过 F 进给指令来控制刀具移动速度）。

移动轨迹：

（1）沿 X 轴快速进刀至首段 X 坐标指定位置；

（2）沿 Z 轴以切削速度至 Z 坐标指定位置；

（3）分别沿 X、Z 坐标退刀至起点位置。

G90 在加工圆柱外圆削切单一循环指令的走刀轨迹如图 3.25 所示。在加工带锥度的圆柱时的走刀轨迹如图 3.26 所示。

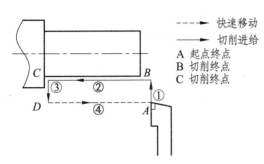

图 3.25　圆柱切削走刀轨迹

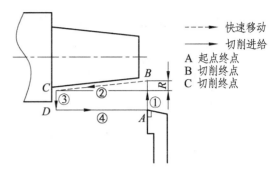

图 3.26　圆锥切削走刀轨迹

例 3.5　编制程序段，对图 3.27 所示零件图中 $\phi 20 \times 30$ 的外圆柱进行加工。

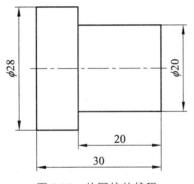

图 3.27　外圆柱的编程

图 3.27 参考程序如下：

G0 X30 Z2；	（定位）
G90 X28 Z–33 F100；	（车 28 外圆）
X26 Z–20；	（车 26 外圆）
X24；	（车 24 外圆）
X22；	（车 22 外圆）
X20；	（车 20 外圆）
G0 X100 Z50；	（退刀）

例 3.6　对图 3.28 所示带锥度外圆柱零件加工，进行程度编制。

首先计算 R 的锥度如下：

当 $Z=0$ 时，$BE=(20-28)/2=-4$

又因为 $\triangle ABE \backsim \triangle ACD$

所以当定位取值 $Z=3$ 时，$CD=AC \times BE/AB$

$CD=23 \times (-4/20)$

$CD=-4.6$

故 $R=-4.6$

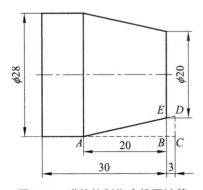

图 3.28　进给控制指令锥面计算

图 3.28 参考程序如下：

G0 X30 Z3；	（定位）
G90 X28 Z–20 F100 R–1；	（分刀）
R–2；	（分刀）
R–3；	（分刀）
R–4.6；	（分刀）

5）G71——外圆粗车复合循环指令

代码格式：

G71 U_ R_ F_；

G71 P_ Q_ U_ W_；

代码说明：

U：X 方向每次的切削量（半径表示）。

R：X 方向每次的退刀量（半径表示）。

F：进给速度。

P：精加工程序的起始段号。

Q：精加工程序的结束段号。

U：X 方向的精车余量（直径表示）。

W：Z 方向的精车余量（W=0 时，可省略不写）。

代码功能：用于外圆、内孔粗加工（通过 F 进给指令来控制刀具移动速度）。

移动轨迹：以工件的外形自动分刀，然后再走精车轨迹，最后自动返回定位点上。

注意事项：

（1）G71 指令只能用于加工阶梯形工件，即 X、Z 坐标单调递增或递减变化。

（2）精加工起始段不能写 Z 值。

（3）用单一指令描述精加工轨迹。

（4）第二行的 U 值有正负之分，外圆余量取正值，内孔余量取负值。

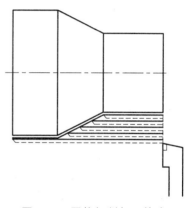

图 3.29　圆柱切削加工轨迹

圆柱切削加工轨迹，如图 3.29 所示。

例 3.7　编制程序加工图 3.30 所示零件中的外圆阶梯。

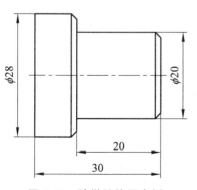

图 3.30　阶梯轴编程实例

图 3.30 参考程序如下：

G0 X30 Z2；　　　　　　（快速定位）

G71 U1 R1 F100；　　　　（粗加工）

G71 P1 Q2 U0.3；

N1 G0 X18；　　　　　　（精加工起始段 ）

G1 Z0；

X20 W-1；

Z-20；

X26；

X28 W-1；

N2 Z-33；　　　　　　　（精加工结束段 ）

G0 X100 Z50；

例 3.8　编制程序加工图 3-31 所示零件中的阶梯孔。

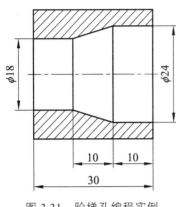

图 3.31　阶梯孔编程实例

图 3.31 参考程序如下：

G0 X16 Z2;　　　　　　（快速定位）

G71 U1 R1 F100;　　　　（粗加工）

G71 P1 Q2 U−0.3;

N1 G0 X24;　　　　　　（精加工起始段　）

G1 Z−10;

X18 Z−20;

N2 Z−33;　　　　　　　（精加工结束段　）

G0 X100 Z50;

6）G70——精车循环指令

格式：G70　P_　Q_　F_　S_;

代码说明：

P：精加工程序的起始段号。

Q：精加工程序的结束段号。

F：进给速度。

S：转速。

说明：对于粗车和需要留出加工余量的工件程序，可以先用 G71 指令的 U 值留出加工余量，再按图纸的实际尺寸进行编程。粗车完后，用 G70 指令进行精加工。

注意事项：使用 G70 指令前，刀具的定位点必须与粗车指令定位点坐标值一致。

例 3.9　编制程序加工图 3.32 所示零件中的外圆轮廓。

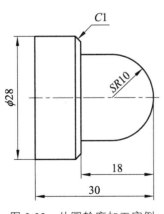

图 3.32　外圆轮廓加工实例

图 3.32 参考程序如下：

G0 X32 Z2;　　　　　　（定位）

G71 U1 R1 F100;　　　　（粗加工）

G71 P1 Q2 U0.5;

N1 G0 X0;　　　　　　　（精加工起始段）

G1 Z0;

G3 X20 Z−10 R10;

G1 Z−18;

X26;

X28 W−1;

N2 Z−33;　　　　　　　（精加工结束段　）

G0 X100 Z50;　　　　　（退出）

T0404 S1000;　　　　　（换刀）

G0 X32 Z2;　　　　　　（定位）

G70 P1 Q2 F80;　　　　（精加工）

G0 X100 Z50;

例 3.10　编制程序加工图 3.33 所示零件中的圆弧连接轮廓。

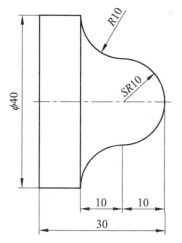

图 3.33　外圆圆弧连接轮廓加工编程

图 3.33　参考程序如下：
G0 X42 Z2；　　　　　　（定位）
G71 U1 R1 F100；　　　　（粗加工）
G71 P1 Q2 U0.3；
N1 G0 X0；
G1 Z0；
G3 X20 Z-10 R10；
G2 X40 W-10 R10；
N2 G1 Z-33；
G70 P1 Q2 F80 S1000；（精加工）
G0 X100 Z50；

7）G73——封闭循环指令

格式：G73　U_　W_　R_　F_；
　　　　G73　P_　　Q_　　U_　　W_；

代码说明：

U：首次循环时，刀具至精加工外形在 X 轴上的距离（用半径表示）。

$$U = \frac{X_{总加工量}}{2}$$

W：首次循环时，刀具离开精加工外形在 Z 轴上的距离。

R：循环加工的次数（单位：次）。

F：进给速度。

P：精加工程序的起始段号。

Q：精加工程序的结束段号。

U：X 方向的精车余量（用直径表示）。

W：Z 方向的精车余量（$W=0$ 时，可省略不写）。

用 G73 指令进行仿形加工的走刀轨迹如图 3.34 所示。

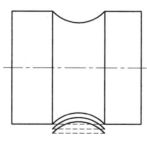

图 3.34　仿形加工走刀轨迹

例 3.11　对图 3.35 所示零件中的 $R10$ 的圆弧槽，编程时不考虑刀尖圆弧的半径进行圆弧槽程序段的编制。

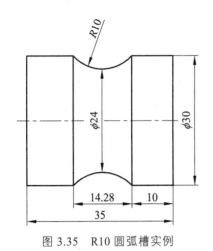

图 3.35 参考程序如下：
M3 S500 T0303；
G0 X32 Z-10；　　　　（定位）
G73 U3 W0 R4 F100；　（粗加工）
G73 P1 Q2 U0.4；
N1 G1 X30 Z-10；　　（精加工起始段）
N2 G2 W-14.28 R10；　（精加工结束段）
G70 P1 Q2 S1000 F70；（精加工）
G0 X100 Z50；

图 3.35　R10 圆弧槽实例

例 3.12　对图 3.36 所示零件中的 R60、R8 圆弧槽，编程不考虑刀尖圆弧的半径，进行圆弧槽程序段的编制。

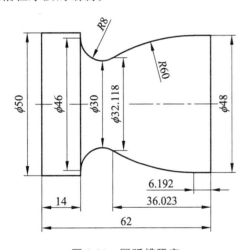

图 3.36 参考程序如下：
M3 S500 T0404；
G0 X52 Z2；
G73 U10 W0 R11 F100；
G73 P1 Q2；
N1 G0 X48；
G1 Z-6.192；
G3 X32.118 Z-36.023 R60；
G2 X46 Z-48 R8；
N2 G1 X51；

图 3.36　圆弧槽程序

例 3.13　对图 3.37 所示零件端面 R20 的圆弧槽，编程不考虑刀尖圆弧的半径进行圆弧槽程序段的编制。

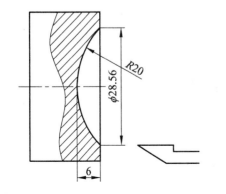

图 3.37 参考程序如下：
G0 X28.56 Z2；
G73 U0 W6 R13 F60；
G73 P1 Q2 W0.2；
N1 G1 Z0；
N2 G3 X0 Z-6 R20；
G70 P1 Q2；

图 3.37　端面 R20 圆弧槽程序

例 **3.14** 对图 3.38 所示零件的连续圆弧槽，编程不考虑刀尖圆弧的半径进行圆弧槽程序段的编制。

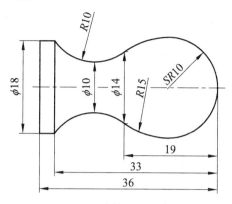

图 3.38 连续圆弧槽实例

图 3.38 程序如下：

G0 X22 Z-10；

G73 U5 W0 R6 F60；

G73 P1 Q2 U0 W0.2；

N1 G1 X20；

G3 X14 Z-19 R15；

G2 X18 Z-33 R10；

N2 G1 Z-39；

8）G72——切槽粗车复合循环指令

格式：G72 W_ R_ F_；

       G72 P_ Q_ U_ W_；

代码说明：W：Z 方向每次的偏移量（W<刀宽）。

R：Z 方向每次的退刀量。

F：进给速度。

P：精加工程序的起始段号。

Q：精加工程序的结束段号。

U：X 方向的精车余量（直径表示）。

W：Z 方向的精车余量（W=0 时，可省略不写）。

用法：用于切槽粗加工。

速度：可以用 F 进给速度来控制。

轨迹：以工件的外形自动分刀，然后再走精车轨迹，最后自动返回定位点上。

纵向切槽走刀轨迹，如图 3.39 所示。

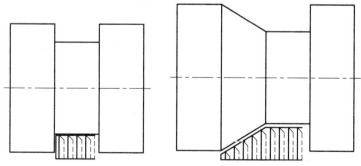

图 3.39 纵向切槽走刀轨迹

注意事项：

（1）G72 指令只能用于加工阶梯形工件，即 X、Z 坐标单调递增或递减变化。

（2）用 G72 指令加工之前必须用 G01 或 G94 指令先开退刀槽。

（3）精加工轨迹的起始段不能写 X 值。

（4）用单一指令描述精加工轨迹。

例 3.15 对图 3.40 所示零件中的 20 mm 的槽宽加工，切槽刀的刀宽 3 mm，用 G72 指令进行程序段的编制。

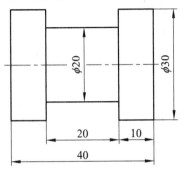

图 3.40 用 G72 指令加工槽实例

图 3.40 程序如下：

G0 X32 Z-13 （刀宽 3 mm）；

G94 X20 F30；

G72 W2 R1；

G72 P1 Q2 U0.2；

N1 G0 Z-30；

G1 X20；

N2 Z-13；

G70 P1 Q2 F30；

G0 X100 Z50；

例 3.16 对图 3.41 所示零件，加工带左锥度的槽，切槽刀的刀宽 3 mm，用 G72 指令进行左锥度槽程序段的编制。

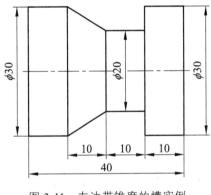

图 3.41 左边带锥度的槽实例

图 3.41 程序如下：

G0 X32 Z-13；

G94 X20 W0 F30；

G72 W2 R1；

G72 P1 Q2 U0.2；

N1 G0 Z-30；

G1 X30；

X20 Z-20；

N2 Z-13；

G0 X100 Z50；

例 3.17 对图 3.42 所示零件的圆弧槽加工，切槽刀的刀宽 3 mm，用 G72 指令进行圆弧槽的程序段的编制。

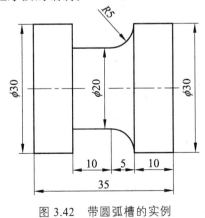

图 3.42 带圆弧槽的实例

图 3.42 参考程序如下：

G0 X32 Z-25；

G94 X20 W0 F30；

G72 W2 R1；

G72 P1 Q2 U0.2；

N1 G0 Z-13；

G1 X30；

G2 X20 W-5 R5；

N2 G1 Z-25；

G0 X100 Z50；

9）G74——轴向切槽多重循环指令

格式：G74　R_；

　　　　G74　X_　Z_　P_　Q_　R_　F_；

代码说明：

R：Z轴方向每次的退刀量（单位：mm）。

X：工件车削后的直径坐标。

Z：工件车削后的长度坐标。

P：X轴方向每次的偏移量（单位：μm，用直径表示）。

Q：Z轴方向每次的切入量（单位：μm）。

R：X轴方向每次的退刀量（单位：mm，用直径表示）。

F：进给速度。

例 3.18　对图 3.43 所示的零件端面槽，用切槽刀 5 mm 刀宽进行端面槽程序段的编制。

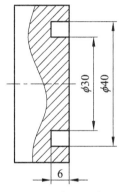

图 3.43　程序如下：

G0 X34 Z2；

G74 R1；

G74 X30 Z-6 P3000；Q2500 F30；

G0 X100 Z50；

图 3.43　端面槽实例

例 3.19　对图 3.44 所示的零件端面槽带圆弧，用切槽刀 5 mm 刀宽进行端面圆弧槽程序段的编制。

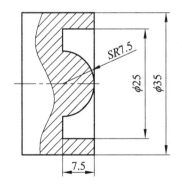

图 3.44　程序如下：

G0 X19 Z2；

G74 R1；

G74 X15 Z-7.5 P3000 Q2500 F30；

G0 X17；

G71 U0.8 R0.5 F50；

G71 P1 Q2 U0.2 W0.1；

N1 G0 X0；

G1 Z0；

N2 G3 X15 Z-7.5 R7.5；

G70 P1 Q2；

图 3.44　带圆弧端面槽程序

10）G75——径向切槽多重循环指令

格式：G75　R_；

　　　　G75　X_　Z_　P_　Q_　R_　F_；

代码说明：

R：X 轴方向每次的退刀量（单位：mm，用半径表示）。

X：切削工件 X 轴绝对坐标值。

Z：切削工件 Z 轴绝对坐标值。

P：X 轴方向每次的切入量（单位：μm，用直径表示）。

Q：Z 轴方向每次的偏移量（单位：μm）。

R：Z 轴方向每次的退刀量。

F：进给速度。

例 3.20 对图 3.45 所示零件中的槽和切断工件，用 3 mm 宽的切槽刀进行切槽和切断程序段的编制。

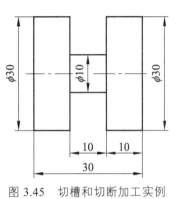

图 3.45　切槽和切断加工实例

图 3.45　参考程序如下：

切槽

G0 X32 Z-13；

G75 R1 F30；

G75 X10 Z-20 P4000 Q2500；

G0 X100 Z50；

切断

G0 X32 Z-33；

G75 R1 F30；

G75 X0 P5000；

G0 X100 Z50；

11）G92——螺纹车削单一循环指令

代码格式：G92　X(U)_　Z(W)_　F(I)_　R_　J_　K_　L_；

代码说明：

X：工件每一刀加工后得出的螺纹底径坐标。

Z：螺纹的长度坐标。

F：螺纹的导程（公制），导程=螺距×线数。

I：螺纹的牙数（英制）。

R：锥度，用加工螺纹起点与螺纹终点轨迹的半径差来表示。

J：X 轴方向的退尾升角长度（等于零时可省略不写）。

K：Z 轴方向的退尾升角长度（等于零时可省略不写）。

L：螺纹的线数（数值为 1~99，单头螺纹时，可省略不写）。

代码功能：用于加工螺纹（通过转速控制车削速度，车削速度=转速×导程）。

移动轨迹：

（1）沿 X 轴快速进刀至首段 X 坐标指定位置。

（2）沿 Z 轴以螺纹车削速度至 Z 坐标指定位置。

（3）分别沿 X、Z 轴退刀至起点位置。

注意事项：

（1）起点定位 X 值应大于螺纹公称直径 2~5 mm，否则浪费时间。

（2）Z轴起点要大于一个螺距的距离（进刀速度与加速度有关）。

（3）I值非连续有效，编程时每段程序中不能省略。

（4）螺纹加工完成后的下一个车削指令必须重新定义F值(进给速度)。

例3.21 加工图3.46中所示M20×1.5螺纹，用G92指令进行程序段的编制。

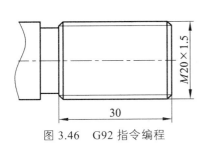

图3.46 G92指令编程

图3.46 参考程序如下：

M3 S500 T0303；

G0 X22 Z3；

G92 X19.3 Z−30 F1.5；（车入−0.7 mm）

X18.7；（车入−0.6 mm）

X18.3；（车入−0.4 mm）

X18.05；（车入−0.25 mm）

X18.05；（精车）

G0 X100 Z50；

例3.22 对图3.47中所示的G1/2管螺纹加工，进行程序段的编制。查英制螺纹表得：大径=20.96，小径=18.63，牙数=14。

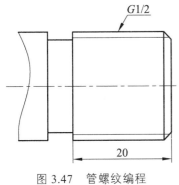

图3.47 管螺纹编程

图3.47 参考程序如下：

G0 X22 Z3；

G92 X20.1 Z−20 I14；

X19.5 I14；

X19 I14；

X18.7 I14；

X18.63 I14；

X18.63 I14；

例3.23 加工图3.48所示的零件中带锥度的螺纹，进行程序段的编制。

首先进行锥度相关计算。

∵当$Z=0$时，$BE=(18-22)/2=-2$

∵△ABE∽△ACD

∴当$Z=3$时，$CD=AC×BE/AB$

$CD=33×(-2/30)$

$CD=-2.2$

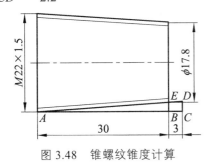

图3.48 锥螺纹锥度计算

图3.48 参考程序如下：

G0 X24 Z3；

G92 X21.3 Z−30 F1.5 R−2.2；

X20.7；

X20.3；

X20.05；

X20.05；

例 3.24 加工图 3.49 中所示零件的普通 M20×1.5-LH 螺纹，进行程序段的编制。

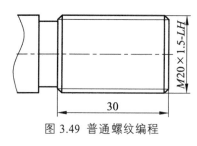

图 3.49 普通螺纹编程

图 3.49 参考程序如下：

G0 X22 Z-33；

G92 X19.3 Z2 F1.5；

X18.7；

X18.3；

X18.05；

X18.05；

例 3.25 对图 3.50 中所示零件的 R1/2 螺纹加工，进行程序段的编制。

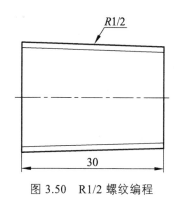

图 3.50 R1/2 螺纹编程

图 3.50 参考程序如下：

G0 X24 Z3；

G92 X21.7 Z-30 I14 R-1.03；

X21.1 I14；

X20.8 I14；

X20.4 I14；

X20.035 I14；

X20.035 I14；

G0 X100 Z50；

例 3.26 如图 3.51 所示零件，已知：管端至基面长度=7.5 mm，基面上螺纹大径=20.96 mm，基面上螺纹小径=18.63 mm，小端小径=18.16 mm，锥度比 1：16，求小端大径、大端大径及大端小径。

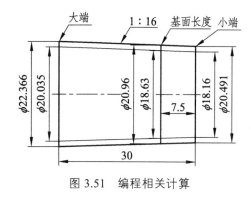

图 3.51 编程相关计算

管螺纹相关计算：

查英制螺纹表得

牙数为 14

小端大径为 20.96-7.5/16=20.491

大端大径为 20.491+30/16=22.365

大端小径为 18.16+30/16=20.036

$Z=0$，$R=(20.191-22.366)/2=-0.937$

$Z=3$，$R1=33×(-0.937)/30=-1.03$

在编写 G92 指令时，故 $R=-1.03$

例 3.27 对图 3.52 所示零件中的内孔螺纹进行程序段的编制。

注意事项：先把内孔车至直径为 18.35，然后再车螺纹

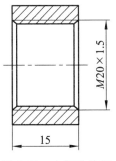

图 3.52 内螺纹编程

图 3.52 参考程序如下：

G0 X16 Z3；

G92 X19 Z-17 F1.5；

X19.4；

X19.7；

X19.9；

X20；

12）G76——螺纹车削复合循环

格式：G76　Paabbcc　Q_　R_；

　　　　G76　X_　Z_　P_　Q_　R_　F(I)_；

代码说明：Paa：精车次数（两位数）。

Pbb：退尾升角长度（单位为 1/10×导程，两位数），如 05 表示 45°退尾升角，00 表示没有退尾升角。

Pcc：螺纹的齿形角，用于以单刃切削的进刀角度分别有 29°、30°、55°、60°。

Q：螺纹车削时保证每一刀最小的切入量（单位：μm，用半径表示）。

R：精车余量（单位：mm，用半径表示）。

X：螺纹底径坐标。

Z：螺纹长度坐标。

P：螺纹的牙深（单位：μm，用半径表示）。

Q：首次切入量（单位：μm，用半径表示）。

螺纹加工时每次切入量=Q×次数的平方根

第一次车削后的底径=公称直径$-Q\times\sqrt{1}$；第二次车削后的底径=公称直径$-Q\times\sqrt{2}$；第 N 次车削后的底径=公称直径$-Q\times\sqrt{N}$。

R：加工螺纹起点与终点轨迹的半径差（单位：mm，半径表示）。

F：螺纹的导程（公制）。

I：螺纹的牙数（英制）。

例 3.28　用 G76 指令对图 3.53 所示零件，加工公制普通 M20×1.5 的螺纹时，进行程序段的编制。

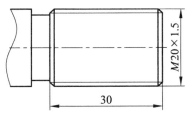

图 3.53　M20×1.5 普通螺纹实例

图 3.53 参考程序如下：

M3 S500 T0303；

G0 X22 Z3；

G76 P020560 Q150 R0.1；

G76 X18.05 Z-32 P975 Q400 F1.5；

G0 X100 Z50；

例 3.29　用 G76 指令对图 3.54 所示零件，加工英制圆柱管螺纹 G1/2 时，进行程序段的编制。

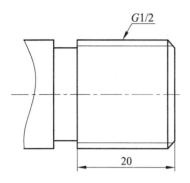

图 3.54 参考程序如下：

M3 S500 T0303；

G0 X22 Z3；

G76 P020555 Q150 R0.1；

G76 X18.63 Z-20 P1165 Q400 I14；

G0 X100 Z50；

图 3.54 英制圆柱管螺纹实例

例 3.30 对图 3.55 所示零件中的阶梯孔，进行程序段的编制。

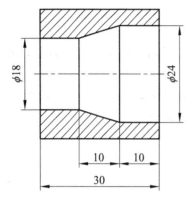

图 3.55 参考程序如下：

G0 X16 Z2；

G71 U1 R1 F100；

G71 P1 Q2 U-0.3；

N1 G0 X24；

G1 Z-10；

X18 Z-20；

N2 Z-33；

G0 X100 Z50；

图 3.55 阶梯孔编程实例

例 3.31 对图 3.56 所示零件中内孔轮廓，进行程序段的编制。

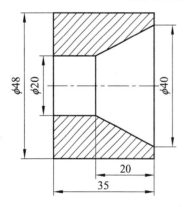

图 3.56 参考程序如下：

G0 X18 Z2；

G71 U1R0.5 F60；

G71 P1 Q2 U-0.3；

N1 G0 X40；

G1 Z0；

X20 Z-20；

N2 Z-35；

G70 P1 Q2 F60 S600；

G0 X100 Z50；

图 3.56 内孔轮廓加工实例

3.3 数控车床的基本操作及步骤

3.3.1 GSK980TDi 操作面板介绍

GSK980TDi 数控系统是采用集成式操作面板，面板划分如图 3.57 所示。

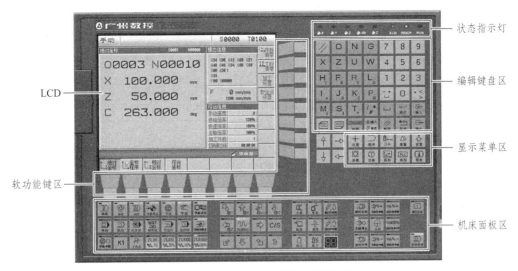

图 3.57　GSK980TDi 操作面板划分

（1）状态指示灯：用于指示当前所处的状态，指示灯亮时表示相应功能有效，指示灯灭时表示相应功能无效。

（2）LCD 显示区：人机交互窗口，当前页面、信息的显示。

（3）编辑键盘：用于各类指令地址、数据的输入等。

（4）显示菜单：用于显示界面的切换。

（5）机床面板：用于工作方式的切换、控制机床动作等。

（6）软功能键系统快捷键功能。

3.3.2　常用机床面板按键

常用机床面板按键见表 3.9。

表 3.9　常用机床面板按键说明

按键	名称	功能说明
编辑	编辑方式选择键	在编辑工作方式下，可以进行零件程序的建立、输入和修改等操作
自动	自动方式选择键	在自动工作方式下，可运行已编辑好的加工程序
MDI	录入方式选择键	在录入工作方式下，可进行单个指令段的输入和执行以及参数的修改等操作
回参考点	机械回零方式选择键	在机械回零工作方式下，可分别手动执行 X、Y、Z 轴回机械零点操作
手脉	手轮方式选择键	进入单步或手轮工作方式，可使系统按选定的增量进行移动

按键	名称	功能说明
	手动方式选择键	在手动工作方式下,可进行手动进给、手动快速、主轴启停、冷却液开关、润滑液开关、手动换刀等操作
	循环启动键	程序运行启动
	进给保持键	程序运行暂停
	冷却液开关键	冷却液开/关
	手动换刀键	手动顺序换刀
	主轴控制键	手动主轴正转; 手动主轴停止; 手动主轴反转
	快速开关	快速速度/进给速度切换
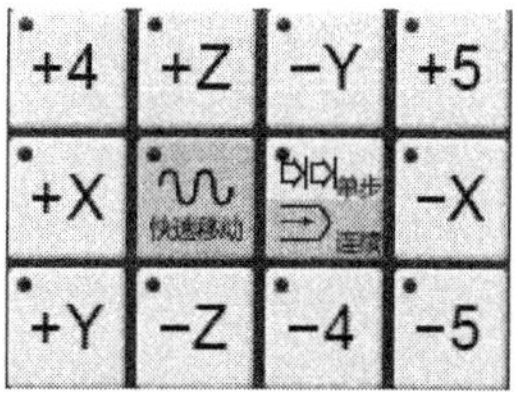	手动进给键	手动方式下,可控制 X、Y、Z 轴的正向/负向移动
	手轮控制轴选择键	手轮方式 X、Y、Z 轴选择
	手轮增量选择键	手轮每格移动(0.001/0.01/0.1) mm

3.3.3 显示菜单

GSK980TDi 有 10 个显示菜单键用于切换不同的显示界面,每个显示界面下又含有多个子界面。显示界面与工作方式无关,在任何一种工作方式下都可以进行显示界面切换。按下某一个显示菜单键则进入相应的显示界面。每个显示界面下的子界面又可以通过翻页键  与  进行显示界面切换。显示菜单见表 3.10。

表 3.10　显示菜单说明

菜 单 键	备 注
位置	进入位置界面。位置界面有相对坐标、绝对坐标、综合坐标、坐标&程序等 4 个页面
程序	进入程序界面。程序界面有程序内容、程序目录、程序状态、文件目录 4 个页面
刀补	进入刀补界面、宏变量界面、刀具寿命管理（参数设置该功能），反复按键可在 3 个界面间转换。刀补界面可显示刀具偏置磨损；宏变量界面可显示 CNC 宏变量；刀具寿命管理可显示当前刀具寿命的使用情况并设置刀具的组号
报警	进入报警界面、报警日志，反复按键可在 2 个界面间转换。报警界面有 CNC 报警、PLC 报警 2 个页面；报警日志可显示产生报警和消除报警的历史记录
位置	进入设置界面、图形界面（980TDi 特有），反复按键可在 2 个界面间转换。设置界面有开关设置、参数操作、权限设置、梯形图设置（2 级权限）、时间日期显示（参数设置）；图形界面可显示进给轴的移动轨迹
参数	进入状态参数、数据参数、螺补参数界面、U 盘高级功能界面（识别 U 盘后）。反复按键可在各界面间转换
诊断	进入 CNC 诊断界面、PLC 状态、PLC 数据、机床软面板、版本信息界面。反复按键可在各界面间转换。CNC 诊断界面、PLC 状态、PLC 数据显示 CNC 内部信号状态、PLC 各地址、数据的状态信息；机床软面板可进行机床软键盘操作；版本信息界面显示 CNC 软件、硬件及 PLC 的版本号
PLC 梯图	进入梯形图页面集。梯形图页面集有 PLC 状态、梯形图监控、PLC 数据、程序列表 4 个子页面： （1）PLC 状态页面可以查看 X、Y、F、G、R、A、C、T 的状态； （2）梯形图监控页面可以在线监控当前梯形图的执行状态； （3）PLC 数据页面可以查看/设置 K、D、DT、DC 的值； （4）程序列表页面可以选择已存在的 PLC 程序，并启动运行
图形	进入图形界面。可显示 X、Z 轴的运动轨迹
帮助	进入系统帮助界面，可获取编程、操作、安装连接等帮助信息

3.3.4　位置界面

按 位置 POS 键进入位置界面。位置界面有相对坐标、绝对坐标、综合坐标、坐标&程序等 4 个页面，通过 键或 键查看。

1. 绝对坐标显示界面

绝对坐标显示界面显示的 X、Z 坐标值为刀具在当前工件坐标系中的绝对位置（见图3.58），CNC 上电时 X、Z 坐标保持，工件坐标系可由 G50 指定。

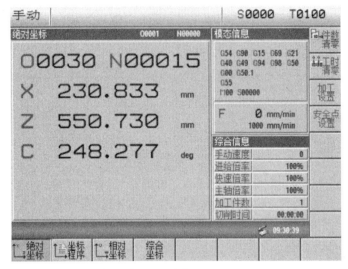

实际速度—实际加工中，进给倍率运算后的实际加工速度；
进给倍率—由进给倍率开关选择的倍率；
G 功能码—01 组 G 代码和 03 组 G 代码的模态值；
加工件数—当程序执行完 M30（或主程序中的 M99）时，加工件数加 1；
切削时间—当自动运转启动后开始计时，时间单位依次为小时、分、秒；
快速倍率—显示当前的快速倍率；
主轴倍率—当参数 NO.001 的 Bit4 位设定为 1 时，显示主轴倍率；
S0000—主轴编码器反馈的主轴转速，必须安装主轴编码器才能显示主轴的实际转速；
T0100—当前的刀具号及刀具偏置号。

图 3.58　绝对坐标显示界面

注：在编辑、自动、录入、显示"编程速度"；在机床回零、程序回零、手动方式下显示"手动速度"在手脉方式下显示"手脉增量"；在单步方式下显示"单步增量"。

加工件数和切削时间掉电记忆，清零方法：

在位置界面 [位置]，绝对坐标，按下快捷键 [件数清零] 即可。

在位置界面 [位置]，绝对坐标，按下快捷键 [工时清零] 即可。

2. 相对坐标显示界面

相对坐标显示界面显示的 U、W 坐标值为当前位置相对于相对参考点的坐标（见图3.59），CNC 上电时 U、W 坐标保持。U、W 坐标可随时清零。U、W 坐标清零后，当前点为相对参考点。当 CNC 参数 No.005 的 Bit1=1，用 G50 设置绝对坐标时，U、W 与设置的绝对坐标值相同。

U、W 坐标清零的方法：在位置界面 [位置]，相对坐标，按下快捷键 [U轴清零]，或 [W轴清零] 即可。

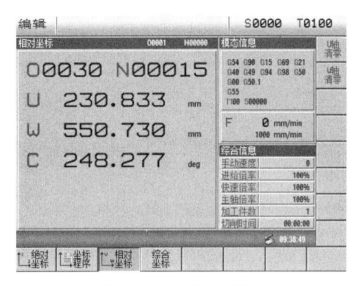

图 3.59　相对坐标显示界面

3. 综合坐标显示界面

在综合位置界面中，同时显示相对坐标、绝对坐标、机床坐标、余移动量（余移动量只在自动及录入方式下显示），如图 3.60 所示。机床坐标的显示值为当前位置在机床坐标系中的坐标值，机床坐标系是通过回机床零点建立的。余移动量为程序段或 MDI 代码的目标位置与当前位置的差值。

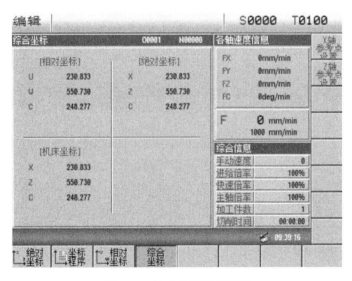

图 3.60　综合坐标显示页面

4. 坐标&程序显示界面

在坐标&程序显示界面中，同时显示当前位置的绝对坐标、相对坐标（若状态参数 No.180 的 Bit0 位设置为 1，则显示当前位置的绝对坐标、余移动量）及当前程序的 6 个程序段，如图 3.61 所示。在程序运行中，显示的程序段动态刷新，光标位于当前运行的程序段。

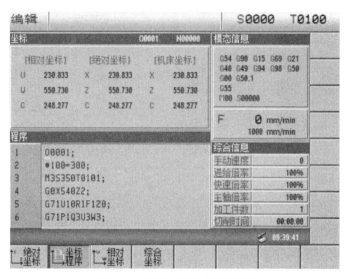

图 3.61 坐标&程序显示页面

3.3.5 程序界面

按 程序PRG 键进入程序界面，程序界面有程序内容、程序状态、程序目录、文件目录 4 个页面，通过反复按 程序PRG 键在各页面中切换。

1. 程序内容界面

在程序内容界面中，显示包括当前程序段在内的程序内容，如图 3.62 所示。在编辑操作方式下按 键、 键向前、向后查看程序内容。

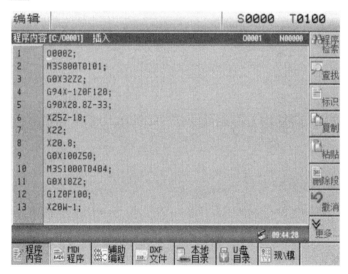

图 3.62 程序内容界面

2. 程序状态界面

在程序内容界面时，按 程序PRG 键将进入程序状态界面，如图 3.63 所示。

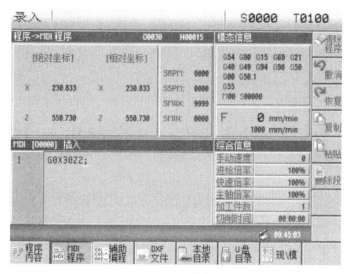

图 3.63　程序状态界面

3. 程序目录界面

在程序状态界面时，按 程序 PRG 键将进入程序目录界面。在该界面下，列出了所有的加工程序，如图 3.64 所示。为方便用户查找想要选取的程序，系统在界面下方显示了当前程序的前 3 行程序段，程序目录界面显示的内容：

（1）程序个数：显示 CNC 最多可存储的零件程序个数。

（2）已存个数：显示 CNC 中已存入的程序数（包括子程序）。

（3）存储容量：显示 CNC 存储零件程序的最大容量（KB）。

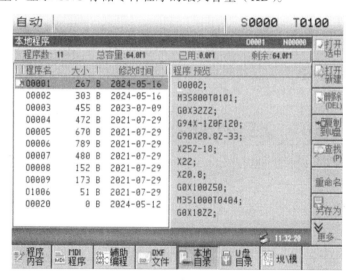

图 3.64　程序目录界面

（4）已用容量：显示 CNC 已存入的零件程序占用的存储容量。

（5）程序大小：显示 CNC 当前光标所在程序所占存储空间的大小。

（6）程序目录：按零件程序名的大小依次显示存入零件程序的程序号。

3.3.6 刀补界面

![刀补OFT]键为一复合键，从其他显示界面按一次 ![刀补OFT]键进入刀补界面，再按 ![刀补OFT]键进入宏变量界面。

1. 刀具偏置&磨损界面

刀具偏置&磨损界面共有 7 个界面，共有 33 个偏置、磨损号（NO.000～NO.032）供用户使用（见图 3.65），通过 ![键]键、![键]键显示各页面。

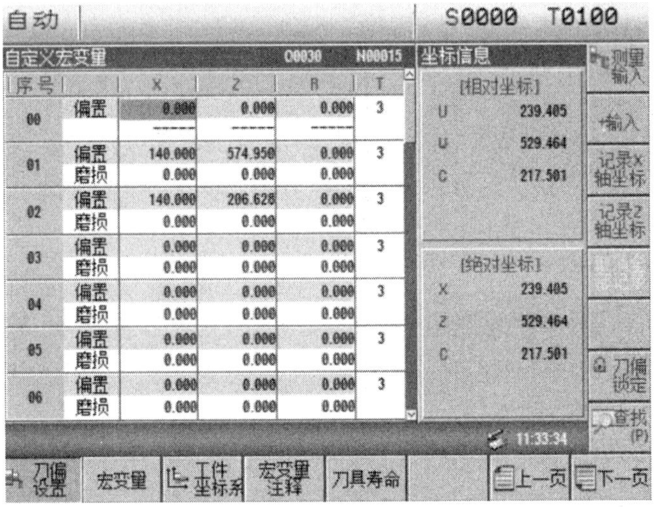

图 3.65　刀具偏置&磨损界面

2. 宏变量界面

宏变量界面有 20 个界面，可通过 ![键]键、![键]键显示各界面，如图 3.66 所示。宏变量页面共显示 600 个（NO.100～NO.199 及 NO.500～NO.999）宏变量，宏变量值可通过宏代码指定或键盘直接设置。

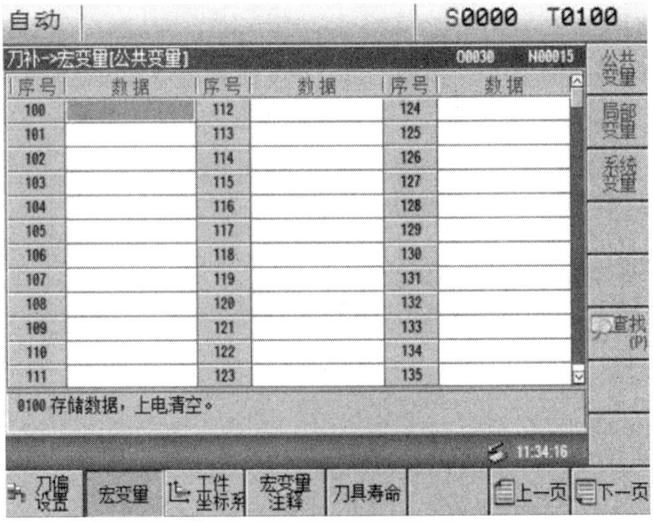

图 3.66　宏变量界面

3.3.7　报警界面

按 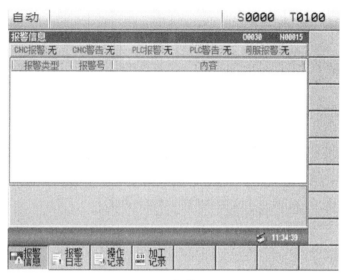 键进入报警界面，通过 ☰ 键、☰ 键查看全部报警显示，如图 3.67 所示。

图 3.67　报警界面

注：按下 RESET 键可清除报警内容。

3.3.8　程序编辑

在编辑工作方式下，可建立、选择、修改程序。为防程序被意外修改、删除，GSK980TDi 设置了程序开关。编辑程序前，必须打开程序开关。

1. 新程序的建立

编辑新的零件程序时，须首先建立一个新的空零件程序。可通过以下方法建立新的零件程序。

（1）选择编辑工作方式，再按 程序 PRG 键，进入程序内容显示界面，如图 3.68 所示。

（2）按地址键 O，再按数字键 O、O、O、1（以建立 O 0001 程序为例）。

（3）按 换行 EOB 键，CNC 会建立一个新程序。

2. 程序内容的输入

在编辑方式下，建立好零件程序后，按照编制好的零件程序逐个输入，每输入一个字符，在屏幕上立即给予显示输入的字符（复合键的处理是反复按此复合键，实现交替输入），一个程序段输入完毕，按 ↵ 换行 键换行。依次输入其他程序段，直到程序输入完毕。输入完毕后，按 // 复位键，可使光标返回程序开头。

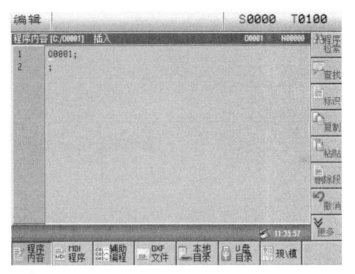

图 3.68　建立新程序界面

3. 字符的删除与插入

如在输入过程中输入有误，可将错误字符删除。按 ▢ 键可删除光标处的前一字符，按 ▢ 键可删除光标所在处的字符。

如果想在已编好的程序段上插入新的程序指令，可按以下方法执行：

（1）将光标移至需插入位置，此时光标为一下画线（如 G0; ），表示当前字符插入状态[如果光标为矩形反显（如 G0 ）则为修改状态，按 ▢ 键可切换字符输入的状态]。

（2）输入需要插入的字符。如图 3.69 所示界面中，在 G0 的前面插入 G98，依次按 G 、 9 、 8 、 ▢ 键（空格键需连续按两次）后完成。

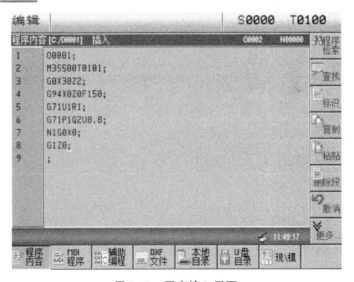

图 3.69　程序输入界面

4. 程序的选择

当 CNC 中已存有多个程序时，可通过以下方式选择程序。

（1）选择编辑或自动工作方式，再按 程序 键，进入程序内容显示画面。

（2）按地址键 O ，再键入程序号。

（3）按 ↓ 键，在显示画面上显示检索到的程序，若程序不存在，CNC 出现报警。

5. 程序的执行

选择需执行的程序并对好刀具后，选择自动工作方式，按 键，程序自动运行。运行过程中可按 键使程序执行暂停。需要特别注意的是螺纹切削时，此功能不能使运行动作立即停止。

注：程序的运行是从光标的所在行开始的，所以在按下循环启动键运行之前应先检查一下光标是否在需要运行的程序段上。

3.3.9　常用手动操作

1. 手动进给、手动快速移动

（1）按 手动 键选择手动方式，键上的指示灯亮，进入手动工作方式。

（2）按住  中的 或 X 轴方向键可使 X 轴正向或负向

移动，松开按键时 X 轴运动停止；按住 或 Z 轴方向键可使 Z 轴向正向或负向移动，松开按键时 Z 轴运动停止；用户也可同时按住 X、Z 轴的方向选择键实现 2 个轴的同时运动。在移动过程中进给倍率实时修调有效。

（3）进入手动方式后，按下 键，使状态指示区的指示灯 亮则进入手动快速移动状态。此时再按步骤 2 所示方法移动轴，轴将以快速移动速度移动，在移动过程中快速倍率实时修调有效。再按下 键，指示灯灭则回到手动进给状态。

（4）速度修调。

在手动进给时，可按  修改手动进给倍率，共 16 级。

在手动快速移动时，可按在手动快速移动时，可按 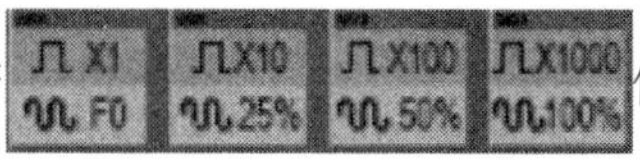 修改手动快速移动的倍率，快速倍率有 F0、25%、50%、100%四挡。

2. 手轮进给

（1）按  键选择手轮操作方式，键上的指示灯亮，进入手轮工作方式。

（2）按 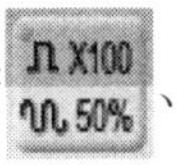 、  或  键，选择移动增量，移动增量会在页面上显示。

（3）按  或  键选择相应的轴。

（4）此时即可控制手轮进行进给操作。手轮进给方向由手轮旋转方向决定。一般情况下，手轮顺时针为正向进给，逆时针为负向进给。

3. 手动换刀

：手动/手轮工作方式下，按此键，CNC 将按顺序依次换刀。

注：换刀前必须先把刀架移到安全位置，否则可能出现撞刀。

4. 主轴旋转控制

：手动/手轮工作方式下，按此键主轴正转（需指定主轴转速"S"后主轴才会旋转）。

：手动/手轮工作方式下，按此键主轴停止。

：手动/手轮工作方式下，按此键主轴反转（需指定主轴转速"S"后主轴才会旋转）。

主轴倍率的修调：手动操作方式下，当选择模拟电压输出控制主轴速度时，可修调主轴速度。

按  键，修调主轴倍率改变主轴速度，可实现主轴倍率 50%～120%共 8 级实时调节。

注：如果卡盘上夹有工件，主轴旋转前，请确保卡盘已夹紧。

5. 冷却液控制

：任意工作方式下，重复按此键冷却液开/关切换。

6. 紧急操作

在加工过程中，由于用户编程、操作以及产品故障等原因，可能会出现一些意想不到的结果，此时必须使 GSK980TDi 立即停止工作。本节描述的是在紧急情况下 GSK980TDi 所能进行的处理，数控机床在紧急情况下的处理请见机床制造厂的相关说明。

1）进给保持

机床运行过程中可按 键使运行暂停。需要特别注意的是螺纹切削、循环指令运行中，此功能不能使运行动作立即停止。

2）复　位

GSK980TDi 异常输出、坐标轴异常动作时，按 RESET 键使 GSK980TDi 处于复位状态。此时，所有轴运动停止，M、S、T 功能输出无效，自动运行停止。

3）急　停

机床运行过程中存在危险或紧急情况下按急停按钮 （外部急停信号有效时），CNC 即进入急停状态，此时机床移动立即停止，所有的输出（如主轴的转动、冷却液等）全部关闭，并将出现急停报警。松开急停按钮解除急停报警。

注：1. 解除急停报警前先确认故障已排除。
　　2. 在上电和关机之前按下急停按钮可减少设备的电冲击。

4）切断电源

机床运行过程中存在危险或紧急情况下可立即切断机床电源，以防事故发生。但必须注意，切断电源后 CNC 显示坐标与实际位置可能有较大偏差，必须重新进行对刀等操作。

3.3.10　录入操作

在录入方式下，可进行指令字的输入以及指令字的执行。

1. 指令字的输入

选择录入工作方式，进入程序状态页面，输入一个程序段"G50 X50 Z100"，操作步骤如下：

（1）按 键进入录入操作方式。

（2）按 键（必要时再按 键或 键）进入程序状态界面，如图 3.70 所示。

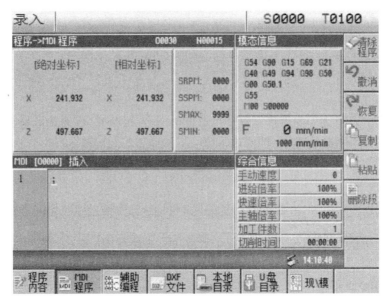

图 3.70　程序状态界面

（3）依次键入地址键 G 、数字键 0 、输入 IN 键，界面显示如图 3.71 所示。

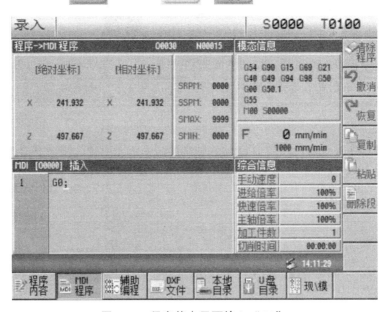

图 3.71　程序状态界面输入 "G0"

（4）依次键入地址键 X 、数字键 1 、0 、0 键。

（5）依次键入地址键 Z 、数字键 5 、0 及输入 IN 键。

执行完上述操作后界面显示如图 3.72 所示。

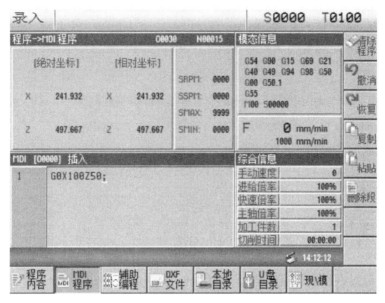

图 3.72　程序状态界面输入指令

2. 指令字的执行

指令字输入后，按 ![键] 键执行输入的指令字。运行过程中可按 ![键] 键、![键] 键以及急停按钮使运行停止。

3.3.11　对刀操作

为简化编程，允许在编程时不考虑刀具的实际位置，可通过对刀操作来获得刀补值数据。

1. 建立坐标系

（1）换 1 号刀：![程序 PRG]、![MDI]、![T=]、![O]、![1]、![O]、![1]、![输入 IN]、![键] 键。

① 对 Z 轴：主轴正转→车端面，X 轴方向退出（Z 方向不动）→按 ![刀补 OFT] →光标移至 01 偏置处→![Z]、![O]→![输入 IN] 键。

② 对 X 轴：主轴正转→车外圆，Z 轴方向退出（X 方向不动）→停主轴→测量直径→按 ![刀补 OFT] →光标移至 01 偏置处→"![X] 刚测量的直径"，按 ![输入 IN] 键。

（2）对 2 号刀：

① 对 Z 轴："手轮"方式→刀尖碰工件端面（碰到即停）→按 ![刀补 OFT] →光标移至 02 偏置处→Z0→按 ![输入 IN] 键。

② 对 X 轴：![手轮] 方式，→刀尖碰工件外圆，碰到即停，→按 ![刀补 OFT] →光标移至 02 偏置

处→"$\boxed{\times}$刚测量的直径",按$\boxed{输入}$键。

（3）对3、4号刀的过程与2号刀相同，T0303、T0404光标移至03，04处。

2. 验证刀具

（1）"程序"→"MDI录入"→T0101→按$\boxed{输入}$键→"循环启动"，再按G0→X刚测量的外径值→Z9→按$\boxed{输入}$键→"循环启动"，Z0→按$\boxed{输入}$键→"循环启动"。

（2）按上面步骤，两把刀刀尖停留的位置应该是同一点，说明对刀正确，否则重新对刀。

（3）验证2、3、4号刀，方法同上，即执行T0202、T0303、T0404换刀后再定位验证刀具位置。

3.3.12　刀具偏置的修改

按$\boxed{刀补}$键进入刀具偏置界面，通过$\boxed{目}$键、$\boxed{目}$键分别显示No.000～No.032偏置号。

1. 刀补清零

（1）移动光标至要清零的刀具偏置号的位置。

（2）如果要把X轴的刀补值清零，则按$\boxed{X}$键，再按$\boxed{输入}$键，X轴的刀补值被清零。

（3）如果要把Z轴的刀补值清零，则按$\boxed{Z}$键，再按$\boxed{输入}$键，Z轴的刀补值被清零。

2. 绝对值输入

（1）按$\boxed{刀补\atop OFT}$键进入刀具偏置页面，按$\boxed{目}$键、$\boxed{目}$键选择需要的界面。

（2）按$\boxed{\uparrow}$键、$\boxed{\downarrow}$键移动光标至要输入的刀具偏置号的位置。

（3）按地址键$\boxed{X}$或$\boxed{Z}$后，输入数字（可以输入小数点）；

（4）按$\boxed{输入}$键后，CNC自动计算刀补值，并在界面上显示出来。

3. 增量值输入

（1）将光标移到要变更的刀具偏置号的位置。

（2）如要改变X轴的刀具偏置值，键入U；对于Z轴，键入W。

（3）键入增量值。

（4）按$\boxed{输入}$，把现在的刀补值与键入的增量值相加，其结果作为新的刀补值显示出来。

示例：已设定的X轴的刀补值为5.678，用键盘输入增量U 0.15，则新设定的X轴的刀补值为5.828(=5.678+0.15)。

3.3.13 常用操作一览

GSK980Tdi 常用操作见表 3.11。

表 3.11 常用操作说明

分类	功能	操作	操作方式	显示界面
数据设置	状态参数	参数值、[输入 IN]	录入方式	状态参数
	宏变量	宏变量值、[输入 IN]		宏变量
	X 轴刀具偏置增量输入	[U]、偏置增量		刀具偏置
	Z 轴刀具偏置增量输入	[W]、偏置增量		刀具偏置
检索	从光标当前位置向下检索	字符、[↓]	编辑方式	程序内容
	从光标当前位置向上检索	字符、[↑]	编辑方式	程序内容
	从当前程序向下检索	[O]、[↓]	编辑方式或自动方式	程序内容程序目录或程序状态
	从当前程序向上检索	[O]、[↑]		
	检索指定的程序	[O]、程序名、[↓]		
删除	光标处字符删除	[删除 DEL]	编辑方式	程序内容
		[取消 CAN]	编辑方式	程序内容
	单程序段删除	光标移至行首、[删除 DEL]	编辑方式	程序内容
	多程序段删除	[转换 CHG]、[N]、顺序号、[删除 DEL]	编辑方式	程序内容
	块删除	[转换 CHG]、字符、[删除 DEL]	编辑方式	程序内容
	单程序删除	[O]、程序名、[删除 DEL]	编辑方式	程序内容
	全部程序删除	[O]、[空格 _]999、[删除 DEL]	编辑方式	程序内容

分类	功能	操作	操作方式	显示界面
改名	程序的改名	O 、程序名、 插入 INS	编辑方式	程序内容
复制	程序的复制	O 、程序名、 转换 CHG	编辑方式	程序内容
开关设置	打开参数开关	D L		开关设置
	打开程序开关	D L		开关设置
	打开自动序号	D L		开关设置
	关闭程序开关	W		开关设置
	关闭自动序号	W		开关设置

3.4 数控车床编程实例

3.4.1 车削加工编程实例（一）

例 3.32 用 $\phi 30$ 的棒料加工如图 3.73 所示工件，2 号刀为宽度 3 mm 的切断刀，4 号刀为外圆车刀。

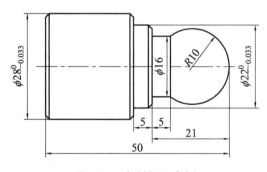

图 3.73 车削加工实例

以工件最右端面中心为编程原点，用三爪自定心卡盘夹持 $\phi 30$ 的棒料外圆。先进行粗加工再进行精加工，走刀路线为：G71 粗加工—G70 精加工—退出换刀—进刀至最左侧切槽、倒角再切断。参考程序见表 3.12。

表 3.12　图 3.73 参考程序

O0045		
段号	程序段内容	说明
N5	M3 S800 T0404	启动主轴正转 800 r/min，换 4 号刀
N10	G0 X30 Z2	快速移动至(30, 2)
N20	G71 U1 R1 F150	G71 粗加工循环
N30	G71 P40 Q130 U0.8	
N40	G0 X0 W0	快速移动至(0, 2)
N50	G1 Z0	切削至(0, 0)点
N60	G3 X16 Z−16 R10	加工 R10 球头
N70	G1 W−5	切削直线
N80	X20	切削直线
N90	X22 W−1	倒角
N100	Z−26 ·	切削直线
N110	X26	切削直线
N120	X28 W−1	倒角
N130	Z−55	切削至(28, −55)
N140	G0 X100 Z50	退出
N150	M3 S1000 T0404	转速 1 000 r/min
N160	G0 X30 Z2	快速移动至(30, 2)
N170	G70 P40 Q130 F80	精加工
N180	G0 X100 Z50	退出
N190	M5	主轴停止
N200	M0	暂停
N210	M3 S500 T0202	启动主轴正转 500 r/min，换 2 号刀
N220	G0 X30 Z2	快速移动至(30, 2)
N230	Z−53	快速移动至(30, −53)
N240	G94 X26 F50	G94 循环切槽
N250	G0 W1	Z 正方向移动 1 mm
N260	G1 X28	X 方向切削至 28
N270	X26 W−1	倒角
N280	X0	切断
N290	G0 X100　　Z50	退刀
N300	M30	程度结束

3.4.2　车削加工编程实例（二）

例 3.33　用 $\phi 30$ 的棒料加工如图 3.74 所示工件，2 号刀为宽度 3 mm 的切断刀，3 号刀为螺纹刀，4 号刀为外圆车刀。

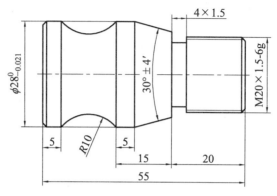

图 3.74　车削加工实例

以工件最右端面中心为编程原点，用三爪自定心卡盘夹持 $\phi 30$ 的棒料外圆。先进行粗加工、精加工、切槽、加工螺纹再切断，走刀路线为：G71 粗加工—G70 精加工—退出换切槽刀—切 4×1.5 的槽—退出换螺纹刀—加工 M20X1.5 的螺纹—退出换切槽刀—进刀至最左侧切槽、倒角再切断。参考程序见表 3.13。

表 3.13　图 3.74 参考程序

O0074			
程序	说明	程序	说明
M3 S800 T0101	启动主轴，1 号刀	Z-20	沿 Z 轴切削 20 mm
G0 X32 Z2	快速移至(32, 2)	G94 X17 Z-20	G94 循环切削槽
G94 X-1 Z0 F100	G94 循环切右端面	G94 X17 Z-19	G94 循环切削槽
G0 X100 Z50	退出	G0 X100 Z50	退出
M3 S800 T0404	启动主轴 4 号刀	M3 S500 T0303	
G0 X30 Z2	快速移至(32, 2)	G0 X22 Z3	快速移至(22, 3)
G71 U1 R1 F120	G71 粗加工	G92 X19.3 Z-17 F1.5	分 5 次加工螺纹
G71 P1 Q2 U0.8		G92 X18.7 Z-17 F1.5	
N1 G0 X18 W0	快速移至(18, 2)	G92 X18.3 Z-17 F1.5	
G1 Z0	切削到(18, 0)	G92 X18.05 Z-17 F1.5	
X19.8 W-1	切倒角	G92 X18.05 Z-17 F1.5	
Z-20	切削直线	G0 X100 Z50	退出
X22.641	切削直线	M3 S500 T0202	2 号刀
X28 W-10	切削圆锥面	G0 X30 Z2	快速移至（30, 2）
Z-35	切削直线	Z-58	沿 Z 轴移动-58 mm
G2 X28 W-15 R10	加工 R10 圆弧	G94 X26 F40	循环切槽

程序	说明	程序	说明
N2 G1 Z-60	切削到(28, -60)	G0 W1	沿 Z 轴移动 1 mm
G0 X100 Z50	退出	G1 X28	沿 X 切削至 28
M3 S1000 T0404	启动主轴 4 号刀	X26 W-1	倒角
G0 X30 Z2	快速移至(32, 2)	X0	切断
G70 P1 Q2 F100	精加工	G0 X100	腿出
G0 X100 Z50	退出	Z50	
M3 S500 T0202	启动主轴 2 号刀	M30	程序结束
G0 X24 Z2	快速移至(24, 2)		

3.4.3 车削加工编程实例（三）

例 3.34 用 $\phi 30$ 的棒料加工如图 3.75 所示工件，号刀为外圆车刀，2 号刀为宽度 3 mm 的切断刀，3 号刀为螺纹刀，4 号刀为外圆车刀。

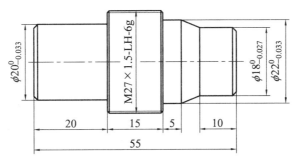

图 3.75　车削加工实例

以工件最右端面中心为编程原点，用三爪自定心卡盘夹持 $\phi 30$ 的棒料外圆。此工件分左右两部分，右边部分用 G71 进粗加工，左边部分用 G72 进行粗加工，走刀路线为：G71、G70 粗、精加工右边部分—退出换 2 号切槽刀—G72 粗加工左边部分—倒角精加工左边部分—退出换螺纹刀—加工 M27×1.5 的螺纹—退出换切槽刀—进刀至最左侧切槽、倒角再切断。参考程序见表 3.14。

表 3.14　图 3.75 参考程序

O0075			
程序	说明	程序	说明
M3 S600 T0101	启动主轴，1 号刀	G0 W1	
G0 X32 Z2	快速移至(32, 2)	G1 X27	
G94 X-1 Z0 F120	G94 循环切右端面	X25 W-1	
G0 X30 Z2	快速移至(32, 2)	X20	
G71 U1 R1 F150	G71 粗加工	Z-58	
G71 P1 Q2 U0.8 W0.1		G1 X30	

程序	说明	程序	说明
N1 G0 X15	快速移至(15, 2)	G0 X100 Z50	退出
G1 Z0	切削到(15, 0)	M3 S600 T0303	换3号刀
X18 W-1.5	切倒角	G0 X30 Z2	快速移至(30, 2)
Z-10	切削直线	Z-38	沿Z轴快速移动
X22 W-5	切削直线	G92 X26.3 Z-18 F1.5	分5次加工螺纹
W-5	切削直线	X25.7	
X25	切削直线	X25.3	
X26.8 W-1	倒角	X25.05	
N2 Z-60	切削至(26.8, -60)	X25.05	
M3 S1000 T0101	换1号刀	G0 X100 Z50	退出
G0 X30 Z2	快速移至(30, 2)	M3 S600 T0202	2号刀
G70 P1 Q2 F100	精加工	G0 X30 Z2	快速移至(30, 2)
G0 X100 Z50	退出	Z-58	
M3 S600 T0202	换2号刀	X22	
G0 X30 Z2	快速移至(30, 2)	G94 X17 F40	切槽
Z-38	快带沿-Z移动	G0 W1.5	
G94 X20.2 F60	循环切削槽	G1 X20	
G72 W2 R1	端面粗循环	X17 W-1.5	倒角
G72 P3 Q4 U0.2		X0	切断
N3 G0 Z-58		G0 X100	退出
G1 X20		Z50	
N4 Z-38		M30	程序结束
M3 S1000			

3.4.4　车削加工编程实例（四）

例 3.35　用 ϕ30 的棒料加工如图 3.76 所示工件，1 号刀为外圆车刀，2 号刀为宽度 3mm 的切断刀，3 号刀为螺纹刀，4 号刀为外圆车刀。

以工件最右端面中心为编程原点，用三爪自定心卡盘夹持 ϕ30 的棒料外圆。此工件先用 G71 和 G70 粗、精加工外部形状，再用 G72 和 G70 粗、精加工中间的凹槽。走刀路线为：G71、G70 粗、精加工外部轮廓—退出换 3 号螺纹刀—加工 G1/2 的管螺纹—退出换 2 号切槽刀—G72、G70 粗、精加工中间的凹槽—进刀至最左侧切槽、倒角再切断。参考程序见表 3.15。

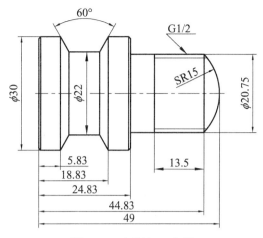

图 3.76　车削加工实例

表 3.15　图 3.76 参考程序

O0076			
程序	说明	程序	说明
M3 S600 T0101	启动主轴，1 号刀	G0 X32 Z2	快速至(35, 2)
G0 X35 Z2	快速移至(35, 2)	Z-35.479	沿-Z 移动
G71 U1 R1 F150	G71 粗加工	G94 X22.2 F50	G94 循环切槽
G71 P1 Q2 U0.8 W0.1		G72 W2 R1	G72 粗加工
N1 G0 X-1	快速至(-1, 2)	G72 P3 Q4 U0.2	
G1 Z0	切削到(-1, 0)	N3 G0 Z-33.17	移至 Z-33.17
X0	切削到(0, 0)	G1 X30	切削至 X30
G3 X20.75 Z-4.17 R15	加工右端 R10 圆弧	N4 X22 W-2.309	切右斜面
G1 Z-24.17	切削直线	G72 W2 R1	G72 粗加工
X28	切削直线	G72 P5 Q6 U0.2	
X30 W-1	倒角	N5 G0 Z-43.17	移至 Z-43.17
N2 Z-54	沿 Z 轴移至-54	G1 X30	切削至 X30
M3 S1000 T0101	1 号刀	X22 W2.309	切左斜面
G0 X35 Z2	快速移至(35, 2)	N6 Z-35.479	沿 Z 轴切削槽
G70 P1 Q2 F100	精加工	G70 P3 Q4	精加工右斜面
G0 X100 Z50	退出	G70 P5 Q6	粗加工左斜面
M3 S500 T0303	3 号刀	G0 Z-52	快速移至 Z-52
G0 X22 Z3	快速移至(22, 3)	X32	移至 X32
G92 X20.1 Z-17.67 I14 J3 K1.5	加工管螺纹	G94 X28	G94 循环切槽
G92 X19.6		G0 W1	沿 Z 轴移 1 mm

程序	说明	程序	说明
G92 X19.1		G1 X30	切削至 X30
G92 X18.9		X28 W-1	倒角
G92 X18.63		X0	切断
G92 X18.63		G0 X100	退回
G0 X100 Z50	退出	Z50	
M3 S600 T0202	2 号刀	M30	程度结束

3.4.5　车削加工编程实例（五）

例 3.36　用 $\phi 30$ 的棒料加工如图 3.77 所示工件，1 号刀为外圆车刀，2 号刀为宽度 3 mm 的切断刀，3 号刀为螺纹刀，4 号刀为外圆车刀。

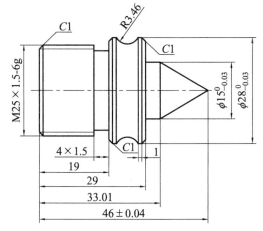

图 3.77　车削加工实例

以工件最右端面中心为编程原点，用三爪自定心卡盘夹持 $\phi 30$ 的棒料外圆。此工件先用 G71 和 G70 粗、精加工外部轮廓，切 4×1.5 的槽，再用 G75 加工螺纹大径圆柱，加工螺纹。走刀路线为：G71、G70 粗、精加工外部轮廓—退出换 2 号切槽刀—切 3×1.5 的退刀槽—G75 循环加工左侧螺纹大径外圆柱—退出换 3 号螺纹刀—加工 $M24 \times 1.5$ 的螺纹—退出换 2 号切槽刀—进刀至最左侧切槽、倒角再切断。参考程序见表 3.16。

表 3.16　图 3.77 参考程序

O0077			
程序	说明	程序	说明
M3 S600 T0404	启动主轴，4 号刀	G0 X32	移至 X32
G0 X30 Z2	快速移至(30, 2)	Z-30	移至 Z-30
G71 U1 R1 F150	G71 粗加工	G75 R1	G75 循环切槽
G71 P1 Q2 U0.8		G75 X23.8 Z-55 P4000 Q2500	

程序	说明	程序	说明
N1 G0 X0 W0	快速至(0, 2)	G0 X100	退出
G1 Z0	切削到(0, 0)	Z50	
X15 Z-12.99	切削右斜面	M3 S500 T0303	3 号刀
Z-17	切削至 Z-17	G0 X30 Z2	快速移至(30, 2)
X26	切削至 X26	Z-29	移至 Z-29
X28 W-1	倒角	X26	移至 X26
W-1	沿 Z 切削-1 mm	G92 X23.3 Z-48 F1.5	加工螺纹
G2 W-6 R3.464	加工 R3.464 圆弧	X22.7	
N2 G1 Z-55	切削至 Z-55	X22.3	
M3 S1000 T0404	4 号刀	X22.05	
G0 X30 Z2	快速移至(30, 2)	X22.05	
G70 P1 Q2 F100	精加工	G0 X100	退出
G0 X100 Z50	退出	Z50	
M5	主轴停止	M3 S500 T0202	2 号刀
M0	暂停	G0 X30 Z2	快速移至(30, 2)
M3 S600 T0202	2 号刀	Z-49	移至 Z-49
G0 X30 Z2	快速移至(30, 2)	X26	移至 X26
Z-31	快速移至 Z-31	G94 X21 F50	G94 循环切槽
G94 X21 F50	G94 循环切槽	G0 W1	沿 Z 轴移 1 mm
G0 W-1	沿 Z 轴移-1 mm	G1 X24	切削至 X24
G1 X24	切削至 X24	X22 W-1	倒角
X22 W1	倒角	X0	切断
G0 X30	移至 X30	G0 X100	退回
G0 W2	沿 Z 轴移 2 mm	Z50	
G1 X28	切削至 X28	M30	程序线束
X26 W-1	倒角		
X21	切削至 X21		

数控铣床程序编制及加工

4.1 数控铣床加工工艺分析

4.1.1 数控铣床常用刀具

1. 数控铣床常用刀具分类

数控铣刀指用于数控铣床进行铣削加工的具有一个或多个刀齿的旋转刀具，工作时各刀齿依次间歇地切去工件的余量。铣刀按用途、齿背加工方式及铣刀结构等多种方式进行分类。

（1）按用途不同可分圆柱形铣刀、面铣刀、立铣刀、三面刃铣刀、角度铣刀、锯片铣刀和 T 形槽铣刀等。

（2）按齿背的加工方式不同可分为尖齿铣刀与铲齿铣刀两种。

（3）按铣刀结构不同可分为整体式、整体焊齿式、镶齿式和机夹可转位式。

图 4.1 列举了几种常用的数控铣削刀具。

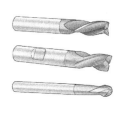   

（a）整体立铣刀 （b）机夹式立铣刀 （c）机夹面铣刀 （d）机夹三面刃铣刀

  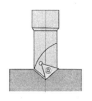 

（e）可调镗刀 （f）机夹式镗刀 （g）倒角铣刀与定心钻 （h）机夹式机用铰刀

图 4.1 常用数控铣削刀具

图 4.2 所示为常用铣刀及其参数，供参考。其中，图 4.2（f）所示的圆角立铣刀又称圆鼻刀或 R 立铣刀。

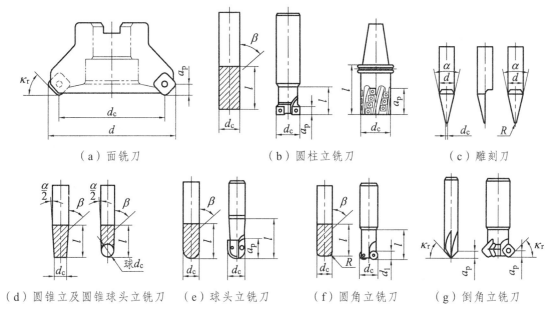

（a）面铣刀　　　　　　　（b）圆柱立铣刀　　　　　　（c）雕刻刀

（d）圆锥立及圆锥球头立铣刀　　（e）球头立铣刀　　（f）圆角立铣刀　　（g）倒角立铣刀

图 4.2　常用铣刀及参数描述示例

2. 整体式立铣刀结构分析

中小尺寸立铣刀多为整体式结构，过去主要以高速钢材料为主，近年来整体硬质合金刀具等在数控加工中获得了较好的应用。

1）整体式立铣刀的基本结构与主要参数

如图 4.3 所示直柄平底圆柱立铣刀的主要参数包括刀具直径 d、刀具长度 L、切刃长度 l、螺旋角 β 和柄径 d_1。作为数控加工刀具，其柄径 d_1 一般更多地考虑刀具的装夹以及加工精度等，因此，多与刀具切削直径 d 不相等。

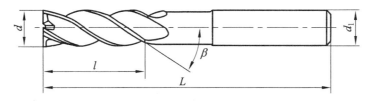

图 4.3　整体式立铣刀示例

2）整体式立铣刀结构形式的变化

（1）圆周切削刃的变化，如图 4.4 所示，基本的形状为圆柱形螺旋切削刃，其可在后面刃磨出波形刃等制作成粗铣刀，圆锥形螺旋切削刃也是其变化形式之一，但数控加工斜面的方案不一定采用锥度铣刀，因此这种形式的立铣刀在数控加工中应用并不广泛。

（2）端部形式的变化，如图 4.5 所示。平底是基础的端部形式，应用广泛，可用于平面、侧立面、阶梯面加工，并常用于曲面粗加工；圆角形式是圆柱与端面圆弧过渡，其圆弧半径小于刀具直径，多用于曲面半精铣与精铣加工；球头形式是圆角过渡的极端示例，其半径等于刀具直径的一半，多用于曲面精加工；倒角形式可认为是切削刃刀尖的直线过渡刃，同样圆角铣刀的圆角半径较小时可认为是圆弧过渡刃，其可加强刀尖寿命，图 4.4 中间的波形刃粗铣刀的刀尖一般均设有过渡刃。

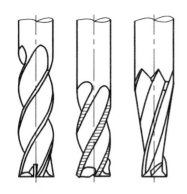

图 4.4　圆周切削刃的变化

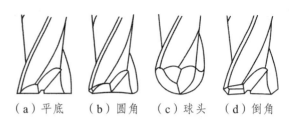

（a）平底　　（b）圆角　　（c）球头　　（d）倒角

图 4.5　端部形式的变化

（3）端面切削刃的变化，如图 4.6 所示。传统的立铣刀端面常常设有中心孔（见图 4.6 左上），因此端刃无法延伸至中心，刀具轴线下刀切削深度与切削性能受到影响。近年来的数控立铣刀取消端面中心孔，且端面刃至少有一条延伸至中心，如图中两刃刀具两端面刃均延伸至中心，而三刃和四刃铣刀则至少有一条延伸至中心，五刃及以上的刀具一般无端面刃过中心。

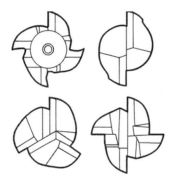

图 4.6　端面切削刃的变化

（4）柄部形式的变化，如图 4.7 所示，普通直柄结构简单，应用广泛；削平直柄分两种形式，$\phi 6 \sim 20$ mm 为单削口形式，$\phi 25 \sim 63$ mm 为双削口形式，削平直柄可传递更大的转矩，但定心精度稍差；斜削平直柄比削平直柄增加轴向拉力；带螺纹孔莫氏锥柄装夹夹持力更大，多适用于直径稍大的立铣刀；带扁尾莫氏锥柄主要用于直径稍大的钻头等。

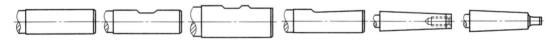

（a）普通直柄　（b）单削口形式　（c）双削口形式　（d）斜削平直柄　（e）带螺纹　　（f）带扁尾
　　　　　　　　（削平直柄Ⅰ）　（削平直柄Ⅱ）　　　　　　　　　　　　　孔莫氏锥柄　莫氏锥柄

图 4.7　柄部形式的变化

3. 机夹式铣刀结构分析

机夹式铣刀基本可模拟出整体式铣刀的所有形式，其使用的刀片除其他标准形状外，还有较多的非标形状，同时其前面及断屑槽的变化也更为丰富。

1）机夹式立铣刀

图 4.8 所示为常见机夹式平底立铣刀结构。常见的刀具结构多为单层刀片，可以选用平前面的普通 S 型四方形刀片[见图 4.8（a）]；若需要较长的圆周切削刃，可以采用多片刀片沿螺旋线布置模拟圆周切削刃[见图 4.8（b）]；若需要较大的背吃刀量 a_p，则可选用 L 形长方形刀片[见图 4.8（c）]；对于螺旋槽机夹式立铣刀，常采用图 4.8（e）所示的扭曲状前面刀片，其装在图 4.8（d）所示的立铣刀上可较好地模拟出螺旋切削刃。平底机夹式立铣刀主偏角为 90°，故常称为方肩立铣刀，为减少端面切削刃的摩擦，形成一定的副偏角，底层刀片常选择刀尖角稍大的平行四边形刀片（B 或 A 型）或菱形刀片（C 或 M 型），长圆周刃的螺旋刃选用 L 型长方形刀片[见图 4.8（f）]以减少刀片数量。

图 4.9 所示为常见的机夹式圆角立铣刀结构示例，其多采用 R 型圆形刀片，圆角铣刀多用于曲面的半精加工与精加工，其加工背吃刀量 a_p 一般不超过刀片半径，图 4.9（c）所示，圆周切削刃上的刀片实质为保护刀体作用。机夹式立铣刀由于结构限制，刀片多为螺钉夹紧，必要时配合压板夹紧，如图 4.9（c）所示。

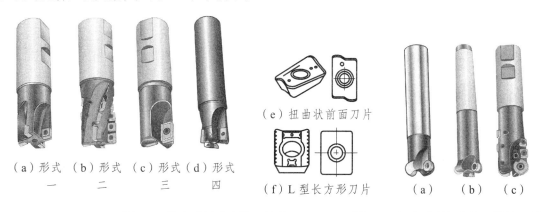

（a）形式 （b）形式 （c）形式 （d）形式   （e）扭曲状前面刀片
　　一　　　　二　　　　三　　　　四

（f）L 型长方形刀片   （a）　（b）　（c）

图 4.8　机夹式平底立铣刀结构　　　图 4.9　机夹式圆角立铣刀结构示例

图 4.10 所示为常见的机夹式球头立铣刀结构示例。图 4.10（a）所示为多刀片组合构造切削刃，适合稍大直径的刀具；图 4.10（b）所示为图 4.10（e）所示的专用可转位刀片构造的切削刃，刀片的两条圆弧刃分别用于构建过中心刃和外圆弧刃；图 4.10（c）所示为图 4.10（b）结构增加刀体保护刀片的示例；图 4.10（d）所示为图 4.10（f）所示整体专用球头刀片构造的球头立铣刀，这种刀片可做得较小，因此适合于直径较小的机夹式球头立铣刀应用，其刀片形式也可变化。

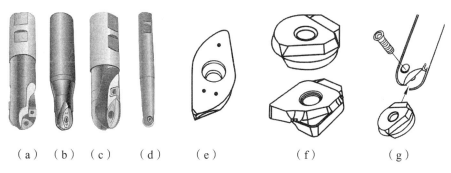

（a）　（b）　（c）　（d）　　　（e）　　　　　（f）　　　　　（g）

图 4.10　机夹式球头立铣刀结构示例

2）机夹式面铣刀

机夹式面铣刀在机械加工中应用广泛，图 4.11 所示为面铣刀示例。图 4.11（a）所示为主偏角为 45°的面铣刀实物，选择面铣刀时必须关注刀具直径、刀片形式及其夹持方式与刀具接口参数等。图 4.11（b）所示为螺钉夹紧，刀垫 4 用于保护刀体 5；图 4.11（c）所示为楔块夹紧，无固定孔刀片 8 通过刀夹 10 定位在刀体 11 上并由刀夹夹紧螺钉 9 固定，螺钉 6 为双头螺钉，分别为左、右旋螺纹，旋转其可以控制压紧楔块 7 夹紧与松开刀片。GB/T 5342.1—2006《可转位面铣刀第 1 部分 套式面铣刀》推荐了面铣刀的形式参数，其中包含接口参数，该标准修改采用了 ISO6462，具有较好的通用性。标准规定的接口形式有 A、B、C 三种，参见图 4.12，均采用中心孔定位，端面传动键传递扭矩。A 型中心螺钉紧固，B 型中心垫圈-螺钉紧固，C 型四个螺钉圆周均布紧固。A 型直径 D 有 $\phi 50$ mm、$\phi 63$ mm、$\phi 80$ mm、$\phi 100$ mm 四种规格，接口直径 $d1$ 有 $\phi 22$ mm、$\phi 27$ mm、$\phi 32$ mm 三种规格。B 型直径 D 有 $\phi 80$ mm、$\phi 100$ mm、$\phi 125$ mm 三种规格，接口直径 d_1 有 $\phi 27$ mm、$\phi 32$ mm、$\phi 40$ mm 三种规格。C 型直径 D 有 $\phi 160$ mm、$\phi 200$ mm、$\phi 250$ mm、$\phi 315$ mm、$\phi 400$ mm 和 $\phi 500$ mm 等规格，其中直径 $D=160$ mm 的规格也可制成端面键传动，直径 $D=160$ mm 的接口直径 $d_1=40$ mm，$d_5=14$ mm；直径 $D=200$ mm 和 250 mm 的接口直径 $d_1=50$ mm、$d_5=18$ mm；直径 $D=315$ mm、400 mm 和 500 mm 的面铣刀由于切削力较大，一般不用刀柄装夹，而是直接与主轴相连。

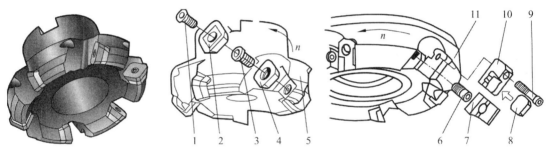

1—刀片夹紧螺钉；2—带固定孔刀片；3—刀垫夹紧螺钉；4—刀垫；5、11—刀体；6—双头夹紧螺钉；
7—压紧楔块；8—无固定孔刀片；9—刀夹夹紧螺钉；10—刀夹。

（a）实物图　　　　　　　　（b）螺钉夹紧　　　　　　　　（c）楔块夹紧

图 4.11　面铣刀及刀片夹紧示例

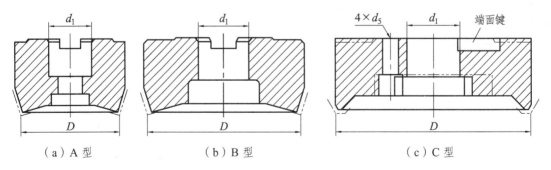

（a）A 型　　　　　　　　（b）B 型　　　　　　　　（c）C 型

图 4.12　面铣刀接口形式

4. 数控铣刀常用刀柄

刀柄是数控铣刀与机床主轴之间的过渡部件，其一头连着机床主轴，一头连着刀具，主要用于夹持各种刀具。图 4.13 所示为某弹性夹头刀柄示意图，这是一种普通刀柄，采用 7∶24 圆锥柄（JT 型）与机床相连，端头可装拉钉用于刀柄在机床上的装夹。刀柄中与刀具相连的部分随刀具结构的不同而有较大的差异，弹性夹头刀柄一般配置不同规格的弹性夹头用于装夹刀具。7∶24 圆锥柄一般用于普通的数控铣床，高速铣削加工的刀柄一般采用 HSK 系列或液压夹紧刀柄。数控铣床刀柄系统的 7∶24 锥柄主要有 JT、BT 等形式，其中 JT 型锥柄遵循 GB 10944—2013，该标准等效采用 ISO7388-1，适合于加工中心机械手换刀，也广泛用于数控铣床；而 BT 型锥柄基于日本标准生产，国内有一定使用量。图 4.14 所示为 JT40 型锥柄示意图。图 4.15 所示为与 JT40 型圆锥柄配套的 LDA40 型拉钉。HSK 锥柄作为高速数控机床主轴接口，在高档数控加工中心中有较广泛的应用，国家标准等同采用 ISO12164：2001 年制定了相应标准 GB/T 19449—2004《带有法兰接触面的空心圆锥接口》。图 4.16 所示为 HSK63A 型锥柄与切削液导管及安装扳手示意图，其中心的 M18×1 螺孔可安装切削液导管，实现内冷却刀具的供液，不用时用堵头堵住。

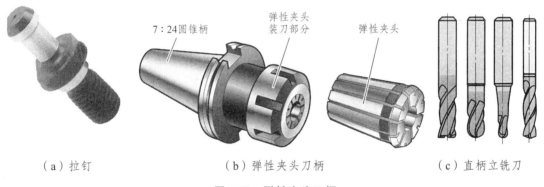

（a）拉钉　　　　　　（b）弹性夹头刀柄　　　　　　（c）直柄立铣刀

图 4.13　弹性夹头刀柄

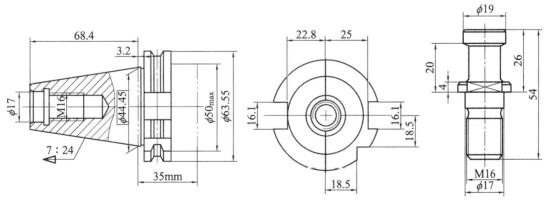

图 4.14　JT40 型锥柄　　　　　　　　　　图 4.15　LDA40 型拉钉

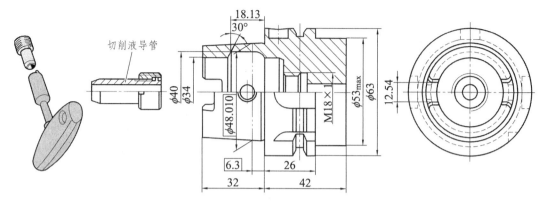

图 4.16　HSK63A 型锥柄与切削液导管及安装扳手示意图

刀柄是刀具与机床主轴相连的过渡装置。刀具种类繁多,刀柄形式多样,而主轴结构与具体机床有关。数控加工编程选择刀具是必不可少的步骤,表 4.1 列举了数控铣削加工常见的刀柄形式与应用分析。

表 4.1　数控铣削加工常见的刀柄形式与应用分析

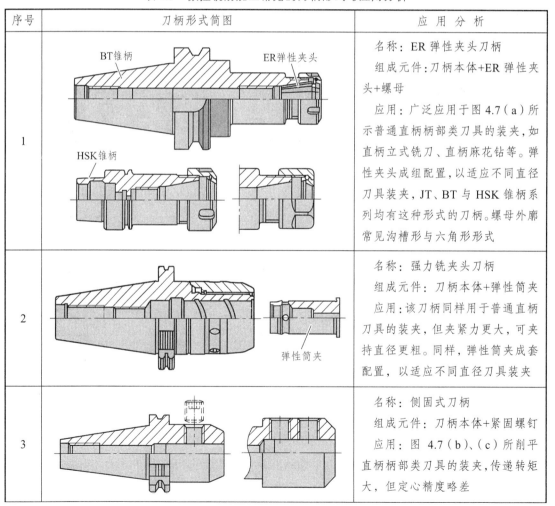

序号	刀柄形式简图	应用分析
1	BT锥柄　ER弹性夹头　HSK锥柄	名称:ER 弹性夹头刀柄 组成元件:刀柄本体+ER 弹性夹头+螺母 应用:广泛应用于图 4.7(a)所示普通直柄柄部类刀具的装夹,如直柄立式铣刀、直柄麻花钻等。弹性夹头成组配置,以适应不同直径刀具装夹,JT、BT 与 HSK 锥柄系列均有这种形式的刀柄。螺母外廓常见沟槽形与六角形形式
2	弹性筒夹	名称:强力铣夹头刀柄 组成元件:刀柄本体+弹性筒夹 应用:该刀柄同样用于普通直柄刀具的装夹,但夹紧力更大,可夹持直径更粗。同样,弹性筒夹成套配置,以适应不同直径刀具装夹
3		名称:侧固式刀柄 组成元件:刀柄本体+紧固螺钉 应用:图 4.7(b)、(c)所削平直柄柄部类刀具的装夹,传递转矩大,但定心精度略差

序号	刀柄形式简图	应 用 分 析
4	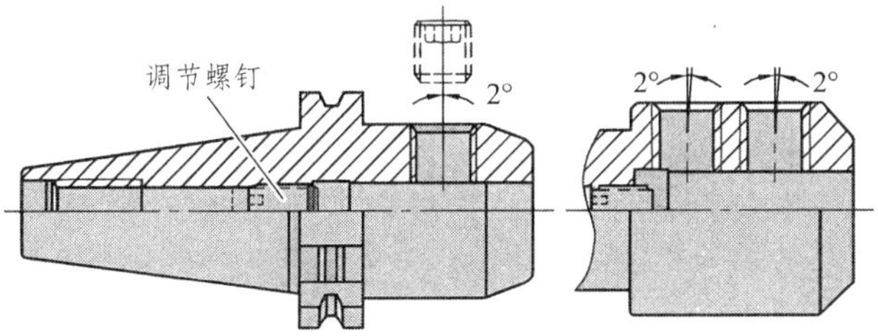 调节螺钉 2° 2° 2°	名称：2°侧固式刀柄组成元件：刀柄本体+紧固螺钉+调节螺钉应用：图4.7（d）、（e）所示2°削平直柄柄部类刀具的装夹，传递转矩大，轴向定位精度高，但定心精度略差
5	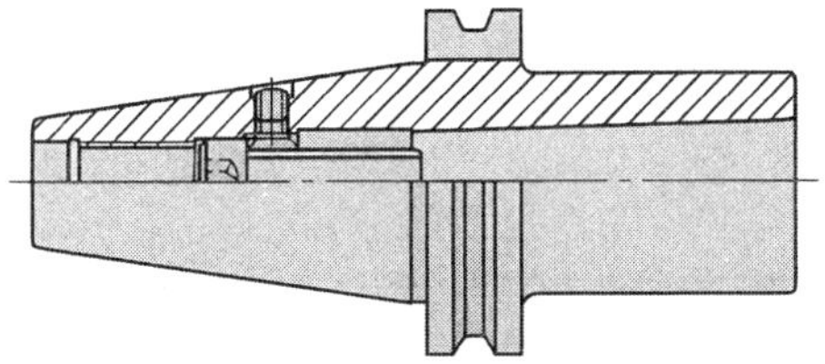	名称：无扁尾莫氏圆锥孔刀柄 组成元件：刀柄本体+拉紧螺钉+紧定螺钉 应用：图4.7（f）所示带螺纹孔莫氏圆锥柄类刀具的装夹，如莫氏锥柄立铣刀等
6	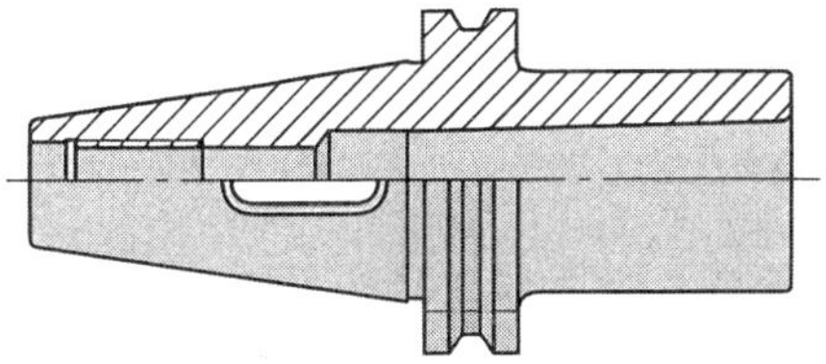	名称：带扁尾莫氏圆锥孔刀柄 组成元件：刀柄本体 应用：图4.7（f）所示带扁尾莫氏圆锥柄类刀具的装夹，如锥柄麻花钻等
7	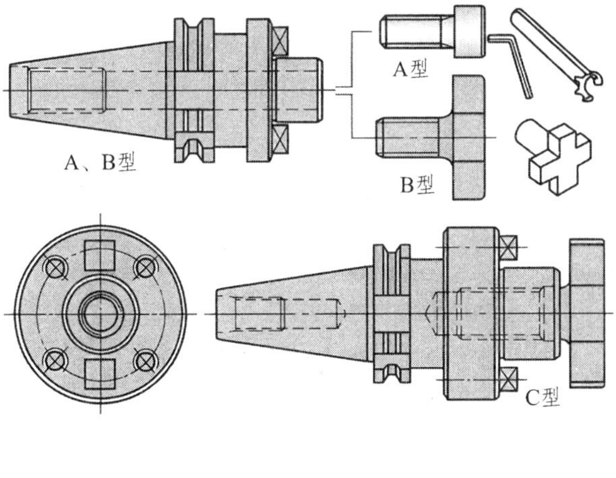 A、B型 A型 B型 C型	名称：面铣刀刀柄（A、B、C型三种） 组成元件：刀柄本体 +内六角螺钉+十字螺钉 应用：对应图4.12所示面铣刀接口形式。三种形式均为圆柱定位，紧固方式不同。A型为内六角螺钉紧固；B型为十字螺钉紧固（配专用扳手），也有用垫圈+内六角螺钉固定的方案；C型主要为四个内六角螺钉紧固形式。对于直径较大的面铣刀，建议采用直接主轴相连的方式
8	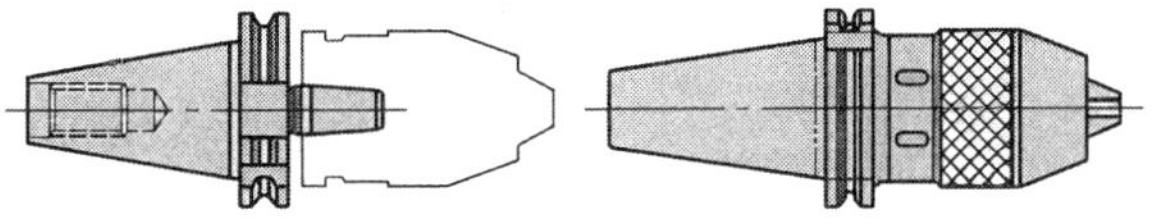 （a） （b）	名称：倾斜型粗镗镗杆 组成元件：镗杆本体+TQC刀头+紧固螺钉 应用：用于孔的粗镗加工，直径调整精度差

序号	刀柄形式简图	应用分析
9	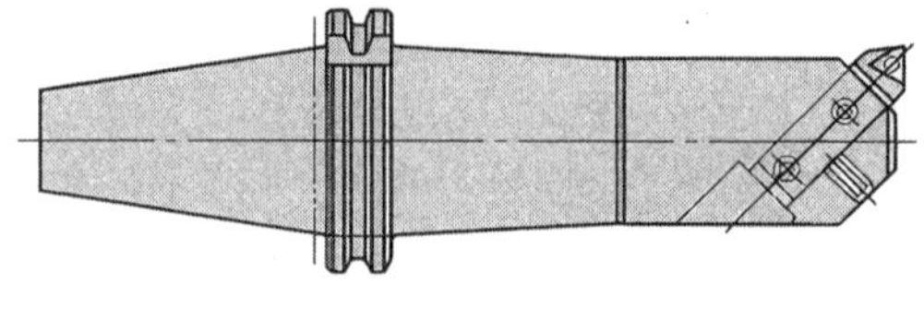	名称：倾斜型粗镗镗杆 组成元件：镗杆本体+TQC刀头+紧固螺钉 应用：用于孔的粗镗加工，直径调整精度差
10	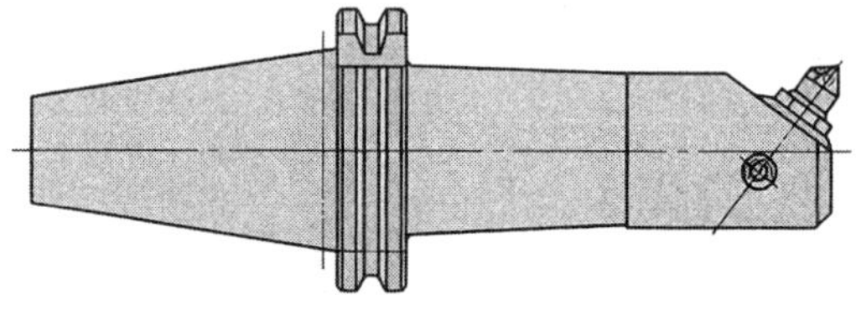	名称：倾斜型微调镗杆 组成元件：镗杆本体＋微调镗刀头 应用：用于孔的精镗加工，微调镗刀头组件具有较高的精度调节功能

5. 数控铣刀刀柄与机床主轴接口连接

7∶24 锥柄与 HSK 锥柄及机床主轴均有相应的连接方法。图 4.17 所示为 7∶24 锥柄主轴抓刀原理图，拉爪座 6 在拉杆（图中未示出）的推力（一般为液压或气压力）作用下推出拉爪，弹簧 5 收紧作用张开拉爪，取下主轴；相反，在此状态下装入主轴，释放拉杆推力，在蝶形弹簧（图中未示出）力作用下反向拉入拉爪，在主轴内部锥面作用收紧拉爪并拉紧，实现紧刀。图 4.18 所示为 HSK 锥柄主轴抓刀原理，假设主轴未装刀具，液压或气压力推动拉杆脱开拉爪组件内的锥面夹紧爪，拉爪收缩，装入锥柄。未拉紧之前，锥柄与主轴锥孔只有锥面接触，锥柄法兰面与主轴端面存在微小间隙；释放松刀力后，主轴内的拉紧碟簧（图中未示出）通过拉杆拉紧拉爪内锥面，使拉爪与锥柄内孔锥面接触并拉紧，HSK 锥面略微弹性变形，同时锥柄法兰平面与主轴端面接触，完成抓刀。HSK 锥柄主轴抓刀时实际上是锥面与法兰面两面接触，接触刚度好，抓刀精度高，因此适合高速切削加工。

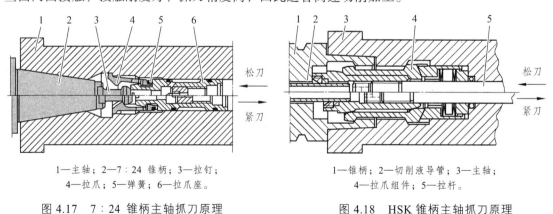

1—主轴；2—7∶24 锥柄；3—拉钉；
4—拉爪；5—弹簧；6—拉爪座。

图 4.17　7∶24 锥柄主轴抓刀原理

1—锥柄；2—切削液导管；3—主轴；
4—拉爪组件；5—拉杆。

图 4.18　HSK 锥柄主轴抓刀原理

4.1.2　数控铣床常用夹具

数控铣削加工常见的装夹装置有：螺钉-压板夹紧机构、平口钳装夹、自定心卡盘装夹、V 形块装夹、组合夹具与专用装夹等。

1. 螺钉-压板夹紧机构

螺钉-压板夹紧机构简称为压板夹紧，图4.19所示为压板组件的构成情况。压板夹紧机构主要由压板、T形槽用螺栓和垫铁组成，如图4.19（a）所示。使用时注意螺栓压紧作用点应尽可能靠近工件；垫铁高度尽可能等于或略大于工件高度；对于已加工表面，夹紧时可在夹紧点垫上铜片或铝片防止压伤工件表面；加工通孔时，可在工件底部垫上两块等高垫铁；压板夹紧部位应具有足够的刚度，防止工件变形，压板和螺栓、螺母等应进行调质处理，且螺母的高度一般较长，螺母与压板之间要有厚度稍大的垫圈。

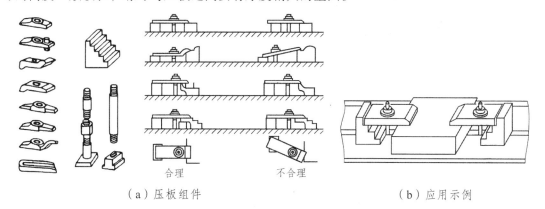

（a）压板组件　　　　　　　　　　　　　（b）应用示例

图4.19　压板组件及其应用

2. 平口钳装夹

平口钳又称平口台虎钳，是铣削加工常见的机床附件。图4.20（a）所示为一个回转式平口钳，其主要由固定钳口、活动钳口和底座等组成，固定钳口固定在钳体上并能在底座上扳转任意角度，活动钳口可由丝杠带动改变钳口张度并夹紧工件，底座下部有两个可装拆的定向键，可与机床工作台T形槽宽匹配，快速（粗）定位。注意固定钳口底部的下部也有两个定向键，拆除底座后可直接快速安装在机床工作台上。平口钳使用之前一般要找正固定钳口与机床的X轴[见图4.20（c）]或Y轴平行。

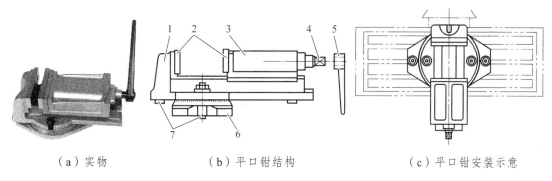

（a）实物　　　　　　　（b）平口钳结构　　　　　　（c）平口钳安装示意

1—固定钳口；2—钳口垫；3—活动钳口；4—螺杆；5—扳手；6—底座；7—定向键。

图4.20　平口钳装夹

3. 自定心卡盘装夹

对于尺寸不大的圆形零件，可利用自定心卡盘（见图4.21）夹紧。自定心卡盘是一种具有自定心功能的定位与夹紧同时完成的通用夹具。根据生产类型的不同，批量大时一般选用动力形式的卡盘[见图 4.21（a）]，否则选用手动操作形式的卡盘[见图 4.21（b）]。

（a）动力卡盘　　　　（b）手动卡盘

图 4.21　自定心卡盘

4. V 形块装夹

圆柱形工件可以使用 V 形块定位，螺钉-压板夹紧的方式安装，如图 4.22 所示。V 形块具有自动定心功能，对于加工与轴线平行的键槽等效果较好。

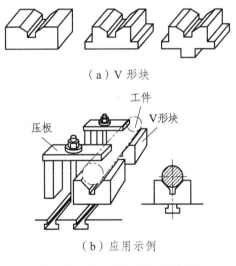

（a）V 形块

（b）应用示例

图 4.22　V 形块及装夹示意图

5. 组合夹具与专用装夹

组合夹具是由一套预先制造好的标准元件按需要组合而成的一种新型夹具。这种夹具可以在需要时按搭积木的方式组装成专用夹具，用完后又可拆开并洗净存放留作下次使用，特别适合多品种小批量的生产模式，但其首次投资较大。另外，根据批量大小的不同或装夹方案的需要，实际生产中还会用到复杂程度不等的专用夹具。

4.1.3　数控铣床主要加工对象及工艺特点

1. 数控铣削的加工对象及特点

数控铣削加工仅是零件整个制造环节中的一环，数控铣削加工范围广泛，常见的加工类型如下：

（1）具有复杂二维轮廓的盘类零件，主要完成其轮廓曲线的加工，如凸轮、曲线凹槽、凸凹模等。

（2）具有复杂三维曲面的零件，主要完成其曲面部分的加工，如锻模、塑料模型腔和电极等。

（3）具有较多孔的箱体类零件，完成其平面、孔及孔系的加工，包括钻、铰、镗和攻螺纹等加工。

（4）特殊几何特征的加工，如叶片、整体叶轮、大尺寸螺纹的铣削等。

数控铣削加工的特点表现为：加工精度高，通用性好，多件加工的复制性和一致性好；适于多品种、小批量零件的加工；易于建立计算机通信网络，适应于现代生产模式。

2. 加工方案的分析与确定

1）平面加工

平面加工主要指以面铣刀端面铣削加工为主的无边界约束的加工。在曲面的内、外部，沟槽的底部等也常常出现有边界约束的局部平面。所谓约束边界实质是控制刀具外轮廓的运动极限，对于无约束的边界，一般刀具应该切出一段距离，以保证平面的完整性。图 4.23 中，毛坯平面 P_1 是典型的无边界约束平面；平面 P_3 可按有约束边界或无约束边界处理，前者轨迹复杂，后者空切削较多；平面 P_2 是有约束边界平面，在铣平面时刀具外轮廓不允许超出约束边界；平面 P_4 仅存在内侧的约束边界，外边界可按无约束边界处理。有边界约束平面的加工常常要兼顾边界轮廓的二维铣削加工。

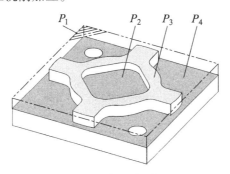

图 4.23　平面与边界

平面加工的公差等级一般为 IT7～IT8，表面粗糙度为 Ra 1.6～3.2 μm。数控铣削平面一般采取的是"粗铣"或"粗铣—精铣"两工步铣削方案，表面质量要求不高时仅粗铣即可，否则，采取"粗铣—精铣"的方法，通过改变背吃刀量 a_p 等来提高加工质量。

2）二维轮廓加工

二维轮廓加工包括外轮廓、内轮廓以及内外封闭的沟槽轮廓，这些轮廓一般具有二轴联动加工特征。二维轮廓面主要依靠圆柱立铣刀圆柱面上的切削刃来进行加工，如图 4.24（a）中的轮廓线 L1 和 L2；对于图 4.24（b）中的凸轮槽二维轮廓线，最后一刀精加工尽量采用刀具直径等于槽宽的圆柱立铣刀。

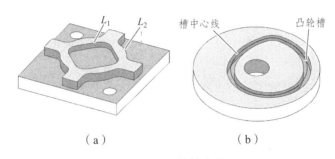

(a)　　　　　　　　(b)

图 4.24　二维轮廓线

二维轮廓铣削采用的是圆周铣削方式，其加工精度与表面质量均比端铣平面略低。合理使用刀具圆弧半径补偿、顺/逆铣方式、精加工切削厚度（即加工余量）等可以获得较好的加工精度及表面质量。

3）三维曲面加工

三维曲面加工一般较为复杂，需要三轴联动加工，需借助于计算机辅助编程，是数控铣削加工的典型几何特征之一。三维曲面粗加工一般采用直径稍大的圆柱立铣刀或圆角立铣刀，精铣时多采用球头铣刀。三维曲面的加工精度主要取决于数控机床的精度，一般可达 0.02 ～ 0.05 mm，表面粗糙度主要取决于残留面积的高度，如图 4.25 所示。数控铣削加工的曲面往往不是工件表面加工的最后一道工序，还必须通过打磨、抛光处理来进一步降低表面粗糙度。

f—切削行距；h—残留面积高度；R—球头铣刀半径。

（a）三维曲面模型　　　　　　　　（b）残留面积

图 4.25　三维曲面铣削

4）孔特征及孔系加工

孔是实际加工中常见的几何特征之一。如图 4.26 所示，按孔的形式不同分为光孔、螺纹孔、阶梯孔和沉孔等；按孔的长度不同分为孔窝、浅孔、深孔、阶梯孔、盲孔、通孔等；按孔的加工方式不同分为钻孔、扩孔、铰孔、镗孔和攻螺纹等。此外，利用数控铣削加工轨迹可编程的特点，还有铣削圆孔与螺纹的方式。

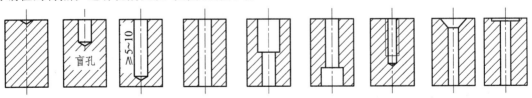

（a）孔窝（b）浅孔（c）深盲孔（d）通孔（e）阶梯孔（f）阶梯孔（g）螺纹孔（h）沉孔（i）沉孔

图 4.26　孔的形式

光孔加工的方法主要有钻、扩、铰等，螺纹孔一般采用丝锥加工，孔径较大的螺纹则可采用螺纹铣削的方式加工。阶梯孔与沉孔加工要求在孔底处暂停一段时间。基于孔加工应用广泛的特点，大部分数控系统都有相应的孔加工固定循环指令。

4.1.4　数控铣削切削用量的选择

合理选择切削用量对于发挥数控机床的最佳效益有着至关重要的作用。选择切削用量的原则是：粗加工时，一般以提高生产率为主，但也应考虑经济性和加工成本；半精加工和精加工时，应在保证加工质量的前提下，兼顾切削效率、经济性和加工成本。切削用量的具体数值应根据机床说明书、刀具说明书、切削用量手册并结合经验而定。铣削加工常见的加工方式有圆周铣削与端面铣削两种，如图 4.27 所示。

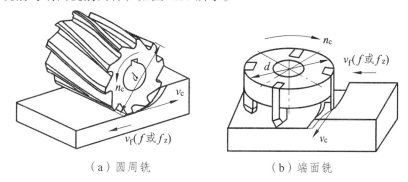

（a）圆周铣　　　　　　　　　　　（b）端面铣

图 4.27　常见的加工方式

沿着刀具的进给方向看，如果工件位于铣刀进给方向的右侧，那么进给方向称为顺时针。反之，当工件位于铣刀进给方向的左侧时，进给方向定义为逆时针。如果铣刀旋转方向与工件进给方向相反，称为逆铣，如图 4.28（a）所示；铣刀旋转方向与工件进给方向相同，称为顺铣，如图 4.28（b）所示。逆铣时，切削由薄变厚，刀齿从已加工表面切入，对铣刀的使用有利。逆铣时，当铣刀刀齿接触工件后不能马上切入金属层，而是在工件表面滑动一小段距离，在滑动过程中，由于强烈的摩擦会产生大量的热量，同时在待加工表面易形成硬化层，故降低了刀具寿命，影响工件表面粗糙度，给切削带来不利。顺铣时，刀齿开始和工件接触时切削厚度最大，且从表面硬质层开始切入，故刀齿受很大的冲击负荷，铣刀变钝较快，但刀齿切入进程中没有滑移现象。顺铣的功率消耗要比逆铣时小，在同等切削条件下，顺铣功率消耗要低 5%~15%，同时顺铣也更加有利于排屑。一般应尽量采用顺铣法加工，以降低被加工零件表面的表面粗糙度，保证尺寸精度。但是当切削面上有硬质层和积渣，工件表面凹凸不平较显著时，如加工锻造毛坯，应采用逆铣法。

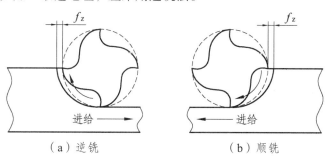

（a）逆铣　　　　　　　　　　　（b）顺铣

图 4.28　逆铣和顺铣

铣削时的铣削用量由切削深度（背吃刀量）、切削宽度（侧吃刀量）、切削线速度、进给速度等要素组成。

1. 切削深度 α_p

切削深度也称背吃刀量。在机床、工件和刀具刚度允许的情况下，α_p 等于加工余量，这是提高生产率的一个有效措施。为了保证零件的加工精度和表面粗糙度，一般应留一定的余量进行精加工。

2. 切削宽度 α_t

切削宽度在编程中称为步距。一般切削宽度 α_t 与刀具直径 D 成正比，与切削深度成反比。在粗加工中，步距大有利于提高加工效率。在使用平底刀进行切削时，一般 α_t 的取值范围为 $\alpha_t = 0.6 \sim 0.9D$。在使用圆鼻刀进行加工时，刀具直径 d 应扣除刀尖的圆角部分，即 $d=D-2r$（D 为刀具直径，r 为刀尖圆角半径），α_t 可以取（$0.8 \sim 0.9$）d 而在使用球头铣刀进行精加工时，步距的确定应首先考虑所能达到的精度和表面粗糙度。

3. 切削线速度 v_c

切削线速度也称单齿切削量，单位为 m/min。提高 v_c 值也是提高生产率的一个有效措施，但 v_c 与刀具寿命的关系比较密切。随着 v_c 的增大，刀具寿命急剧下降，故 v_c 的选择主要取决于刀具寿命。刀具供应商一般会在其手册或者刀具说明书中提供刀具的切削速度推荐参数 v_c。另外，切削速度 v_c 值还要根据工件的材料硬度来做适当的调整，如用立铣刀铣削合金钢 30CrNi2MOVA 时，v_c 可采用 8 m/min 左右；而用同样的立铣刀铣削铝合金时，v_c 可大于 200 m/min。

4. 进给速度 v_f

进给速度是指机床工作台做插位时的进给速度，单位为 mm/min。v_f 应根据零件的加工精度和表面粗糙度要求以及刀具和工件材料来选择。v_f 的增大也可以提高生产效率，但是刀具的寿命会降低。加工表面粗糙度值要求低时，v_f 可选择大些。进给速度可以按下面的公式进行计算：

$$v_f = nzf_z$$

式中　v_f——工作台进给量（mm/min）；

　　　n——主轴转速（r/min）；

　　　z——刀具齿数（齿）；

　　　f_z——进给量（mm/齿）。

5. 主轴转速 n

主轴转速的单位是 r/min，一般根据切削线速度 v_c 来选定，计算公式为

$$n = \frac{1000v_c}{\pi D_c}$$

式中　D_c——刀具直径（mm）。

在使用球头刀时要做一些调整，球头铣刀的计算直径要小于铣刀直径 D_c，故其实际转速不应按铣刀直径 D_c 计算，而应按计算直径 D_{eff} 计算。

$$D_{\text{eff}} = 0.5[D_c^2 - (D_c^2 - 2t)^2]$$

$$n = \frac{1000v_c}{\pi D_{\text{eff}}}$$

数控机床的控制面板上一般备有主轴转速修调（倍率）开关，可在加工过程中根据实际加工情况对主轴转速进行调整。

在数控编程中，还应考虑在不同情形下选择不同的进给速度。如在初始切削进刀时，特别是 Z 轴下刀时，因为进行端铣，受力较大，同时考虑程序的安全性问题，所以应以相对较慢的速度进给。

另外，Z 轴方向的进给速度由高往低走时，产生端切削，可以设置不同的进给速度。在切削过程中，有的平面侧向进刀，可能产生全刀切削（即刀具的周边都要切削），切削条件相对较恶劣，可以设置较低的进给速度。

在加工过程中，v_f 也可通过机床控制面板上的修调开关进行人工调整，但是最大进给速度要受到设备刚度和进给系统性能等的限制。

在实际的加工过程中，可能对各个切削用量参数进行调整，如使用较高的进给速度进行加工，虽然刀具的寿命有所降低，但节省了加工时间，反而有更好的效益。

对于加工中不断产生的变化，数控加工中切削用量的选择在很大程度上依赖于编程人员的经验。因此，编程人员必须熟悉刀具的使用和切削用量的确定原则，不断积累经验，从而保证零件的加工质量和效率，充分发挥数控机床的优点，提高企业的经济效益和生产水平。

4.1.5　数控铣削加工路线拟定

数控加工工艺规划指的是从产品图样开始直至加工成为合格成品的整个工艺过程的设计，如图 4.29 所示。合理的数控加工工艺是保证加工质量的基础。

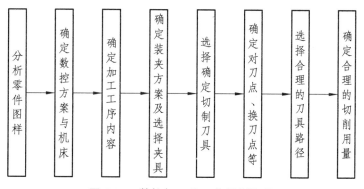

图 4.29　数控加工的工艺规划流程

在进行数控编程前，必须做好零件加工工艺的规划。数控加工工艺的规划内容包括：

1. 分析零件图样

分析零件的几何形状、尺寸和技术要求，明确本工序加工范围与加工质量的要求。具体要求为：

（1）图样尺寸完整，技术要求准确。

（2）确定合适的编程原点，必要时，可按数控加工工艺的要求，将零件图样的标注尺寸换算并标注为符合数控加工的特点。如采用绝对坐标值进行编程时，图样上的基点位置尺寸应换算成以编程原点为基准标注的形式，或直接标出基点坐标值。尽可能使设计基准、定位基准、测量基准和编程原点重合。

2. 确定数控方案与机床

选择数控机床，确定零件上的哪些部位需要数控加工，采用什么方法加工，其与前后其他工序的衔接问题。零件上数控加工的部位一般是普通机床难以保证质量或无法加工，或普通机床加工效率低、劳动强度大的部分。而选择数控机床，应该考虑的问题包括数控机床的类型（数控车床、数控铣床或加工中心等）、主运动电动机的功率、进给运动的加工范围、合适的数控系统及其编程方法与手段。

3. 确定加工工序内容

确定加工工序内容包括定位基准的选择，工序和工步的划分。数控机床加工的自动化程度较高，在安排数控加工工序时，常常采取工序集中的原则，将大部分相似表面安排在一道工序中完成。在工步安排上，为缩短空行程，常将同一把刀具的加工表面一次加工完成后再转到下一把刀具进行其他表面的加工。当然，粗、精加工分开的原则还是必须遵守的，即一般还是将各表面最后一道精加工安排在最后一次完成。

4. 确定装夹方案及选择夹具

确定装夹方案必须严格地遵循"六点定位原理"的要求，确保工件加工时定位准确，夹紧可靠，同时考虑工件坐标系的对刀是否方便。数控加工一般均是批量不大的产品加工，因此尽可能选择通用夹具（如自定心卡盘、单动卡盘、机用平口钳、螺钉-压板等）或组合夹具等。

5. 切削刀具的选择

数控切削加工的自动化程度较高，过多地更换刀具必然会降低加工效率，削弱数控加工自动化程度高和加工效率高的优势。因此，数控加工尽可能选择机夹可转位刀具，并考虑刀具的结构特点。如铣削加工时，粗加工尽可能选择平底立铣刀，半精加工可以考虑采用圆角立铣刀（又称圆鼻刀），只在精加工时才考虑采用球头铣刀。

6. 确定对刀点、换刀点和切削加工的起始点与结束点

对刀点是刀具相对于工件运动的起始点，相对于工件原点有一个合适与确定的偏移量，一般也是程序的起始点与结束点。换刀点是数控加工换刀位置点，为避免换刀动作与工件、机床、夹具等发生干涉，其距离工件一般较远，与切削加工之间通常由一段快速定位指令 G00 运动进/退连接，其可以是机床参考点，或编程时指定的一个固定点。切削加工的起始点是快速运动 G00 与切削插补运动 G01（或 G02、G03）的转换点，如刀具从对刀点（或换刀点）以 G00 速度快速定位至切削起始点，然后转为切削加工。切削起始点距工件实体切削点 3~5 mm。切削结束返回对刀点或换刀点，一般也是 G00 快速定位速度，其转换点称为切削结束点，其可以是刀具与工件加工面的交会点，但更多是切出一段距离再转为快速运动，因此其也可以

是距离工件实体切削点 1~5 mm。

7. 选择合理的刀具路径

合理刀具路径是一个综合的问题，要考虑的因素很多，且可能互相制约。在处理刀具路径时，要注意抓住主要矛盾，如切削时间最短、加工表面质量最好、切削力稳定、不出现大的突变和波动等。在确定刀具路径时，还要考虑加工时是否采用刀具半径补偿和刀具长度补偿，其对加工路径的要求如何。

8. 确定合理的切削用量

数控加工在确定切削用量时，除参照普通机床切削加工的参数选择外，还应考虑到数控机床一般均具有主轴转速与进给速度的倍率调节的特点，可将主轴转速与进给速度适当调高，在加工过程中，通过控制主轴转速与进给速度的倍率调节开关确定实际加工的切削用量。当然刀具制造商产品样本上提供的切削用量的实用性要好于通用的切削手册或工艺手册上查得的数值。

4.2 数控铣床程序编制

4.2.1 数控铣床坐标系

1. 数控铣床坐标系

铣床的 Z 轴由传递切削力的主轴决定，与主轴线平行的坐标即为 Z 轴，Z 轴为刀具的旋转轴线，其正方向为增大工件与刀具之间距离的方向。

X 轴为水平的且平行于工件的装夹面，对于刀具旋转类的机床（如数控铣床、镗床和钻床等），如 Z 轴是铅垂的，从刀具主轴向立柱看，X 轴的正方向指向右，如图 4.30（a）所示；如 Z 轴是水平的，则从主要刀具主轴向工件看，X 轴的正方向指向右方，如图 4.30（b）所示。

Y 坐标轴垂直于 X 和 Z 轴，Y 轴运动的正方向根据 X 和 Z 坐标的正方向，由右手笛卡儿坐标系来确定。

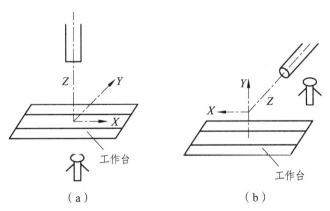

（a）　　　　　　　　　　　（b）

图 4.30　数控铣床坐标轴及其运动方向

A、B、C 三个坐标表示绕 X、Y 和 Z 轴的旋转运动。其正方向分别沿 X、Y、Z 轴的右螺旋前进的方向。

为了编程和加工的方便，有时还要设置附加坐标。对于直线运动，沿 X、Y、Z 轴运动之外有第二组平行于它们的坐标轴指定为 U、V、W，第三组平行的轴指定为 P、Q 和 R；对于旋转运动，如除了 A、B、C 之外还有平行或不平行于 A、B、C 轴线的第二组旋转运动，可指定为 D、E 和 F。图 4.31 所示为常见数控机床坐标系。

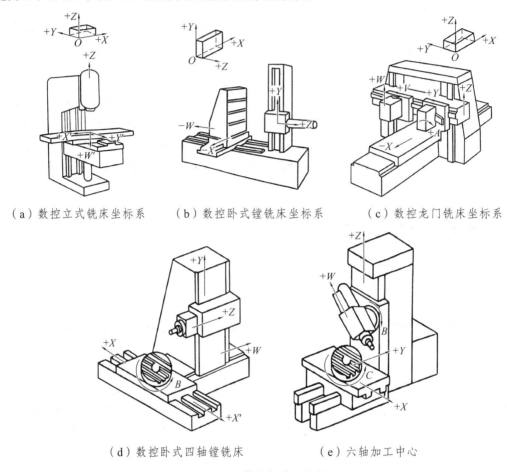

（a）数控立式铣床坐标系　　（b）数控卧式镗铣床坐标系　　（c）数控龙门铣床坐标系

（d）数控卧式四轴镗铣床　　　　（e）六轴加工中心

图 4.31　数控机床的坐标系

2. 数控铣床工件坐标系

机床坐标系是以机床参考点为原点，坐标方向与机床坐标方向相同而建立的坐标系。机床参考点是机床上的一个固定点，该点的位置是由机床制造厂家在每个进给轴上用限位开关调整好的，其坐标值已输入数控系统中。用指令 G28 G91 X0 Y0 Z0 或 Z 回零方式返回该点（机床上电后必须先回零点）。大多数数控机床上机床坐标系原点和机床参考点是重合的，如果不重合，则机床开机参考点显示的机床坐标值即为系统参数中设定的距离值。

机床坐标系是进行数控加工的基础，利用机床坐标系编制零件的加工程序是不方便的，因此选择工件上某一固定点为工件原点，坐标方向平行于机床坐标方向建立的坐标系称为工件坐标系或编程坐标系。选择工件坐标系的位置时应注意：

（1）工件坐标系原点应选在零件图的尺寸基准上，这样便于坐标值的计算。

（2）工件坐标系原点尽量选在精度较高的加工表面，以提高工件的加工精度。

（3）对于一般零件，通常设在外轮廓的某一角上，如图 4.32（a）所示。

（4）对于对称的零件，工件坐标系原点设在对称中心上，如图 4.32（b）所示。

（5）Z 轴方向上的工件坐系原点，一般设在工件上表面。

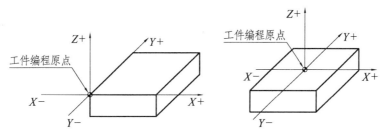

图 4.32　工件坐标系的设定

在加工过程中，数控机床是按照工件装夹好后的加工程序要求进行自动加工的，工件坐标系原点与机床坐标系原点在 X、Y、Z 轴方向的距离称为 X、Y、Z 的原点设定值。在一个程序中可以设定多个工件坐标系，大多数控系统中可以通过 G 指令同时设定多个工件坐标系。

在装夹工件后，调试程序时，应确定工件坐标系原的位置，并在数控系统中予以设定（即给出原点偏置值），加工人员确定工件坐标系原点的操作过程，称为对刀。

4.2.2　坐标系相关 G 指令

1. 绝对坐标 G90

相对于工件坐标系原点的距离。

指令格式：G90　X_　Y_　Z_；

2. 相对坐标 G91

相对于前一加工点的距离。

指令格式：G91　X_　Y_　Z_；

例 4.1　分别用绝对坐标和相对坐标编写图 4.33 所示图形的坐标。

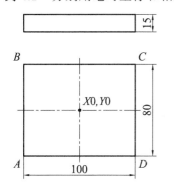

绝对坐标编程

A：G90 X-50 Y-40；

B：G90 X-50 Y40；

C：G90 X50　Y40；

D：G90 X50　Y-40；

相对坐标编程

A：G90 X-50 Y-40；

A→B：G91 X0 Y80；

B→C：G91 X100 Y0；

C→D：G91 X0 Y-80；

D→A：G91 X-100 Y0；

图 4.33　绝对坐标和相对坐标编程

3. G92——浮动坐标系

有些数控系统使用 G92 指令建立工件坐标系，该指令的作用是按照程序规定的尺寸字设置或修改坐标位置，不产生机床运动。通过该指令设定起刀点，即程序开始运动的起点，从而建立工件坐标系。

指令格式：G92 X_ Y_ Z_；

代码说明：X、Y、Z为刀具当前位置相对于预设定的工件坐标系原点的坐标值。

G92 X0 Y0 Z0；指令是设置刀具当前位置为坐标原点。图4.34建立坐标系的指令为G92 X30 Y30 Z25；

G92指令程序段一般放在一个零件加工程序的首段，当执行程序时，刀具一定要处于起刀点，否则会产生坐标的紊乱。

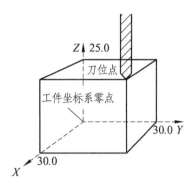

图4.34　建立工作坐标系

4. G54～G59——工件坐标系选择指令

G54～G59可以选择相应的工件坐标系。

指令格式：G54 G90 G00/G01 X_ Y_ Z_（F_）；

大多数数控系统可用G54～G59指令设定6个工件坐标系，美国HAAS系统还可用G110～G129指令设定另外20个工件坐标。一旦选定了G54～G59中某工件坐标系，则后续程序段中的工件绝对坐标均为相对该工件坐标系原点的坐标值。

例4.2　加工如图4.35所示的3个相同的零件，用选择工件坐标系来编程。

首先设置G54到G56原点偏移寄存器。

对于零件1：G54 X-10.0 Y-7.0 Z0

对于零件2：G55 X-14.0 Y-11.5 Z0

对于零件3：G56 X-18.5 Y-10.3 Z0

运行程序如下：

O0001

N1 G90 G54；调用G54设定的工件坐标系

　　……// 加工第一个零件

N7 G55；　　调用G55设定的工件坐标系

　　……// 加工第二个零件

N10 G56；　　调用G56设定的工件坐标系

　　……// 加工第三个零件

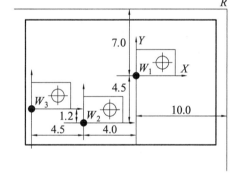

图4.35　不同位置3个相同零件

5. G17、G18、G19——坐标平面选择指令

当工件坐标系确定后，对应地确定了三个坐标平面，即 *XY* 平面、*ZX* 平面和 *YZ* 平面，分别用G17、G18、G19表示这三个平面，系统复位后默认G17平面。

指令格式：

G17：选择 *XY* 平面；

G18：选择 *XZ* 平面；

G19：选择 *YZ* 平面。

4.2.3　辅助功能M代码（铣床）

辅助功能M代码（铣床）见表4.2。

表 4.2　辅助功能 M 代码（铣床）

代码	功能	代码	功能
M00	程序停止	M07	切削液开（雾状）
M01	选择停止	M08	冷却液开
M02	程序结束	M09	冷却液关
M03	主轴正转	M19	主轴准停
M04	主轴反转	M30	程序结束
M05	主轴停止	M98	调用子程序
M06	自动换刀	M99	子程序结束

4.2.4　刀具功能 T 代码

自动换刀指令格式 M6 T_或 T_ M6，如 T1M6、T16M6、M6T3。

4.2.5　进给功能 F 代码〔铣床〕

G94：设定进给方式为每分钟进给，单位：mm/min，开机后默认的状态（初态、模态）。

G95：设定进给方式为每转进给，单位：mm/r（模态）。

关系：每分钟进给量 = 每转进给量 × 转速。

4.2.6　运动相关的 G 指令

1. G0/G00——快速定位

指令格式：G0　X_　Y_　Z_；

代码说明：X、Y、Z 表示终点坐标值。

作用：用于快速靠近工件或离开工件，为初态指令，G0 的运动轨迹不能与工件接触。

速度：参数设定（8 000 mm/min）。

注意：G0 的轨迹中不能与工件有接触。

例 4.3　编写如图 4.36 所示零件，刀具开始加工快速靠近工件和加工完成后快速离开工件的程序。

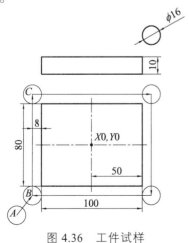

图 4.36　工件试样

O0001　（刀具直径 16）

T1M6；

M3 S1000；

G90 G0 X-66 Y-56；（XY 轴定位）

Z5；　　　　　　　（Z 轴下刀）

...

G0 Z50；　　　　　（Z 轴提刀到安全高度）

X100 Y100；　　　　（X、Y 轴返回安全点）

M30；

2. G1/G01——直线插补

指令格式：G1　X_　Y_　Z_　F_；

代码说明：

X、Y、Z：终点坐标值。

F：切削速度。

用法：用于直线切削或刀具慢慢接触工件。

轨迹：刀具从起点以直线方式向终点移动。

例 4.4　编写加工如图 4.37 所示零件外轮廓的程序。

O0001

M6T1；

M3 S1000；

G90 G0 X–60 Y–50；

Z5；

G1 Z–16 F500；　　下至深度

X–55 Y–45 F800；　　接触工件 B

Y45；　　　　　　　C 点

X55；　　　　　　　D 点

Y–45；　　　　　　E 点

X–60；　　　　　　B 点

G0 Z50；　　　　　Z 轴退刀

X100 Y100；

M30；

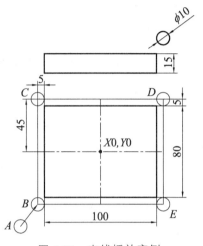

图 4.37　直线插补实例

3. G2/G02、G3/G03——圆弧插补

指令格式：

在 *XY* 平面（G17）：

G17 G2　X_　Y_　R_（I_　J_）F_；

G17 G3　X_　Y_　R_（I_　J_）F_；

在 *XZ* 平面：

G18 G2　X_　Z_　R_（I_　K_）F_；

G18 G3　X_　Z_　R_（I_　K_）F_；

在 *YZ* 平面：

G19 G2　Y_　Z_　R_（J_　K_）F_；

G19 G3　Y_　Z_　R_（J_　K_）F_；

代码说明：

X、Y、Z：圆弧的终点坐标。

R：圆弧的半径，当 R≤180 时 R 取正值，如 *R*30；当 180<R<360 时，R 取负值，如 *R*-30（简称 R 编程）。

F：切削进给速度。

I、J、K：圆心分别在 X 轴、Y 轴和 Z 轴相对于圆弧起点的增量坐标（简称 IJK 编程）。

注意：顺时针圆弧插补用 G2，逆时针圆弧插补用 G3，在不同坐标平面上圆弧切削的方向如图 4.38 所示，其判断方法为：在笛卡儿直角坐标系中，从垂直于圆弧所在平面的轴线的负方向看，顺时针为 G2/G02，逆时针为 G3/G03。

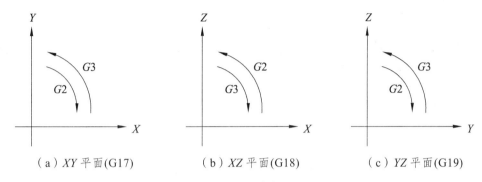

（a）XY 平面(G17)　　（b）XZ 平面(G18)　　（c）YZ 平面(G19)

图 4.38　圆弧切削方向与平面的关系

例 4.5　用 R 编程和 IJK 编程的方式分别编写如图 4.39 所示 A—B 的圆弧的指令。

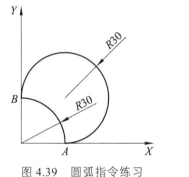

图 4.39　圆弧指令练习

图 4.39 程序如下：

A—B 小于 180°圆弧：

R 编程：G03 X0 Y30 R30 F100；

IJK 编程：G03 X0 Y30 I-30 J0 F100；

A—B 大于 180°的圆弧：

R 编程：G03 X0 Y30 R-30 F100；

IJK 编程：G03 X0 Y30 I0 J30 F100；

例 4.6　编写如图 4.40 所示圆弧加工的指令。

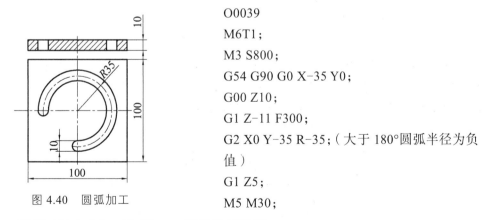

图 4.40　圆弧加工

O0039

M6T1；

M3 S800；

G54 G90 G0 X-35 Y0；

G00 Z10；

G1 Z-11 F300；

G2 X0 Y-35 R-35；（大于 180°圆弧半径为负值）

G1 Z5；

M5 M30；

例 4.7　以顺时针方向加工如图 4.41 所示的封闭圆。

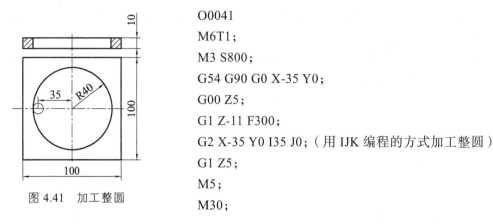

O0041
M6T1;
M3 S800;
G54 G90 G0 X-35 Y0;
G00 Z5;
G1 Z-11 F300;
G2 X-35 Y0 I35 J0;（用 IJK 编程的方式加工整圆）
G1 Z5;
M5;
M30;

图 4.41　加工整圆

4. G40、G41、G42——刀具半径补偿指令

在零件轮廓铣削加工时，由于刀具半径尺寸影响，刀具的中心轨迹与零件轮廓往往不一致，如图 4.42 所示。为了避免计算刀具中心轨迹，直接按零件图样上的轮廓尺寸编程，数控系统提供了刀具半径补偿功能。这样在编制数控加工程序时，可以不按刀具中心轨迹编程，而直接按轮廓编程。加工前通过操作面板输入补偿值后，数控系统会自动计算刀具中心轨迹，并令刀具按中心轨迹运动。如果刀具磨损、重磨或中途换刀使刀具半径值改变，只需要操作面板输入改变后的补偿值，不必修改程序就可以加工出合格零件。

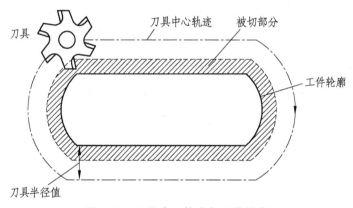

图 4.42　刀具中心轨迹与工件轮廓

刀具半径补偿指令有左偏置指令 G41，右偏置指令 G42，刀具半径补偿取消指令 G40。沿着刀具运动的方向看，刀具在工件轮廓的左侧，则为 G41，如图 4.43（a）所示；沿着刀具运动的方向看，刀具在工件轮廓的右侧，则为 G42，如图 4.43（b）所示。

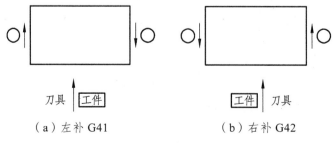

（a）左补 G41　　　　　　（b）右补 G42

图 4.43　半径补偿的方向

刀具半径补偿过程分为三步如图 4.44 所示：

（1）刀具半径补偿的建立。刀具中心从与编程轨迹重合过渡到与编程轨迹偏离一个偏置量的过程。

（2）刀具半径补偿进行。执行有 G41、G42 指令的程序段后，刀具中心始终与编程轨迹相距一个偏置量。

（3）刀具半径补偿的取消。刀具离开工件，刀具中心轨迹过渡到与编程轨迹重合的过程。

建立刀补的指令格式：

G17 G00/G01 G41/G42 X_ Y_ D_ ；

G18 G00/G01 G41/G42 X_ Z_ D_ ；

G19 G00/G01 G41/G42 Y_ Z_ D_ ；

代码说明：

X、Y、Z：建立刀补段的目标点坐标。

D：刀补寄存器号，存放刀具的直径值或半径值。

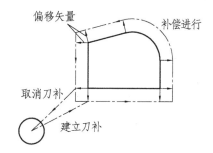

图 4.44　刀具半径补偿的建立和取消

取消刀补的指令格式：

G00/G01 G40 X_ Y_ ；

G00/G01 G40 X_ Z_ ；

G00/G01 G40 Y_ Z_ ；

代码说明：

X、Y、Z：取消刀补段的目标点坐标。

例 4.8　编写如图 4.45 所示零件的加工程序，刀具起点（0，0，100）。

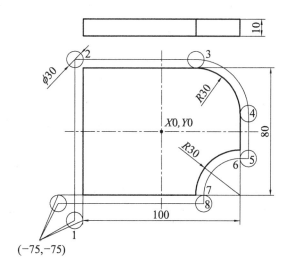

图 4.45　刀具半径补偿例

表 4.3　图 4.45 的参考程序

O0045		
段号	程序段内容	说明
N5	G90 G40 G49 G94 G21；	绝对、取消循环、取消刀补、XY平面、公制输入
N10	G54 G00 X-75.0 Y-75.0；	刀具快速移动至（-75，-75，100）
N20	Z5.0S1000 M03；	主轴正转下刀至 Z5
N30	G01 Z-11.0 F200.；	以进给速度 200 mm/min 下刀至 Z-11
N40	G01 G41 X-50.0 Y-55.0 D01；	建立刀具半径补偿
N50	Y40.0 F300；	切削至 2 点
N60	X20.0；	切削至 3 点
N70	G02 X50.0 Y10.0 R30.0；	加工 R30 顺圆弧
N80	G01 Y-10.0；	切削直线
N90	G03 X20.0 Y-40.0 R30.0；	加工 R30 逆圆弧
N100	G01 X-55.0；	切削至 9 点
N110	G00 G40 X-75 Y-75；	取消刀具半径补偿
N120	G00 Z100.0；	快速提刀至 Z100
N130	M05 M30；	停止主轴，程序结束

5. G43/G44、G49——刀具长度补偿建立与取消指令

数控铣床或加工中心所使用的刀具，每把的长度都不相同，同时还会因刀具的磨损或其他原因引起的刀具长度发生变化。此时，可以使用刀具长度补偿指令，对 Z 方向进行刀具长度补偿，可使每一把刀加工出的深度尺寸都正确。补偿量可以是要求深度与实际深度的差值，也可以是实际刀具和标准刀具长度的差值。刀具长度补偿指令有轴向正补偿指令 G43，轴向负补偿指令 G44，长度补偿取消指令 G49。正补偿指令 G43 表示刀具实际移动值为程序给定值与补偿值的和；负补偿表示刀具实际移动值为程序给定值与补偿值的差。

刀具长度补偿建立指令格式：G00/G01 G43/G44 Z_H_；

刀具长度补偿取消的指令格式：G00/G01 G49/G40 Z_；或 G00/G01 G43/G44 Z_H00；

代码说明：

Z：Z轴移动的坐标值。

H：刀具长度偏移量的存储器地址，存储了相应刀具的长度补偿值。

例 4.9　编写如图 4.46 所示零件的加工程序，用 ϕ16 的立铣刀加工外轮廓，刀具起点（0，0，50）。

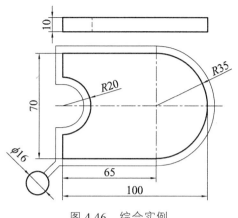

图 4.46 综合实例

表 4.4 图 4.46 的参考程序

O0046		
段号	程序段内容	说明
N5	G90 G40 G49 G94 G21;	绝对、取消循环、取消刀补、XY 平面、公制输入
N10	M6T1;	自动换 1 号刀
N20	M3 S1000;	主轴正转
N30	G54 G90 G0 X-66 Y-51;	刀具快速移动至(-66, -51, 50)
N40	G43 H1 Z5;	建立刀具长度正补偿下刀至 Z5
N50	G1 Z-11 F400;	以进给速度 400 mm/min 下刀至 Z-11
N60	G41 D1 G1 X-50 Y-35;	建立刀具半径补偿
N70	Y-20;	切削直线
N80	G3 Y20 R20;	加工 R20 逆圆弧
N90	G1 Y35;	切削直线
N100	X15;	切削直线
N110	G2 Y-35 R35;	加工 R35 顺圆弧
N120	G1 X-50;	切削直线
N130	G40 G0 X-66 Y-51;	取消刀具半径补偿
N140	G0 G49 Z50;	快速提刀至 Z50，取消刀具长度补偿
N150	M5 M30;	停止主轴，程序结束

6. M98/M99——调用子程序（铣床）

如果零件中相同结构需要多次加工的，编写程序时会有很多重复的语句，可以把相同的部分写成子程序，再通过主程序来多次调用（见图 4.47），可简化编程，降低程序的出错率。

调用格式：M98 P_ L_

M99：结束子程序并返回主程序。

代码说明：

P：被调用的子程序名。

L：调用次数。

注意：当只调用子程序一次时，调用次数可省略；子程序需要另外重新建立一个程序，不能与主程序放在同一程序中。

格式：

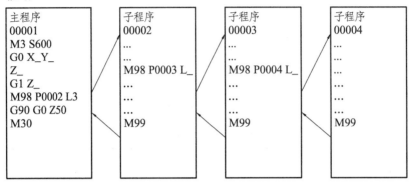

图 4.47　主程序调用子程序

例 4.10　编写如图 4.48 所示零件的加工程序，用 $\phi16$ 的立铣刀铣削上表面和外轮廓，刀具起点（0，0，50）。

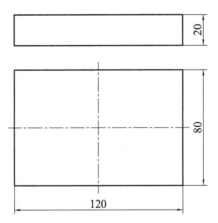

图 4.48　主程序和子程序练习

表 4.5　图 4.48 铣削上表面的参考程序

O00471		
段号	主程序	说明
N5	G90 G40 G49 G94 G21；	绝对、取消循环、取消刀补、XY 平面、公制输入
N10	M3 S1000；	主轴正转
N20	G54 G0 X70 Y-34；	刀具快速移动至(70, -34, 50)
N30	G43 H2 Z5；	建立刀具长度正补偿下刀至 Z5
N40	G1 Z0 F300；	以进给速度 300 mm/min 下刀至 Z0
N50	M98 P0002 L3；	调用 3 次子程序 0002

段号	主程序	说明
N60	G49 G0 Z50；	快速提刀至 Z50，取消刀具长度补偿
N70	M05 M30；	主轴停止，程序结束
O0002	子程序	往复切削方式加工上表面
N10	G91 G1 X-140 F800；	沿 X 负方向切削 140
N20	Y14；	沿 Y 正方向移动 14
N30	X140；	沿 X 正方向切削 140
N40	Y14；	沿 Y 正方向移动 14
N50	M99；	子程序结束返回主程序

表 4.6　图 4.48 铣削外轮廓的参考程序

O00472		
段号	主程序	说明
N5	G90 G40 G49 G94 G21；	绝对、取消循环、取消刀补、XY 平面、公制输入
N8	M6T1；	自动换 1 号刀
N10	M3 S1000；	主轴正转
N20	G54 G0 X70 Y-50；	刀具快速移动至(70, -50, 50)
N30	G43 H1 Z10；	建立刀具长度正补偿下刀至 Z10
N40	G1 Z0 F600；	以进给速度 600 mm/min 下刀至 Z0
N50	M98 P0009 L7；	调用 7 次子程序 0009
N60	G49 G0 Z50；	快速提刀至 Z50，取消刀具长度补偿
N70	M05 M30；	程序结束
O0009	子程序	说明
N10	G91 G1 Z-3 F600；	沿 Z 负方向每次向下进给 3 mm
N15	G90 G42 D1 G1 X60 Y-40；	刀具移至(X60, Y-40)建立右刀补
N20	Y40；	切削至(X60, Y40)
N30	X-60；	切削至(X-60, Y40)
N40	Y-40；	切削至(X-60, Y-40)
N45	X60；	切削至(X60, Y-40)
N50	G40 G0 X70 Y-50；	刀具移至(X70, Y-50)取消刀补
N60	M99；	子程序结束返回主程序

例 4.11　编写如图 4.49 所示零件的加工程序，用 ϕ10 的键槽铣刀铣削键槽，刀具起点（0，0，50）。

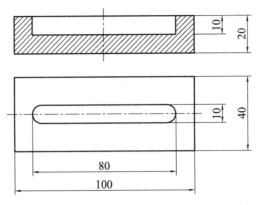

图 4.49 铣键槽

表 4.7 图 4.49 铣削键槽的参考程序

O0048		
段号	主程序	说明
N5	G90 G40 G49 G94 G21;	绝对、取消循环、取消刀补、XY平面、公制输入
N10	M3 S8000;	主轴正转
N20	G54 G0 X35 Y0;	刀具快速移动至(35, 0, 50)
N30	G43 H1 Z10;	建立刀具长度正补偿下刀至 Z10
N40	G1 Z0 F300;	以进给速度 300 mm/min 下刀至 Z0
N50	M98 P0003 L20;	调用 20 次子程序 0003
N60	G49 G0 Z50;	快速提刀至 Z50，取消刀具长度补偿
N60	G91 G28 Z0;	
N70	M05 M30;	程序结束
O0003	子程序	
N10	G91 G1 X-70 Z-0.5 F400;	斜向下沿 Z 方向每次进给 0.5 mm，X 负方向 70 mm
N15	X70;	刀具沿 X 正方向切削 70 mm
N20	M99;	子程序结束返回主程序

例 4.12 编写如图 4.50 所示零件的加工程序，用 $\phi 10$ 的立铣刀铣削 $\phi 80$ 的圆，刀具起点 (0, 0, 50)。

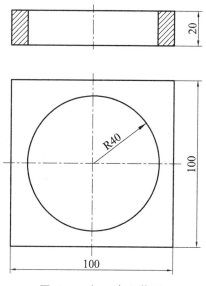

图 4.50 加工中心整圆

表 4.8 图 4.50 铣削中心 ϕ80 圆的参考程序

O0049		
段号	主程序	说明
N5	G90 G40 G49 G94 G21；	绝对、取消循环、取消刀补、XY平面、公制输入
N10	M3 S8000；	主轴正转
N20	G54 G0 X35 Y0；	刀具快速移动至(35, 0, 50)
N30	G43 H1 Z10；	建立刀具长度正补偿下刀至 Z10
N40	G1 Z0 F300；	以进给速度 300 mm/min 下刀至 Z0
N50	M98 P0004 L42；	调用 42 次子程序 0004
N60	G49 G0 Z50；	快速提刀至 Z50，取消刀具长度补偿
N70	M05 M30；	程序结束
O0004	子程序	螺旋式下刀
N10	G91 G2 I-35 Z-0.5 F800；	向下沿 Z 负方向每次进给 0.5 mm，加工 42 次
N20	M99；	子程序结束返回主程序

例 4.13 编写如图 4.51 所示零件的加工程序，用 ϕ16 的立铣刀加工中心凹槽，刀具起点 (0, 0, 50)。

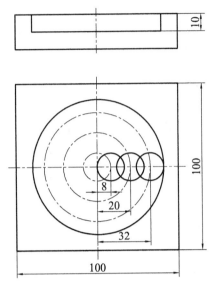

图 4.51 加工中心圆凹槽

表 4.9 图 4.51 铣削中心圆凹槽的参考程序

O0050		
段号	主程序	说明
N5	G90 G40 G49 G94 G21;	绝对、取消循环、取消刀补、XY平面、公制输入
N10	M3 S8000;	主轴正转
N20	G54 G0 X8 Y0;	刀具快速移动至(8, 0, 50)
N30	G43 H1 Z10;	建立刀具长度正补偿下刀至 Z10
N40	G1 Z0 F300;	以进给速度 300 mm/min 下刀至 Z0
N50	M98 P0005 L20;	调用 20 次子程序 0005
N60	G49 G0 Z50;	快速提刀至 Z50，取消刀具长度补偿
N70	M05 M30;	程序结束
O0005	子程序	螺旋式下刀
N10	G91 G2 I-8 Z-0.5 F800;	每次向下沿 Z 负方向圆弧进给 0.5 mm
N20	G90 G2 I-8;	顺时针加工 ϕ16 整圆
N30	G1 X20;	切削至(20, 0)
N40	G2 I-20;	顺时针加工 ϕ40 整圆
N50	G1 X32;	切削至(32, 0)
N60	G2 I-32;	顺时针加工 ϕ64 整圆
N70	G1 X8;	切削至(8, 0)
N80	M99;	子程序结束返回主程序

例 4.14 编写如图 4.52 所示零件的加工程序，用 ϕ16 的立铣刀加工中心长方形凹槽，刀具起点(0, 0, 50)。

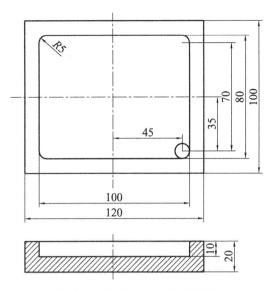

图 4.52 加工中心长方形凹槽

表 4.10 图 4.52 铣削中心长方形凹槽的参考程序

O0051		
段号	主程序	说明
N5	G90 G40 G49 G94 G21;	绝对、取消循环、取消刀补、XY 平面、公制输入
N10	M3 S8000;	主轴正转
N20	G54 G0 X45 Y−35;	刀具快速移动至(45, −35, 50)
N30	G43 H1 Z10;	建立刀具长度正补偿下刀至 Z10
N40	G1 Z0 F300;	以进给速度 300 mm/min 下刀至 Z0
N50	M98 P0006 L20;	调用 20 次子程序 0005
N60	G90 G1 X45 Y−35;	切削至(45, −35, −10)
N70	X−45;	切削至(−45, −35, −10)
N80	Y35;	切削至(−45, 35, −10)
N90	X45;	切削至(45, 35, −10)
N100	Y−35;	切削至(45, −35, −10)
N110	G49 G0 Z50;	快速提刀至 Z50，取消刀具长度补偿
N120	M05 M30;	程序结束
O0006	子程序	斜式下刀
N10	G91 G1 X−90 Z−0.5 F600;	每次沿 Z 负方向进给 0.5 mm，沿 X 负方向进给 90 mm
N20	X90;	沿 X 正方向切削 90 mm
N30	M98 P0007 L5;	调用 5 次子程序 0007
N40	G90 G1 Y−35;	切削至 Y−35
N50	M99	子程序结束返回主程序

O0007	子程序	
N10	G91 G1 Y7;	沿 Y 正方向切削 7 mm
N20	X-90;	沿 X 负方向切削 90 mm
N30	Y7;	沿 Y 正方向切削 7 mm
N40	X90;	沿 X 正方向切削 90 mm
N50	M99;	子程序结束返回主程序

7. G02/G03-螺旋线插补指令

螺旋线的形成是在刀具做圆弧插补运动的同时与之同步地做轴向运动，以 XY 平面为例，如图 4.53（a）所示。

指令格式：

G17 G02/G03 X_ Y_ Z_ R_ K_ F_;

G17 G02/G03 X_ Y_ Z_ I_ J_ K_ F_;

代码说明：

G02/G03：螺旋线的旋向，其定义同圆弧。

X、Y、Z：螺旋线的终点坐标。

R：螺旋线在 XY 平面上的投影半径。

I、J：圆弧圆心在 XY 平面上 X 轴、Y 轴上相对于螺旋线起点的坐标增量值。

K：螺纹线的导程。

例 4.15 如图 4.53（b）所示螺纹线加工程序。

第 1 个导程的指令为

G91 G03 X0 Y0 Z5 I15 J0 K F50;

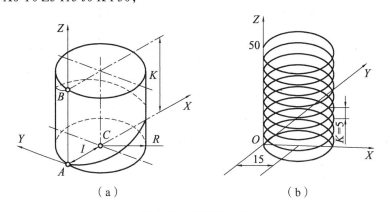

（a）　　　　　　　　　　　　（b）

图 4.53　螺旋线示例

8. G04——程序暂停

G04 指令控制系统按给定的时间暂时停止执行后续程序段，暂停时间结束则继续执行后面的程序段。该指令为非模态指令，只在本程序段有效。

指令格式：G04 X_; 或 G04 P_;

代码说明：

X：暂停时间，X 指令后面数值单位为秒。

P：暂停时间，P 指令后面数值的单位为毫秒。

暂停指令用于下列情况：

（1）主轴有高速、低速挡切换时，于 M05 指令后，用 G04 指令暂停几秒，使主轴停稳后再行换挡，以避免损伤主轴电动机。

（2）孔底加工时暂停几秒，使孔的深度正确及减小孔底面的表面粗糙度。

（3）铣削大直径螺纹时，用 M03 指定主轴正转后，暂停几秒转速稳定，再加工螺纹，使螺距正确。

在铣床上镗削孔时，为了保证孔底光滑和深度尺寸准确，在镗到孔底时暂停 1 s（P1000）的指令为 G04 X1 或 G04 P1000。

9. G51、G50——比例缩放指令

当比例缩放功能生效时，对应轴的坐标值与移动距离将按程序指令固定的比例系数进行放大（或缩小），也可以让图形按指定规律产生镜像变换。

指令格式：

G51 X_ Y_ Z_ P_；

G51 X_ Y_ Z_ I_ J_ K_；

G50

代码说明：

G51：比例缩放功能生效。

G50：关闭缩放功能。

X、Y、Z：用来确定缩放中心，如果省略 X、Y 和 Z 的值，以刀具当前的位置为缩放中心。

P：用来确定缩放的比例。

I、J、K：分别对应 X、Y 和 Z 轴的比例系数，不能带小数点，比例为 1 时，输入 1000 即可，通过对某一轴指令比例系数 "-1"，可以利用比例缩放，实现镜像加工。

例 4.16　如图 4.54 所示的零件材料为铝合金，零件已经粗加工，刀具为 ϕ16 的立铣刀，采用顺铣方式，刀具起点(0, 0, 50)。

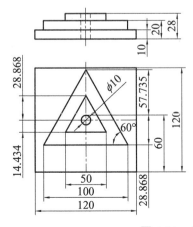
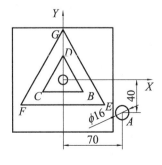

图 4.54　比例缩放加工示例

表 4.11　图 4.54 加工的参考程序

O0054		
段号	主程序	说明
N5	G90 G40 G49 G94 G21；	绝对、取消循环、取消刀补、XY 平面、公制输入
N10	G54 G00 X70 Y-40；	刀具快速移动至(70, -40, 50)
N14	G91 G28 Z0；	
N16	M06 T01；	换 1 号刀
N20	M3 S2000；	主轴正转，转速为 2 000 r/min
N30	G90 G43 H1 Z5；	建立刀具长度正补偿下刀至 Z5
N40	G01 Z-8 F300 M08；	下刀至 Z-8，冷却液打开
N50	M98 P00010；	调用子程序 00010
N60	G00 Z-18；	下刀至 Z-18，准备切下一层三角形
N70	G51 X0 Y0 P2；	建立缩放功能，放大一倍
N80	M98 P00010；	调用子程序 00010
N90	G50；	取消缩放
N100	G49 G0 Z50；	快速提刀至 Z50，取消刀具长度补偿
N110	M05 M30；	程序结束，停冷却液，停主轴
O00010	子程序	—
N10	G01 G41 X25 Y-14.434 D01 F600；	建立左刀补，A—B
N20	X-25 Y-14.434；	切削 B—C
N30	X0 Y28.868；	切削 C—D
N40	X25 Y-14.434；	切削 D—B
N50	G40 G00 X70 Y-40；	B—A 取消刀补
N60	M99；	子程序结束返回主程序

10. G68、G69——坐标系旋转指令

有时零件上的轮廓是由一个轮廓图形旋转一定的角度形成的，如果按旋转后的轮廓编程，需要复杂地计算各点的坐标，工作量大而且容易出现错误。使用旋转指令加工这类零件可以大大减少程序编制的工作量。一般方法是按照一个轮廓编制一个子程序，每旋转一个角度调用子程序一次。

指令格式：

G17 G68 X_ Y_ R_ ；

G69

代码说明：

G68：图形旋转功能生效。

G69：关闭图形旋转功能。

X、Y：指定旋转中心，如果程序中不指定旋转中心，则以坐标原点为旋转中心。

R：指定旋转角度，以度为单位，一般逆时针为正。

例 4.17 在图 4.55 所示的零件上加工斜键槽，设零件材料为 45 钢，刀具为 ϕ12 的高速键槽铣刀，采用顺铣方式，刀具起点(0, 0, 50)。

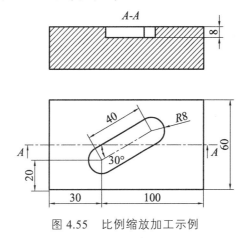

图 4.55 比例缩放加工示例

表 4.12 图 4.55 加工的参考程序

O0055		
段号	主程序	说明
N5	G90 G40 G49 G80 G21；	绝对、取消循环、取消刀补、XY 平面、公制输入
N10	M06 T01；	换 1 号刀
N14	G54 G00 X70 Y-40；	刀具快速移动至(70, -40, 50)
N20	M03 S650；	主轴正转，转速为 650 r/min
N30	G43 H1 Z5 M08；	建立刀具长度正补偿下刀至 Z5，冷却液打开
N40	G01 Z-8 F30；	下刀至 Z-8
N50	G68 X30 Y20 R30	以(30, 20)为旋转中心，逆时针旋转 30°
N60	G41 G01 X70 Y12 D01 F130；	至(70, 12)建立左刀补
N70	G03 Y28 I0 J8；	加工右 R8 半圆弧
N80	G01 X30	刀削至(X30, Y28)
N90	G03 Y12 I0 J-8；	加工左 R8 半圆弧
N100	G01 X70；	刀削至(X70, Y12)
N110	G40 G00 X30 Y20；	至(X30, Y20)取消刀补
N120	G69	取消旋转
N130	G00 G49 Z50	抬刀
N140	M05 M30；	程序结束，停冷却液，停主轴

11. G51.1、G50.1——可编程镜像指令

当零件上的某一部分轮廓与某一个轴或某一点对称分布时，可以编写一个轮廓的程序，其他对称的轮廓程序用镜像功能，从而减少程序设计的工作量。

指令格式：

G51.1/G50.1 X_；

G51.1/G50.1 Y_；

G51.1/G50.1 X_Y_；

代码说明：

G51.1：可编程镜像功能开始。

G50.1：结束可编程镜像功能。

X、Y：指定对称轴或对称点。如果式中只给出一个坐标，则以一个轴镜像；如果给出两个坐标值，则以一个点镜像。

例 **4.18** 如图 4.56 所示的零件用镜像功能加工曲线轮廓，设零件材料为 45 钢，刀具为 $\phi 20$ 的高速立铣刀，采用顺铣方式，刀具起点(0, 0, 50)。

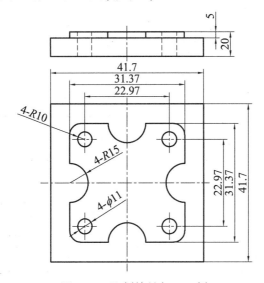

图 4.56 比例缩放加工示例

表 4.13 图 4.56 加工的参考程序

O0056		
段号	主程序	说明
N5	G90 G40 G49 G80 G21；	绝对、取消循环、取消刀补、XY 平面、公制输入
N10	G54 G00 X0 Y0；	
N14	G91 G28 Z0；	Z 轴回参考点
N16	M06 T01；	换 1 号刀
N20	M03 S400；	主轴正转，转速为 400 r/min
N30	G90 G43 H1 Z5 M08；	建立刀具长度正补偿下刀至 Z5，冷却液打开
N40	M98 P00011	调用 00011 子程序
N50	G51.1 X0；	建立以 Y 轴镜像
N60	M98 P00011	调用 00011 子程序
N70	G51.1 Y0；	建立以 X 轴镜像，即以(0, 0)镜像

N80	M98 P00011	调用 00011 子程序
N90	G50.1 X0;	取消 Y 轴镜像，以 X 轴镜像
N100	M98 P00011	调用 00011 子程序
N110	G50.1 Y0;	取消 X 轴镜像
N120	M05 M30;	程序结束，停冷却液，停主轴
O00011	子程序	
N10	G00 X0 Y75;	刀具移至(0, 75)
N20	Z-5;	下刀至 Z-5
N30	G41 G01 X0 Y30 D01 F240;	切削至(0, 30)建立左刀补
N40	G03 X15 Y45 R15;	切削 1/4 圆弧
N50	G01 X35;	切削至(35, 45)
N60	G02 X45 Y35 R10;	切削 R10 圆角
N70	G01 Y15;	切削至(45, 15)
N80	G03 X30 Y0 R15;	切削 1/4 圆弧
N90	G40 G01 X75;	切削至(75, 0)取消刀补
N100	G00 Z50;	抬刀至 Z50
N110	M99;	子程序结束

12. G27～G30——参考点指令

返回参考点 G27 用于检查刀具是否已经正确地返回到程序中指定的参考点。如果刀具已经正确地沿着指定轴返回至参考点，则该轴的指示灯亮。

指令格式：G27 X_ Y_;

G28、G30 指令控制刀具经过指令中指定的一点返回参考点。系统可以通过参数设置四个参考点，用 G28 返回第一参考点，用 G30 返回另外三个参考点。

指令格式：

G28 X_ Y_;

G30 P2 X_ Y_;

G30 P3 X_ Y_;

G30 P4 X_ Y_;

例如，经过(100, 80)返回第一参考点的指令为：G90 G28 X100 Y80;执行此指令时，刀具先从当前位置运动到(100, 80)点，再从(100, 80)点运动到参考点。

G29 指令控制刀具从参考点经过中间点自动移动到指定点。

指令格式：G29 X_ Y_;

该指令必须与 G2 成对使用，它的中间点是 G28 的中间点。后面的坐标值是指定的目标位置点。执行指令时刀具从参考点运动到 G28 指定过的中间点，再从中间点运动至目标位置点。例如，从参考点返回至(200, 250)的指令为"G29 X200 Y250;"。

13. G15、G16——极坐标编程

在圆周分布孔加工（如法兰类零件）与圆周镗铣加工时，图纸尺寸通常都以半径（直径）与角度的形式给出，直接选用极坐标与角度指定坐标位置，既可以大大减少编程时的计算工作量，又可以提高程序的可靠性。

指令格式：

G16：极坐标编程生效

G15：撤销极坐标编程

极坐标编程时，加工平面的选择仍然用 G17、G18、G19。加工平面选定后，所选择平面的第一轴地址用来指定极坐标半径；第二坐标轴地址用来指定极坐标角度，极坐标的 0°方向为第一坐标轴的正方向。在极坐标编程时，通过 G90、G91 指令可以改变尺寸的编程方式。选择 G90 时，半径、角度都以绝对尺寸形式给定；选择 G91 时，半径、角度都以增量尺寸的形式给定。

图 4.57 所示图中 3 个 $\phi 13$ 的孔的极坐标分别是(X100, Y30)，(X100, Y150)，(X100, Y270)。

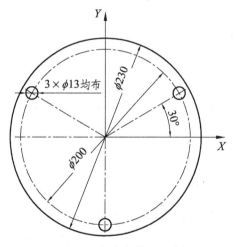

图 4.57　极坐标练习示例

14. G98、G99、G73、G74、G76、G80~G89——固定循环指令

数控铣床和加工中心通常会用到孔加工固定循环指令，可以实现钻孔、镗孔、攻螺纹等加工。固定循环的 G 代码由数据形式（G90 或 G91）、返回点平面（G98 返回初始平面或 G99 返回至 R 平面）和运动方式（进刀、孔底和退刀）三种 G 代码组合而成，常见的固定循环指令及其运动方式见表 4.14。

表 4.14　常见固定循环指令及其运动方式

指令	孔加工动作	孔底动作	返回动作	用途	程序段格式
G73	间歇进给	—	快速移动	带断屑深孔钻循环	G73 X_ Y_ Z_ R_ Q_ F_
G74	切削进给	停刀-主轴正转	切削进给	左旋攻丝循环	G74 X_ Y_ Z_ R_ F_
G76	切削进给	主轴定向停止	快速移动	精镗孔循环	G76 X_ Y_ Z_ R_ Q_ P_ F_
G80	—	—	—	取消固定循环	G80

指令	孔加工动作	孔底动作	返回动作	用途	程序段格式
G81	切削进给	—	快速移动	钻孔、点钻循环	G81 X_ Y_ Z_ R_ F_
G82	切削进给	停刀	快速移动	锪、镗沉孔循环	G82 X_ Y_ Z_ R_ P_ F_
G83	间歇进给	—	快速移动	带排屑深孔钻循环	G83 X_ Y_ Z_ R_ Q_ F_
G84	切削进给	停刀-主轴反转	切削进给	右旋攻丝循环	G84 X_ Y_ Z_ R_ F_
G85	切削进给	—	切削进给	通孔铰孔循环	G85 X_ Y_ Z_ R_ F_
G86	切削进给	主轴停止	快速移动	粗镗孔循环	G86 X_ Y_ Z_ R_ F_
G87	切削进给	主轴正转	快速移动	背镗孔循环	G87 X_ Y_ Z_ R_ Q_ F_
G88	切削进给	停刀-主轴正转	手动移动	手动返回镗孔循环	G88 X_ Y_ Z_ R_ P_ F_
G89	切削进给	停刀	切削进给	盲孔镗孔循环	G89 X_ Y_ Z_ R_ P_ F_

孔加工固定循环指令动作由以下六步组成，如图 4.58 所示。

（1）X 和 Y 轴定位。

（2）快速运行至 R 点。

（3）孔加工。

（4）在孔底的动作，包括暂停、主轴反转等。

（5）返回到 R 点。

（6）快速退回到初始点。

固定循环的指令格式：G90/G91 G98/G99 G73 ~ G89 X_ Y_ Z_ R_ P_ Q_ F_ L_ ；

代码说明：

G98/G99：返回点平面（G98 返回初始平面，G99 返回至 R 平面）如图 4.59 所示。

X、Y：孔位置的 X、Y 轴坐标。

Z：孔底的 Z 轴坐标。

R：定义一安全平面，如图 4.60 所示。

F：钻孔的切削进给速度。

P：在孔底暂停时间（单位：ms）。

L：固定循环的重复次数，若不指定则只进行一次。

1）G73——带断屑高速深孔加工循环

指令格式：G90/G91 G98/G99 G73 X_ Y_ Z_ R_ Q_ F_；

G73 指令动作如图 4.61 所示，孔深大于 5 倍直径孔的加工属于深孔加工，不利于排

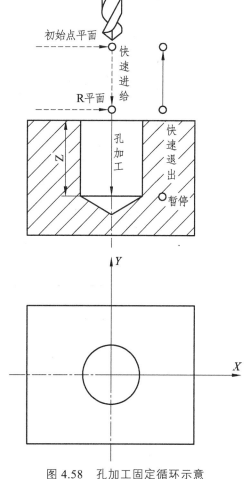

图 4.58　孔加工固定循环示意

屑，故采用间歇进给（分多次进给），每次工作进给后快速退回一段距离 d（断屑），d 值由参数设定，这种加工通过 Z 轴的间歇进给比较容易实现断屑和排屑。

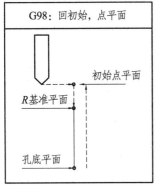
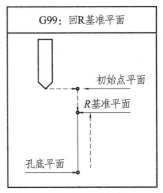

（a）G98：回初始点平面　　　　　（b）G99：回 R 基准平面

图 4.59　返回平面选择

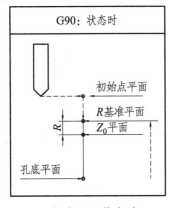
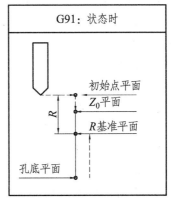

（a）G90 状态时　　　　　（b）G91 状态时

图 4.60　R 基准平面定义

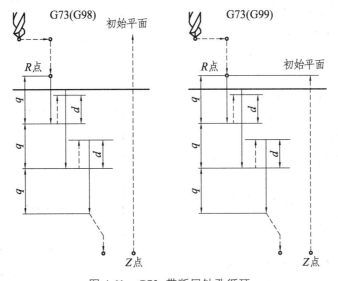

图 4.61　G73 带断屑钻孔循环

2）G74/G84——攻丝循环

指令格式：G90/G91 G98/G99 G74/G84 X_Y_Z_R_P_F_；

G74 用于攻左旋螺纹，在攻左旋螺纹前，先使主轴反转，再执行 G74 指令，刀具先快速定位至(X, Y)所指定的坐标位置，再快速定位至 R 点；接着以 F 指定的进给速度攻螺纹至 Z 值，主轴转换为正转且同时向 Z 轴正方向退回至 R 点；退至 R 点后主轴恢复原来的反转。指令动作示意图如图 4.62 所示。

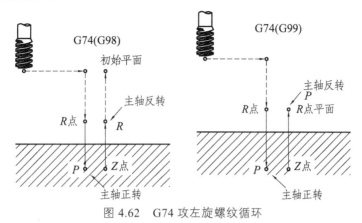

图 4.62　G74 攻左旋螺纹循环

3）G76——精镗孔循环

指令格式：G90/G91 G98/G99 G76 X_Y_Z_R_Q_P_F_；

精镗孔指令用于粗密镗孔加工，它可以通过主轴定向准停动作，进行让刀，从而消除退刀痕。该指令的动作过程如图 4.63 所示，刀具先快速定位至坐标点(X, Y)，再快速定位至 R 点；开始进行精镗切削直至孔底，主轴定向停止、让刀（镗刀中心偏移一个 q 值，使刀尖离开加工孔面），快速返回至 R 点（或初始点）；主轴复位，重新启动，转入下一段。

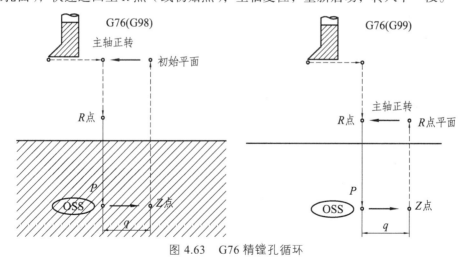

图 4.63　G76 精镗孔循环

4）G81——简单钻孔循环

指令格式：G90/G91 G98/G99 G81 X_Y_Z_R_F_；

简单钻孔循环无断屑、无排屑、无孔底停留，一般用于中心孔钻孔。该指令的动作过程如图 4.64 所示。

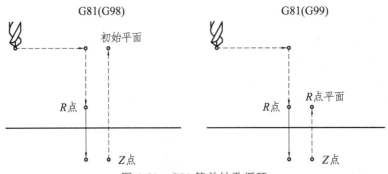

图 4.64　G81 简单钻孔循环

5）G82——锪沉孔、镗沉孔循环

指令格式：G90/G91 G98/G99 G82 X_Y_Z_R_P_F_；

G82 一般用于扩沉头孔、镗沉孔或镗阶梯孔，其动作过程如图 4.65 所示。

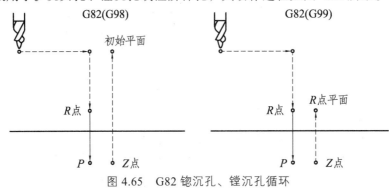

图 4.65　G82 锪沉孔、镗沉孔循环

6）G83——带排屑深孔钻孔循环

指令格式：G90/G91 G98/G99 G83 X_Y_Z_R_Q_F_；

G83 指令动作示意图如图 4.66 所示，其与 G73 的区别在于，每完成一个 q 深度退出到 R 点后快速向下进刀至 d 深处改为切削进给，这样使钻头退出被加工零件外，有利于排屑和冷却。

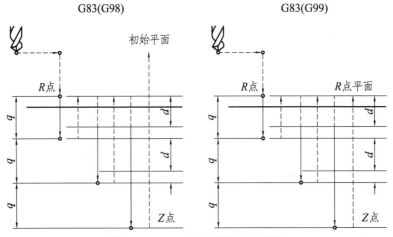

图 4.66　G83 排屑深孔钻孔循环

7）G85——铰通孔循环

指令格式：G90/G91 G98/G99 G85 X_Y_Z_R_F_；

G85 的指令动作与 G81 类似，但返回行程中，从 $Z \rightarrow R$ 段为切削进给，以保证孔壁光滑，其循环动作示意图如图 4.67 所示。

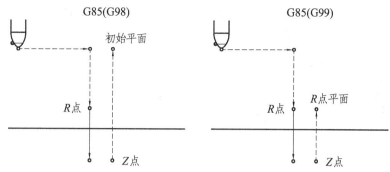

图 4.67　G85 铰通孔循环

8）G86——粗镗孔循环

指令格式：G90/G91 G98/G99 G87 X_ Y_ Z_ R_ F_；

G86 的指令动作与 G81 的区别是，G86 循环在底部主轴停止转动，退刀动作是在主轴停转的情况下进行的，返回到 R 点或起始点后主轴再重新启动，其循环动作如图 4.68 所示，可以用于粗镗孔。

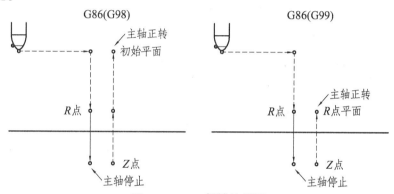

图 4.68　G86 粗镗孔循环

9）G87——反镗孔循环

指令格式：G90/G91 G98 G87 X_ Y_ Z_ R_ Q_ P_ F_；

G87 只能与 G98 联合使用，不能与 G99 联合使用。G87 指令可以通过主轴定向准停动作让刀进入孔内，实现反镗动作，其循环动作如图 4.69 所示。

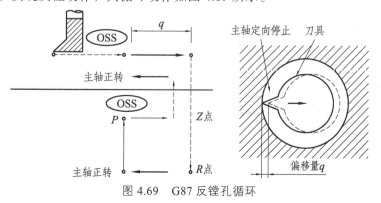

图 4.69　G87 反镗孔循环

10）G88——带手动镗孔循环

指令格式：G90/G91 G98/G99 G88 X_ Y_ Z_ R_ P_ F_;

G88 循环加工到孔底暂停后，主轴停止，进给也自动变为停止状态，必须在手动状态下移出刀具，手动到 R 点主轴恢复正转，其动作循环如图 4.70 所示。

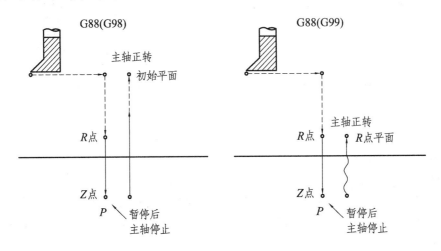

图 4.70　G88 带手动镗孔循环

11）G89——铰盲孔循环

指令格式：G90/G91 G98/G99 G89 X_ Y_ Z_ R_ P_ F_;

G89 循环在孔底增加了暂停，以进给速度退刀，其动作循环如图 4.71 所示。

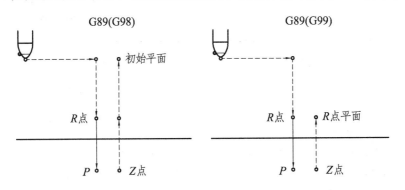

图 4.71　G89 铰盲孔循环

12）G80——固定循环取消

指令格式：G80

该指令取消固定循环（G73，G74，G76，G81～G89）之后 NC 就开始执行一般动作。对 R 点和 Z 点的数据也取消。也就是说刀具不移动，其他加工数据也取消。

例 4.19　用 G81 循环指令加工如图 4.72 所示零件的 4 个孔。

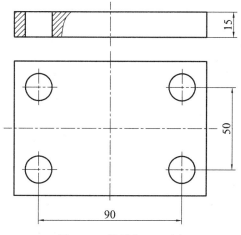

图 4.72　通孔加工示例

表 4.15　图 4.72 加工的参考程序

O0071		
段号	程序	说明
N5	G90 G40 G49 G80 G21;	绝对、取消循环、取消刀补、XY平面、公制输入
N10	M06 T03;	换 1 号刀
N14	M03 S500;	主轴正转，转速为 400 r/min
N16	G0 G54 X45 Y25;	快速移动至(45, 25, 50)，右上孔上方
N20	G43 H3 Z20;	下刀至 Z20
N30	G98 G81 Z–20 R5 F80;	G81 加工右上孔
N40	Y–25;	G81 加工右下孔
N50	X–45;	G81 加工左下孔
N60	Y25;	G81 加工左上孔
N70	G80;	取消孔加工指令
N80	M05;	主轴停止
N90	G91 G28 Z0;	Z 轴回参考点
N100	G91 X28 Y0;	Y 轴回参考点
N110	M30;	程序结束

例 **4.20**　用 G84 循环指令加工如图 4.73 所示零件的 4 个螺纹孔。

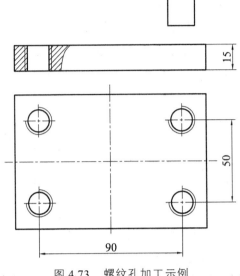

图 4.73　螺纹孔加工示例

表 4.16　图 4.73 加工的参考程序

O0071		
段号	程序	说明
N5	G90 G40 G49 G80 G21；	绝对、取消循环、取消刀补、XY平面、公制输入
N10	M06 T03；	换 1 号刀
N14	G95	每转进给
N16	G54 G0 X45 Y25	快速移动至(45, 25, 50)，右上孔上方
N20	G43 H3 Z20	下刀至 Z20
N25	M29 S100	主轴定向，指定攻丝
N30	G99 G84 X45 Y25 Z−20 R5 P500 F1.5	G84 加工右上螺纹孔
N40	Y−25	G84 加工右下螺纹孔
N50	X−45	G84 加工左下螺纹孔
N60	Y25	G84 加工左上螺纹孔
N70	G80	取消孔加工指令
N80	G94	每分钟进给
N90	M5	主轴停止
N100	G91 G28 Z0	Z 轴回参考点
N110	M30	程序结束

4.3　数控铣床的基本操作及步骤

4.3.1　GSK25iM 操作面板介绍

GSK25iM 数控系统具有集成式操作面板，共分为 LCD（液晶显示）区、编辑键盘区、页面显示方式区、机床控制区和软功能键区等几大区域，如图 4.74 所示。

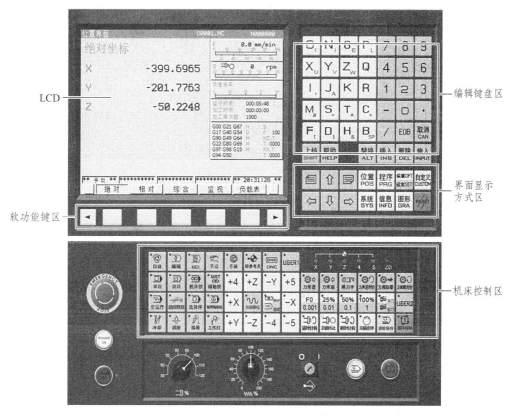

图 4.74　GSK25iM 操作面板划分

（1）LCD 显示区：人机交互窗口，当前页面、信息的显示。
（2）编辑键盘区：用于各类指令地址、数据的输入等。
（3）界面显示方式区：用于显示界面的切换。
（4）机床控制区：用于工作方式的切换、控制机床动作等。
（5）软功能键区：系统快捷功能。

4.3.2　常用机床面板按键

常用机床面板按键见表 4.17。

表 4.17　常用机床面板按键说明

按键	名称	功能说明
编辑	编辑方式选择键	在编辑工作方式下，可以进行零件程序的建立、输入和修改等操作
自动	自动方式选择键	在自动工作方式下，可运行已编辑好的加工程序

按键	名称	功能说明
 MDI	录入方式选择键	在录入工作方式下,可进行单个指令段的输入和执行以及参数的修改等操作
 回参考点	机械回零方式选择键	在机械回零工作方式下,可分别手动执行 X、Y、Z 轴回机械零点操作
 手脉	手轮方式选择键	进入单步或手轮工作方式,可使系统按选定的增量进行移动
 DNC	DNC 方式选择键	自动运行时切换到 DNC 方式,系统运行完当前段停止后才切换过去
 手动	手动方式选择键	在手动工作方式下,可进行手动进给、手动快速、主轴启停、冷却液开关、润滑液开关、手动换刀等操作
 刀库进 刀库退 换刀宁 刀库逆针 刀库相等 刀库顺针	手动换刀键	手动顺序换刀
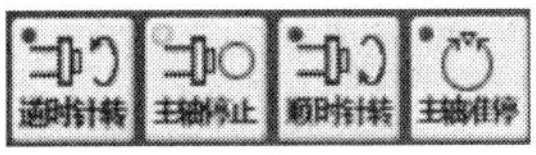 逆时针转 主轴停止 顺时针转 主轴住停	主轴控制键	手动主轴正转; 手动主轴停止; 手动主轴反转
 主轴倍率旋钮	主轴倍率旋钮	主轴速度调整(主轴转速模拟量控制方式有效)
 快速移动	快速开关	快速速度/进给速度切换
 夹刀 松刀	卡盘松/紧	手动松/紧刀开关
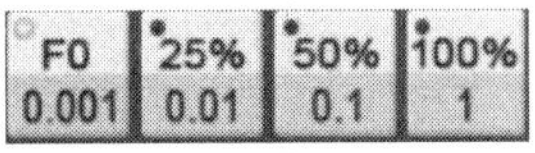 F0 0.001 / 25% 0.01 / 50% 0.1 / 100% 1	快速倍率、手动单步、手脉倍率选择键	快速倍率、手动单步、手脉倍率选择键
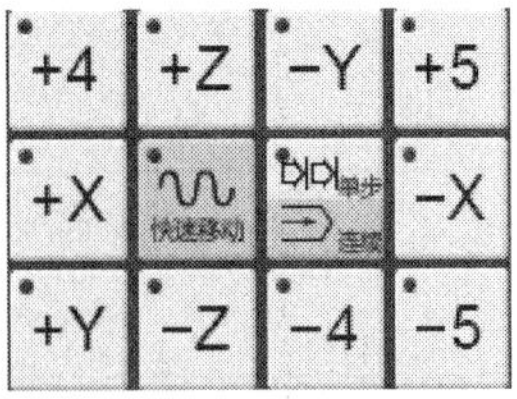 +4 +Z -Y +5 / +X 快速移动 单步连续 -X / +Y -Z -4 -5	手动进给键	手动方式下,可控制 X、Y、Z 轴的正向/负向移动。

按键	名称	功能说明
	程序段选跳开关	段首标 "??" 符号的程序段是否跳段，打开时，指示灯亮
	单段开关	程序单段/连续运行状态切换打开时，指示灯亮
	空运行开关	空运行有效时，指示灯亮
	辅助锁	辅助功能打开时指示灯亮，M、S、T功能输出无效
	机床锁	机床锁打开时指示灯亮，轴动作输出无效
	工作灯	机床工作灯开/关
	润滑	机床润滑开/关
	冷却	冷却液开关
	排屑开关键	排屑开/关
	循环起动键	程序运行起动
	进给保持键	程序运行暂停
	进给倍率旋钮	进给速度的调整
	超程解除键	超程解除
	选择停开/关键	程序中有 M01 是否停止

4.3.3 显示菜单

GSK25iM 系统在操作面板上共布置了 7 个界面显示键（见表 4.8），每个显示界面下又含有多个子界面。显示界面与工作方式无关，在任何一种工作方式下都可以进行显示界面切换。按下某一个显示菜单键则进入相应的显示界面。每个显示界面下的子界面又可以通过翻页键 [目] 与 [目] 进行显示界面切换。

表 4.18 显示菜单列表

菜 单 键	功能说明	备　注
位置 POS	进入位置界面	通过软键转换显示当前点相对坐标、绝对坐标、综合、监视显示界面
程序 PRG	进入程序界面	通过软键转换显示程序、MDI、检测、数据、文件列表显示界面
系统 SYSTEM	进入系统界面	通过软键转换参数、诊断、PLC。进行参数的查看或修改，PLC 的编辑等操作
信息 INFO	进入报警界面	通过软键转换查看各种报警信息界面
图形 GRA	进入图形界面	通过软键转换显示图参、图形显示界面，进行图形中心和大小以及比例和显示界面的设定
帮助 HELP	进入帮助界面	通过软键转换查看系统相关的各项信息
偏置 OFT 设定 SET	进入偏置/设定界面	通过软键转换显示，分别可以设置刀具的长度补偿和半径补偿，以及各进给轴的螺距误差补偿，设定工件坐标系、宏变量、登录等

4.3.4 位置界面

按键 [位置 POS] 进入位置页面显示，位置显示页面有 "绝对" "相对" "综合" "监视" "负载表" 5 种方式，可通过相应软键查看，或者不停地按住 [位置 POS] 键切换查看。

1. 绝对坐标显示界面

按 "绝对" 软键，显示当前刀具在当前坐标系的位置，如图 4.75 所示。图中左边是坐标系下的绝对坐标值，右边第一个进度条 F 是进给速度，可以通过进给倍率旋钮来调节，下面的 S、快速倍率的进度条则通过主轴倍率旋钮、快速倍率按键来调节。

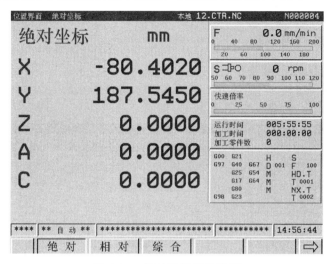

图 4.75　绝对坐标显示界面

2. 相对坐标显示页面

相对坐标界面显示当前刀具在相对坐标系的位置，按"操作"软键直接进入相对界面的子界面，如图 4.76 所示。

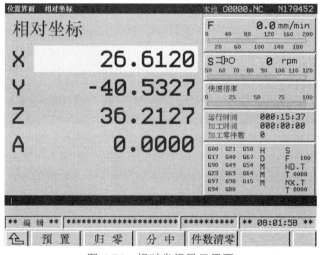

图 4.76　相对坐标显示界面

相对坐标系预置操作步骤：通过上、下方向键来选中要修改的轴，被选中的地方会出现黄色凸显颜色。输入需设置的数据按"预置"键，将数据输入相应坐标，同时光标会跳到下一行坐标上去。相对坐标系清零操作步骤：通过上、下方向键来选择要选择轴，再按下软键"归零"，就可实现各轴清零。

相对坐标系分中操作步骤：通过上、下方向键来选择要选择轴，再按下软键"分中"，就可实现各轴数据减半。

相对坐标系件数清零操作步骤：当加工零件数不为零时，按下软键"件数清零"，就可以实现加工零件数据清零。

　　注：相对坐标界面下将 X、Y、Z 坐标值设为 999999.9999 或−999999.9999，再执行手动操作往相同方向增量移动，移动执行后该坐标只显示轴号而不会显示坐标值。

　　3. 综合坐标显示页面

　　综合界面按"综合"软键进入。在综合界面中，可同时显示相对坐标系中的位置；绝对坐标系中的位置；机床坐标系中的位置；剩余距离以及各种信息，包括速度、运行时间、加工零件数、当前模态等，如图 4.77 所示。

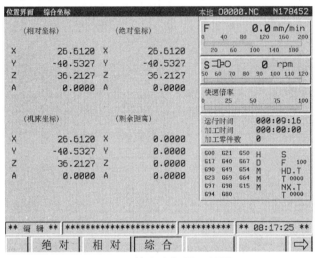

图 4.77　综合坐标显示界面

　　4. 监视方式

　　按"监视"软键，进入监视界面，如图 4.78 所示。

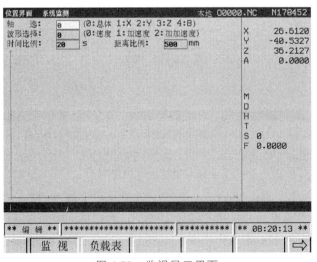

图 4.78　监视显示界面

　　通过修改轴选参数来看各个轴的运行情况；修改波形选择，可以观察速度、加速度、加加速度的运行波形；修改两个轴的比例来修改波形的显示比例。其中，横轴表示时间比例轴，每一格表示输入的时间段，竖轴表示距离比例轴，每一格表示输入的距离段。

5. 负载表

按"负载表"软键，进入负载表界面，如图 4.79 所示。

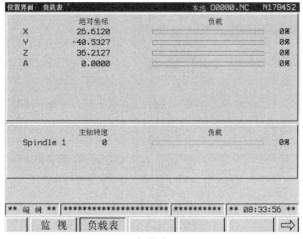

图 4.79　负载表显示界面

4.3.5　程序界面

按面板上的 程序 PRG 键进入程序界面显示，程序显示界面有"程序""检测""数据""文件列表"和"操作"5 种方式。当操作模式是录入方式时，"检测"界面变成"MDI"界面，各界面可通过相应软键进行查看和修改。

1. 程序显示

按"程序"软键进入程序显示界面，在此界面内显示内存中正在执行或等待执行的程序内容，如图 4.80 所示。

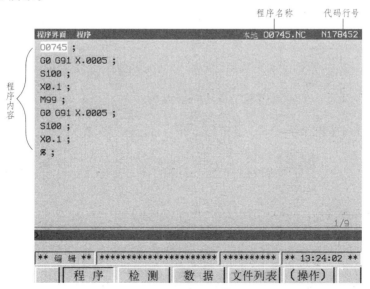

图 4.80　程序显示界面

注：1. O0745.NC 表示程序名称。N 表示的是当前执行代码的实际运行的代码行数。

　　2. 1/9：1 是当前的运行行数，9 表示总行数。

2. 程序的建立

1）新建程序

程序的新建方式及操作步骤：在"程序""检测"或"文件列表"页面下均可新建程序。

（1）在"程序"界面新建程序及其操作步骤。

按 ![编辑键] 键进入编辑操作方式，按 ![程序PRG键] 键，进入"程序"界面，在输入栏输入：程序名 O0746[见图 4.81（a）]，按面板 ![插入INS键] 键，程序新建完成，当前界面更新为新建程序界面，如图 4.81（b）所示。

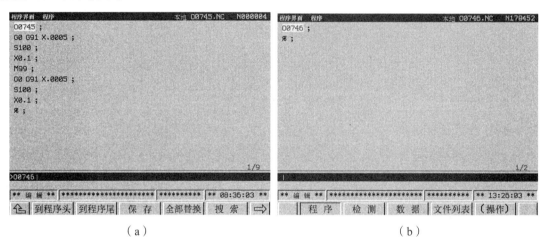

（a）　　　　　　　　　　　　　（b）

图 4.81　新建程序显示界面

（2）在"检测"页面新建程序及其操作步骤。

先按 ![编辑键] 键进入编辑操作方式，按 ![程序PRG键] 键，进入"检测"界面，然后在输入栏输入程序名：O0746，按 ![插入INS键] 键，即完成新建程序，当前界面更新为新建程序界面。

（3）在"文件列表"页面新建程序及其操作步骤。

按 ![编辑键] 键进入编辑操作方式，按 ![程序PRG键] 键，再进入"文件列表"界面，在输入栏输入程序名：O0746，按面板 ![插入INS键] 键或按软键"新建程序"，程序新建完成，如图 4.82 所示。按软键"加载程序"或按面板 ![输入INPUT键] 键，新建的程序被加载。

2）程序的另存方式

程序的另存方式及操作步骤：在"文件列表"界面按软件"操作"进入下一级菜单。选择需复制的程序文件，并在输入栏处输入新程序文件名。例如：文件名 O0748，按下软键"另存程序"，即可实现将当前选中的程序文件复制为 O0748.nc 程序文件，如图 4.83 所示。

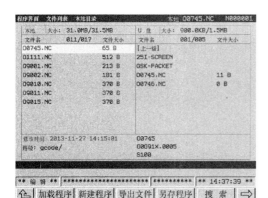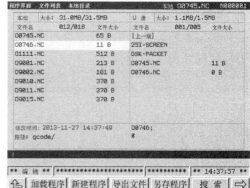

图 4.82　在文件列表页面新建程序显示界面

注：

1. 在编辑方式下仅限直接加载 8 M 以内的 NC 程序，大于 8 M 的 NC 程序请在 DNC 模式下加载程序运行。

2. 新建程序名建议在 5 位字符以内。若超过 5 位系统则提示"无效输入，输入大小或长度越界"。

3. 在加载新的文件时，当前编辑界面下已编辑的文件是否自动保存由参数#100.3 决定。

4. 在新建程序名时，只能写入以字母 O 开头的程序名。如以其他字母或者直接写入数字时，系统提示无效输入。

5. 在编辑程序时，输入栏内输入程序内容连续输入超过 60 个字符或者超过显示区域的，系统会提示"无效输入，输入大小或长度越界"。

6. 当 NC 文件名超过 17 个字符时，系统显示时截取前 17 个字母，并在字母后自动变为"～.NC"。例如，程序名"O123456789123456789.NC"在系统上显示为"O1234567891234567～.NC"。

图 4.83　另存程序显示界面

4.3.6　程序的编辑

系统可以通过操作面板对新建的程序进行编辑、选择或删除零件程序等操作。在编辑程序时，系统是否在程序段间自动插入顺序号由参数"#0001.5"来设置，顺序号的号码增量值由参数"#1621"来设置，用户可以根据需要来设置这两个参数。

1. 编辑程序

（1）程序编辑需在"编辑"方式下进行。按照新建程序操作步骤内容操作，进入新建程序界面，如图4.84（a）所示。

（2）在输入栏输入指令代码或各轴移动指令。按操作面板 EOB 键将指令分行，最后按 插入 INS 键，完成程序编辑，如图4.84（b）所示。

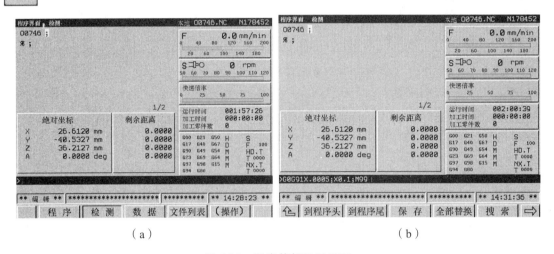

（a）　　　　　　　　　　　　（b）

图4.84　程序编辑显示界面

系统提供了"到程序头""到程序尾""保存""全部替换""搜索""选择"软键，方便客户编辑程序。

①"到程序头""到程序尾"的使用：在程序编辑画面中按软键"到程序头"或者"到程序尾"，程序界面立即切换到程序的开始部分或者结尾部分。

②"全部替换"的使用：在程序编辑画面中选择需被替换的指令，如"F3000"，然后在输入栏中输入替换的内容，如"F1000"，按软键"全部替换"。则程序中所有与选中的指令相同的指令都会被替换。例如，在程序中选择"F3000"，在输入栏输入"F1000"，按软键"全部替换"，则程序中的所有"F3000"都替换成"F1000"，而程序中其他F值，如"F800""F1500"等，则不会被替换。

③"搜索"具有搜索代码和搜索行号两种功能，具体使用方法如下：

搜索代码功能：在输入栏中写入代码或者各轴移动指令，连续按软键"搜索"，所要查找的内容在程序界面中循环搜索，在输入栏中写入代码或者各轴移动指令，按 ⇧ 光标键向上搜索，直到搜索到程序头，按 ⇩ 光标键向下搜索，直到搜索到程序尾，单方向搜索到程序末尾后会出现提示："搜索内容不存在"。例如，搜索代码"S1000"，在输入栏输入"S1000"，按 ⇩ 光标键，执行从光标所停留的程序段开始、向着程序尾方向的搜索。按 ⇧ 光标键，执行从光标所停留的程序段开始、向着程序头方向的搜索。

搜索行号功能："搜索行号"是用来搜索整个程序中某一行程序段的。例如，若要搜索程序的第55行，可在输入栏中写入"55"，按软键"搜索"，系统会自动搜索到第55行程序段。

④"选择"使用方法：在程序编辑画面中，把光标移至需修改的程序所在行，按软键"选择"，选中的程序为黄色。可通过按 ⬇ 、⬆ 光标键，选择多行程序。

⑤"保存"使用方法：当输入的程序小于 500 K 时，修改后程序会自动保存（必须开启参数"#100.3"位）；当输入的程序等于或大于 500 K 时，系统提示"请手动保存程序"，须按"保存"软键程序才会被保存。大于 500 K 的程序编辑后未经保存，重新加载可致程序内容还原。加载其他程序时，原程序是否保存由参数"ASF#100.3"确定。

2. 字符的插入、替换和删除

（1）选择  方式，按 程序PRG 键。

（2）进入文件列表界面，按 ⬆ 、⬇ 键移动光标、选择要编辑的程序，按软键"加载程序"或面板 输入INPUT 键。

（3）检索需要修改的字符。可通过执行"搜索"的方法来检索。

（4）插入可分为字符的插入或者行段的插入。

字符的插入：检索要插入的地址段，按面板 ⬅ ➡ 光标键选定好后，在输入栏中输入字符，再按面板 插入INS 键，字符将插入到指定的程序段中。

行段的插入：检索要插入的地址段，按面板 ➡ 、⬅ 光标键，将光标移动到上一段程序的分号处，在输入栏中编辑要插入的程序段，按面板 EOB → 插入INS 键，程序段将自动插入到程序中。

3. 字符替换

（1）在程序编辑界面中搜索要被替换的字符。

（2）在输入栏中输入将要替换的字符。

（3）按面板 替换ALT 键，将原有的字符替换。

4. 字符删除

（1）在 编辑 方式下，进入程序编辑界面。

（2）按 ⬆ 、⬇ 、➡ 、⬅ 光标移动键或 ▤ 、▤ 翻页键，将光标移至字符删除处。

（3）按面板 删除DEL 。

5. 复制多行程序

（1）在 方式下，加载程序"O0745"。

（2）按 、 翻页键或者按 、 光标键，将光标移动到复制的目标开始行。

（3）按软键 〔操作〕、⇒、选 择，再按 键或 翻页键，移动至最终复制程序行。

（4）按软键"复制"，移动光标，再按软键"粘贴"，复制好的内容就会粘贴在光标所在行的前一行，复制程序步骤完成。

注：① 复制程序时，选择的程序内容不能包含第一行（程序名）和最后一行（%），否则系统不能成功复制。

② 对于多行程序的复制，系统规定最多只能复制5000行。

③ 只有在选择状态下，软键"复制""剪切"按键才会显示出来，当按下"复制"或"剪切"键后才会显示软键"粘贴"。

6. 剪切程序

（1）按照复制多行程序的操作步骤1~3项，将要剪切的多行程序段选择好。

（2）按"剪切"软键，按"文件行表"软键进入文件列表界面，新建一程序并"加载程序"，按软键"粘贴"，剪切程序步骤完成。

7. 粘贴程序

（1）按照上述介绍的复制和剪切程序操作步骤，对已选择的程序段进行粘贴。

（2）粘贴将按照指定位置进行程序粘贴。

注：① 只有当选择了复制和剪切功能后，在新建程序中，"粘贴"软键才会出现，否则"粘贴"软键不会出现。

② 复制程序的第一行时，由于第一行（程序名）复制无效，所以粘贴无效。

③ 已经做了复制操作后，再点击"粘贴"按钮，复制好的内容粘贴在光标所在行的前一行。

8. 替换程序

（1）选择 方式，按 键，出现 。

（2）按软键"程序"或"检测"，再按"操作"，出现 。

（3）按 、 翻页键或者按 、 光标键，将光标移到目标代码处。或者输入目标代码后，按"搜索"软键也可直接查找到该代码。此时，如果继续按"搜索"，光标会继续搜索到下一个目标代码，此操作可一直执行到程序结尾处并能返回程序开头循环搜索下去，而不需要用户再次输入相同的目标代码。

注：系统会自动保留最后一次输入的搜索记录，方便用户实现连续搜索。

（4）搜索到目标代码后，输入用户要替换的内容，再按面板 **替换 ALT** 键，光标处的内容被替换成新的内容。

（5）如果要对程序中部分相同的字符或地址进行全部替换时，可执行以下操作：

按 **⇧**、**⇩** 光标键（或者按照前面介绍的搜索方法）查找到要被替换的内容，在输入栏中输入替换后的内容。按软键"全部替换"，系统将程序中所有与被替换内容相同的内容执行全部替换。

9. 删除一个程序

（1）在 **编辑 ⟳** 方式下，按下功能键 **程序 PRG**，按软键"文件列表"，按 **▤**、**▤** 翻页键或者按 **⇧**、**⇩** 光标键，选择要删除的程序。

（2）按面板 **删除 DEL** 键，出现提示 **** 编辑 ** ****************** ⬑ 确定 取消**，按下"确认"软键，则可删除。

10. 删除多个程序

（1）在 **编辑 ⟳** 方式下，按下功能键 **程序 PRG**，按软键"文件列表"，在输入栏中输入 O745-748 或 O0745-0748（在这里注意输入的格式，0745、0748 的数字 0 为前导零，可省略，就像 G01 可写成 G1；而 O745-748 表示字母 O 开头的程序 745～748，前一部分 O745 是含字母 O 的，后一部分 748 是不含字母 O 的）。

（2）按面板 **删除 DEL** 键，出现提示 **** 编辑 ** ****************** ⬑ 确定 取消**，按下"确认"软键，系统把 O0745-0748 这段范围的程序全部删除。

注：① 如要删除 8000 以内的全部程序，只需输入 O～8000 即可全部删除（但不能删除与前台加载同名的文件）。

② 当参数#1610.0、#1610.4 为 1 时，8000～9999 的程序将不能删除，即使已加载了该程序，但参数仍为 1 时，也不可删除。

11. U 盘传输程序

（1）在"编辑"方式下（注：只能在编辑方式下有效），按下功能键 **程序 PRG**。

（2）插入 U 盘，系统在非运行状态下自动加载 U 盘并提示"SD 卡已成功载入"。按面板"取消"键或进入下一步操作时提示信息消失。按软键"文件列表"。如图 4.85 所示，图的左边为本地文件列表显示界面，右边为 U 盘文件列表显示界面，可通过左右按键切换选区。

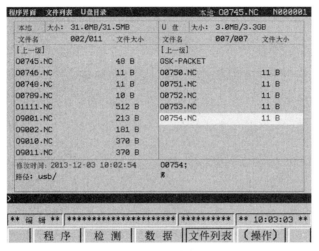

図 4.85 插入 U 盘显示界面

（3）按 ▤、▤ 翻页键或者按 ⬆、⬇ 光标键，选择要导入的程序。按"操作"软键，按"导入文件"软键，选中的程序将传入本地内存中。

12. 从内存中传输程序至 U 盘

（1）在"编辑"方式下（注：只能在编辑方式下有效），按下功能键 程序 PRG 。

（2）插入 U 盘，系统在非运行状态下自动加载 U 盘并提示"SD 卡已成功载入"。按面板"取消"键或进入下一步操作时提示信息消失。按软键"文件列表"。

（3）按 ▤ ▤ 翻页键或者按 ⬆ ⬇ 光标键，选择要导出的程序。

（4）按软键"导出文件"，程序传出至 U 盘，按面板 ⇨ 键→进入 U 盘文件列表。根据提示的文件保存路径，光标移至 GSK-PACKET 文件夹，按软键"打开目录"，可看到传出的程序。

注：系统仅识别大写格式的文件名，当外部内存中有小写字母格式的文件名时，系统加载后，自动将文件名显示为大写字母格式。例如，U 盘中有文件 ob.nc，加载后，文件列表中显示的文件名为 OB.NC。

4.3.7　MDI 输入显示

在"MDI"方式下，选择 程序 PRG 按键，按"MDI"软键进入 MDI 显示界面，在此界面中可输入、执行单个指令或单段、多段程序，程序格式与编辑程序的格式相同。MDI 方式适用于单一的指令或简短的程序段操作。

1. MDI 的操作要点

（1）按下编辑面板上"程序"按键。

（2）选择操作面板上的"MDI"方式，按软键"MDI"进入 MDI 界面。进入后，系统会自动加入程序号 O0000。

（3）输入要执行的指令程序并将光标移动到要开始运行的行段，点击"循环起动"即可运行所编辑的程序。在 MDI 方式下编制程序，可以进行插入、修改、删除、搜索行号等操作。

（4）要在中途停止或结束 MDI 操作，按下操作面板上的进给保持开关。进给保持指示灯亮，循环起动指示灯熄灭。

2. 机床回应

（1）当机床在运动时，进给操作减速并停止。

（2）当机床正在执行暂停时，停止暂停计时。

（3）当执行 M、S 或 T 指令时，操作在 M、S 和 T 执行完毕后运行停止。当操作面板上的循环起动按钮再次被按下时，系统继续执行后续动作。

3. 结束 MDI 操作

按下编辑键盘区上的 RESET 键，自动运行结束，并进入复位状态。当在机床运动中执行了复位命令后，运动会减速并停止。

注：（1）在 MDI 方式中编制的程序不能被存储。

（2）在 MDI 方式下运行过程中不允许修改参数。

（3）要完全删除在 MDI 方式中编制的程序可参照编辑界面的操作。

（4）MDI 方式下可输入并执行单个指令、一行或多行程序段，在输入多行程序段后必须将光标移动到开始执行的程序段才可循环起动，否则只运行光标所在行及后续的程序段，前面的被忽略。

4.3.8 检测界面

在"编辑"模式下，按下"检测"软键，就可以进入检测界面。再按下"操作"软件，进入下一级菜单。在检测界面可以实时看到整个代码的运行过程及绝对位置坐标和余留动量、主轴转速、进给速度、刀具刀号、模态等信息。在这个界面同样可以通过操作面板上相应的按钮修改各个倍率，如图 4.86 所示。

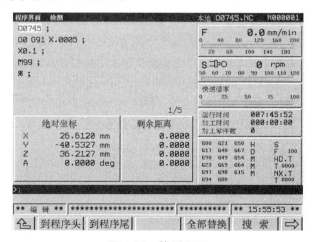

图 4.86 检测界面

4.3.9　设定界面

按偏置OFT 设定SET键进入偏置及设定界面，在此界面中有“偏置”“设定”“工件系”“宏变量”“螺补”“登录”“支付密码”7 个子界面，通过相应软键进行查看或修改，也可按偏置OFT 设定SET来切换各个界面。

1. 设定和显示刀具偏置值

（1）按下功能键偏置OFT 设定SET，按下软键“偏置”显示刀具补偿画面。

（2）通过翻页键和光标键将光标移到要设定和改变补偿值的地方，或者输入补偿号码，并按下软键“搜索”来找到补偿号。

（3）设定补偿值。输入一个值并按下面板按键输入 INPUT即补偿值被设定。“+输入”可以实现增减刀补值功能，如图 4.87 所示。

如当前 X 为 102.1，要改变为 100。可通过两种方法来实现：

① 直接写入“100”，再按面板按键输入 INPUT。

② 写入“−2.1”，再按软键“+输入”。“坐标切换”可以实现机床坐标、相对坐标、绝对坐标的切换，方便用户及时查看坐标。软键“测量”将根据当前机械坐标、工件坐标系以及输入的数值计算出刀具偏置值。

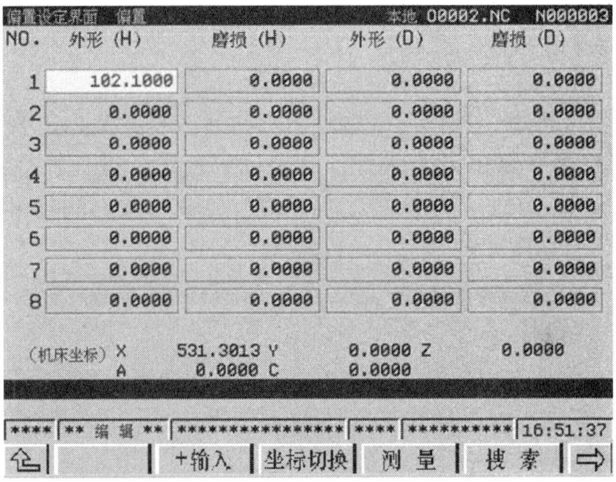

偏置设定界面　偏置　本地 O0002.NC　N000003
NO.　外形 (H)　磨损 (H)　外形 (D)　磨损 (D)
1　102.1000　0.0000　0.0000　0.0000
2　0.0000　0.0000　0.0000　0.0000
3　0.0000　0.0000　0.0000　0.0000
4　0.0000　0.0000　0.0000　0.0000
5　0.0000　0.0000　0.0000　0.0000
6　0.0000　0.0000　0.0000　0.0000
7　0.0000　0.0000　0.0000　0.0000
8　0.0000　0.0000　0.0000　0.0000
(机床坐标) X　531.3013 Y　0.0000 Z　0.0000
A　0.0000 C　0.0000
**** ** 编 辑 ** **************** **** ********** 16:51:37
+输入　坐标切换　测 量　搜 索

图 4.87　设定和显示刀具偏置界面

2. 设定工作系

（1）按下功能键偏置OFT 设定SET，按下软键“工作系”显示工作系设置界面，如图 4.88 所示。

（2）进入<录入>/<编辑>操作方式；按上下键移动光标，使它移到要变更的项目上；按下“操作”软键。

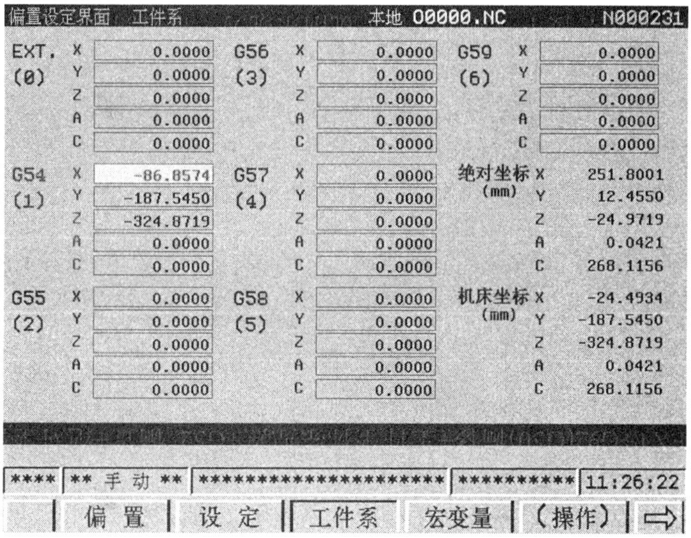

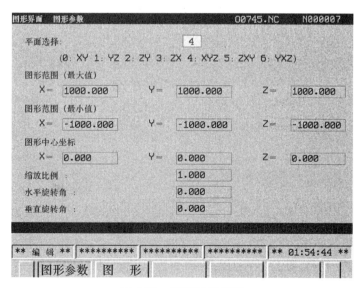

図 4.88　工作系设定界面

4.3.10　图形显示

在屏幕上可以画出程序的刀具轨迹，通过观察屏幕上的轨迹，可以检查加工过程，显示的图形可以放大/缩小。画图之前，必须设定图形参数，如图 4.89 所示。

按 图形 GRA 键进入图形界面，有"图形参数"和"图形"两种显示方式，通过相应软键切换显示。

図 4.89　图形显示界面

1. 图参设定

按"图形参数"软键进入图参界面。

（1）平面选择：设定绘图平面，有 7 种坐标平面选择，如图 4.88 中第二行所示。

（2）图形范围（最大值、最小值）：设定图形有效描绘的加工轨迹空间。

（3）图形中心坐标：设定工件坐标系下 LCD 中心对应的工件坐标值。

（4）缩放比例：设定绘图的比例。

（5）旋转（水平、垂直）：设定图形显示。

2. 执行绘图

在自动运行期间，更新坐标值时，进行图形的绘制。因此必须通过自动运行才能绘图。为了不移动机床而执行绘图，应使机床处于锁住状态。

3. 删除已画的图

按下"清除"软键可随时删除之前画下的图。

4. 图形显示

（1）按"图形"软键进入图形界面。在图形页面中，监测所运行程序的加工轨迹。

① 按"启动"软键绘图启动，"启动"软键显示选中状态，可看到刀头移动作图。

② 按"停止"软键，此时"停止"软键显示选中状态，停止作图。

③ 每按一次"平面切换"软键，图形就在 0～6 对应的坐标系中切换显示。

④ 按"清除"软键清除已绘出的图形。

（2）在图形页面中，模拟程序的运动轨迹。

按下 [手动] 键，在手动模式下按"模拟"软键，当前已加载程序被模拟显示出路径当模拟到程序结尾后，模拟自动停止，如图 4.90 所示。

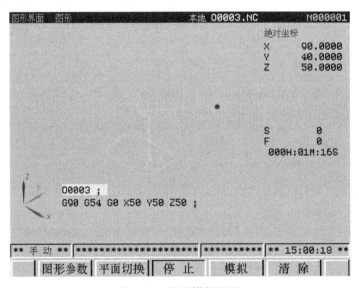

图 4.90　图形模拟界面

4.3.11　报警显示

系统出错报警时，在 LCD 的最下面一行闪烁显示"报警"信息。此时，按下 键显示报警页面，在此界面中有"当前报警""报警履历""操作履历""加工履历""清空"各个操作软键，通过相应软键进行切换查看其功能。

报警界面：在"当前报警"界面中查看当前报警信息。

报警履历：在"报警"界面中按"报警履历"软键进入报警履历界面。在这个界面内，按时间从近到远的顺序进行排列，以便用户进行查看。

4.3.12 帮助界面显示

按 帮助 HELP 键进入帮助显示界面，界面分 7 种显示方式："报警""向导""G 代码""参数""宏指令 B""PLC 地址""计算器"，可通过相应软键查看。

1. 向导界面

在帮助界面按"向导"软键进入操作界面。在"向导"界面中，大致介绍了在各个界面下的手动操作步骤和方法，对操作不熟悉或不清楚的可以在这个界面里进行查找对照。可以通过方向键 ⇧ 、 ⇩ 、 ⇨ 、 ⇦ 来选择相应的项看其相关操作。

2. G 码表界面

在帮助界面按"G 代码"软键进入 G 代码界面。

在 G 代码界面中介绍了系统使用的各个 G 代码的定义，用光标 ⇧ 、 ⇩ 、 ⇨ 、 ⇦ 选择需查看的 G 代码，在界面的下方有 G 代码的定义。如想知道 G 代码的格式和用法，选择好 G 代码后就可以直接看到每个 G 代码的相关信息。在此界面中详细地介绍了指令的格式、功能、说明，对指令不熟悉或不清楚的可以在此界面里进行查找对照。

3. 参数界面

在帮助界面按软键"参数"→"操作"进入参数表界面。

4. 宏指令界面

在帮助界面按"宏指令 B"软键进入宏指令界面。在此界面中介绍了宏指令的格式和各种运算指令，给出了局部变量、通用变量、系统变量的设置范围。对宏指令运算不熟悉或不清楚的可以在此界面里进行查找对照。

5. PLC 地址界面

在帮助界面按"PLC 地址"软键进入 PLC 地址界面。在此界面中详细介绍了 PLC 地址、符号、意义。对 PLC 地址不熟悉或不清楚的可以在此界面里进行查找对照。

6. 计算器界面

在帮助界面第二页按软键"计算器"→"操作"进入计算器地址界面。在此界面中系统给出了加、减、乘、除、正弦、余弦、开方的运算格式。按以下两种方式进行操作：

（1）加、减、乘、除操作方法：输入数据→点按运算格式软键→输入数据→点按"等于"软键→得出结果。

（2）正弦、余弦、开方操作方法：输入数据→点按运算格式软键→得出结果。

4.3.13　手动操作

按 ⌇ 键进入手动操作方式，主要包括有手动进给、主轴控制及机床面板控制等内容。

1．坐标轴移动

在手动操作方式下，可以使各轴以手动进给速度或手动快速移动速度运行。

（1）手动进给：按 +X 或 −X ，可使 X 轴做正向或负向移动，松开按键时轴移动停止，且可调整进给倍率改变进给的速度；其他轴移动方法相同。本系统支持手动五轴同时移动，并且可以五轴同时回参考点。

注：关于各轴手动进给速度由"#1232"参数设定；手动快速移动速度由"#1233"参数设定。

（2）手动快速移动：按下 ∿ 键，∿ 键上的指示灯亮表示进入手动快速移动状态，再按手动进给轴键，各轴以快速运行速度移动。手动快速移动在手动单步时是无效的（这里说的"手动单步"，是指按 ⮕ 键进入单步方式）。

（3）手动进给、手动快速移动速度选择：∿ 键指示灯未点亮时，即处于手动进给状态，可通过进给倍率旋钮来调节轴的移动速度。按 ∿ 键指示灯点亮时，即处于手动快速移动状态，可通过 F0/0.001、25%/0.01、50%/0.1、100%/1 4个快速倍率按键来调节轴的快速移动速度。快速倍率有 F0，25%，50%，100%四挡（手动快速移动速度由"#1233"参数设定，F0 速度由数据参数"#1231"设定）。在没有按下快速运行键时，通过进给倍率旋钮来选择移动的速度。

注：快速倍率选择可对下面的移动速度有效。

① G00 快速进给。

② 固定循环中的快速进给。

③ G28 时的快速进给。

④ 手动快速进给。

2．主轴控制

（1）主轴顺时针转（M03）：在录入方式下给定 S 转速，手动/手脉/单步方式下，按下 ⭮ 键，主轴顺时针方向转动。

（2）主轴逆时针转（M04）：在录入方式下给定 S 转速，手动/手脉/单步方式下，按下 键，主轴逆时针方向转动。

（3）主轴停止（M05）：手动/手脉/单步方式下，按下此键，按下 主轴停止转动。

（4）主轴准停：手动/手脉方式下，按下 键，主轴旋转到固定的角度后准确停止。

按 键或执行主轴停止、主轴旋转都可以解除主轴准停。

3. 其他手动操作

（1）冷却液控制：按 冷却液在开与关之间进行切换。指示灯亮为开，灯灭为关。

注：① 冷却初始状态为：冷却无输出。

② 面板冷却键在编辑、自动、MDI、回参考点、手脉、单步、手动、回程序零点、程序运行方式下及单段功能、跳段功能、机床锁功能、辅助锁功能、空运行功能、选择停功能有效方式下都能正确执行。

③ M08/M09 代码和面板冷却键共同作用时，冷却信号的输出情况以最后一次的操作情况为准。

（2）润滑控制：按下 立即接通，延时自动断开。指示灯亮为接通，灯灭为断开。

（3）排屑控制：按 键，排屑在开与关之间进行切换。指示灯亮为开，灯灭为关。

4.3.14　手脉进给

按 键进入手脉方式，在手脉进给方式中，用手脉控制机床移动，对机床的进给进行精确调整。

（1）手脉移动步骤：把"方式选择"开关设定在"手脉"位置，选择移动轴，旋转手摇脉冲发生器的手摇盘。一般顺时针旋转为正方向，逆时针旋转为负方向。

（2）移动量：有的手脉带有移动量选择旋钮。其中，"×1"表示移动量乘 1，"×10"表示移动量乘 10，而"×100"表示移动量乘 100。

4.3.15　自动运行的启动

选择好要启动的程序后，按下 键，开始自动运行程序，可切换到"位置""检测""图形"等界面下观察程序运行情况。程序的运行是从光标的所在行开始的，所以在按下自动运行键前最好先检查一下光标是否在需要运行的程序行上。若要从起始行开始运行而此时光标不在此行，按复位 键，光标返回到起始行，再按 键实现从起始行开始运行程序。

4.3.16　自动运行的停止

在程序自动运行中，要使自动运行的程序停止，系统提供了 6 种方法。

1. 程序停（M00）

含有 M00 的程序段执行后，程序暂停运行，模态信息全部被保存起来。按 键后，程序继续执行。

2. 程序选择停（M01）

程序运行过程前，若按 键，当程序执行到含有 M01 的程序段后，程序暂停运行，模态信息全部被保存起来。按 键后，程序继续执行。若没有按下 键，则视为没有执行 M01。

3. 按 键

自动运行中按 键后，机床呈下列状态：

（1）机床进给减速停止。

（2）在执行暂停（G04 指令）时，继续暂停。

（3）其余模态信息被保存。

（4）按 键后，程序继续执行。

4. 按 键

在 MDI 或编辑模式下，按下复位键，光标跳到程序头停下，当界面上显示"复位"字样时，复位才有效。按 键后，程序从头开始执行。系统参数"1031.0=0"时，在自动模式下连续运行时按下复位键，光标停留在当前行，按 键后，程序当前行开始运行。DNC 模式下按下复位键，程序被清除。

5. 按 按钮

按急停按钮，程序停止。

6. 模式切换方式

在自动方式、DNC方式、录入方式的MDI界面下运行程序时，切换至其他方式下也可使机床停止下来。

（1）切换到手动、手脉、回参考点模式，机床减速停止。

（2）在单段方式下运行时，机床运行完当前行程序段后停止下来。

（3）自动方式、DNC方式、录入方式在运行状态中相互切换或者切换到编辑模式时，机床运行 完当前行程序段后停止下来。

4.3.17　自动运行中的主轴速度控制

自动运行中，当选择模拟量控制主轴速度时，可修调主轴速度。自动运行时，可按主轴旋钮来调主轴倍率而改变主轴速度，主轴倍率可实现50%～120%共8级实时调节。

主轴的实际速度=程序指令速度×主轴倍率。最高主轴速度由数据参数"#5116"设定。超过此数值以此速度旋转。

4.3.18　自动运行中的速度控制

在自动运行时，可以通过修调进给倍率来改变运行时的移动速度。通过旋转旋钮来改变进给倍率，进给倍率可实现 0%～200%共 21 级实时调节。实际进给速度=F 设定的值×进给倍率。

4.3.19　空运行

在自动运行程序前，可以用"空运行"来对程序进行检验。

按 ◎自动 键进入自动操作方式，按 空运行 键（状态指示区中空运行指示灯亮表示已进入空运行状态）。在快速进给中程序速度为空运行速度，在切削进给中程序速度为空运行速度。

4.3.20　单段运行

在自动运行之前，如想检测程序运行情况，可选择程序单段运行。

按 ◎自动 键进入自动操作方式，按 单段 键（状态指示区中单段运行指示灯亮，表示已进入单段运行状态）。单段运行时，每执行完一个程序段后系统停止运行。此时，欲继续执行需再按 循环启动 键，如此反复直至程序运行完毕。

4.3.21　全轴功能锁住运行

在自动操作方式下，按 机床锁 键（状态指示区中机床锁住运行指示灯亮表示已进入机床锁住运行状态）。此时，机床不移动，但位置坐标的显示和机床运动时一样，从"监视"界面可以看到当前运行的情况，并且 M、S、T 都能执行。此功能用于程序校验。

在机床锁住状态时机床虽然不移动，机床坐标显示值也不更新，但 CNC 内部依然会根据移动指令计算出的机床坐标值执行存储行程极限检测。

4.3.22　辅助功能锁住运行

在自动操作方式下，按 [MST 辅助锁] 键（状态指示区中辅助功能锁住运行指示灯亮表示已进入辅助功能锁住运行状态）。此时，M、S、T 代码指令不执行，与机床锁住功能一起用于程序校验。

4.3.23　MDI 运行

在 MDI 下输入指令后按"循环起动"键即可进行 MDI 运行，运行中按"进给保持"键可停止运行。若未在程序结尾指令 M30 或 M02 代码，程序结束后光标不会返回到程序开头。MDI 的运行一定要在录入操作方式下才能进行。

4.3.24　机床回参考点

手动回机床参考点：按 [回参考点] 键进入机械回参考点操作方式，选择欲回机床参考点的 X 轴、Y 轴、Z 轴、第 4 轴或者第 5 轴，机床沿着机床零点方向移动，在减速点以前，机床快速移动，碰到减速开关后以 FL 的速度移动至减速开关脱离，再以第二 FL 速度移动至机床参考点。回到机床参考点时，坐标轴停止移动，参考点灯亮。

4.3.25　工件对刀

机床坐标值=EXT+G92(G50)偏移+工件坐标系原点+G52 偏置+绝对坐标值+刀补，如图 4.91 所示。

```
┌─────────────────────────────────────────────────────────────┐
│ EXT  →  G92   →  G54~G59  →  G52  →  绝对坐标值  ←  刀具偏置 │
│ M       (G50)                      W  (设定点)             T  │
│                    机床坐标值                                 │
└─────────────────────────────────────────────────────────────┘
```

图 4.91　坐标系链

1. 工件坐标系原点设定

若欲将工件系原点设定在 W 点，则将刀尖移动至可测数值设定点，在工件系页面挑选一工件系，输入设定点数值，按下"测量"键（铣削系统为"带刀测量"键），系统将根据坐标系链计算出工件坐标系原点之机床坐标值。

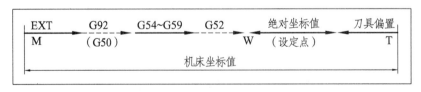

[偏置 OFT 设定 SET] → 工件系 → 〔操作〕→移动黄色光标至选定工件系坐标轴→输入栏键入设定点数值→ 测　量 （铣削系统为"带刀测量"键）。

2. 工件坐标系偏移

若将工件系原点从 *W* 点偏置到 *W'* 点，移动刀尖至可测数值设定点，将设定点在 *W'* 坐标系下的坐标值用 G92(G50)X_Z_指令在系统中执行，系统将根据坐标系链计算出 G92(G50)偏移量，工件原点从 *W* 点被偏移到 *W'* 点，如图 4.92 所示。这个偏移量将一直保持到系统断电为止，系统重新上电时 G92(G50)偏移量将被置 0。

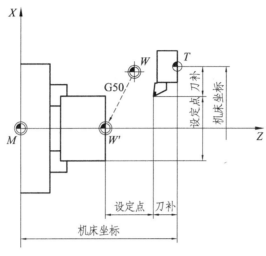

图 4.92　坐标系偏移值

3. 刀具偏置测量

将刀尖移动至可测数值设定点，在偏置页面对应刀补号，输入设定点数值，按下"测量"键，系统将根据坐标系链计算出刀具偏置补偿值。

偏置OFT 设定SET → 工件系 → 〔操作〕→移动黄色光标至选定工件系坐标轴→输入栏键入设定点数值→ 测　量 。

4.4　数控铣床编程实例

4.4.1　数控铣床编程实例（一）

例 4.21　加工如图 4.93 所示的零件，设零件材料为铝合金，刀具为 $\phi 10$ 的高速立铣刀，刀具起点(0, 0, 50)。

以工件上面表中心点为原点，上表面为 Z0 面，Z10 为安全平面。加工路线：行切法加工上表面→行切法分两层铣 80×100 内腔→沿型腔 80×100 内壁铣一圈→分两层铣 $\phi 50$ 内腔（分别沿 $\phi 40$、$\phi 24$、$\phi 8$ 的圆进行顺铣）→分 5 层铣削外轮廓。

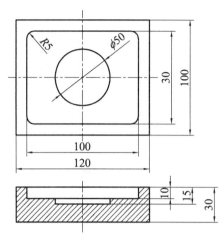

图 4.93 数控铣床加工实例（一）

参考程序见表4.19。

表 4.19 图 4.93 加工参考程序

主程序	说明	子程序
		O00003(斜进刀+挖槽)
O00072		G91 G1 X-90 Z-5 F500
M3 S800	启动主轴	X90
G54 G90 G0 X70 Y-50 Z50	快速定位（70，50，10）	M98 P00004 L5
Z10	快速下刀至 Z10	G90 G1 X45 Y-35
G1 Z0 F300	切削下刀至 Z0	M99;
M98 P00002 L7	铣上表面	O00004（铣内腔来回刀路）
G90 Z10	抬刀	G91 G1 Y7
X45 Y-35	快速定位（45，-35，10）	X-90
G1 Z0 F300	切削下刀至 Z0	Y7
M98 P00003 L2	铣中间长方形槽	X90
G90 G1 X45 Y-35	切削至（45，-35，-10）	M99;
X-45	切削至（-45，-35，-10）	O00005（铣中间50的圆）
Y35	切削至（-45，35，-10）	G91 G2 I-20 Z-2.5 F500
X45	切削至（45，35，-10）	G90 G2 I-20
Y-35	切削至（45，-35，-10）	G1 X12
G90 G0 Z10	抬刀	G2 I-12
X20 Y0	快速定位（20，0，10）	G1 X4
G1 Z-10	切削下刀至 Z-10	G2 I-4
M98 P00005 L2	铣中心 ϕ 50 的孔	G1 X20
G0 G90 Z10	抬刀	M99;
X70 Y0	快速定位（70，0，10）	O00006（铣外轮廓）

G1 Z0 F500	切削下刀至 Z0	G91 G0 Z-6
M98 P00006 L5	加工外轮廓	G90 G42 D1 G1 X60 F500
G90 G0 Z50	抬刀	Y50
M30	程序结束	X-60
子程序		Y-50
O00002（铣上表面来回刀路）		X60
G91 G1 X-140 F800		Y0
Y9		G40 G0 X70
X140		M99；
Y9		
M99；		

4.4.2　数控铣床编程实例（二）

例 4.22　加工如图 4.94 所示的零件，设零件材料为铝合金，1 号刀为 ϕ10 的高速立铣刀，2 号刀 ϕ6 高速麻花钻，刀具起点(0, 0, 50)。

以工件上面表中心点为原点，上表面为 Z0 面，Z10 为安全平面。加工路线：行切法加工上表面→行切法分两层铣 80×50 内腔→沿型腔 80×50 内壁铣一圈→分 16 层铣 ϕ35 中心圆（每层下刀 0.5 mm）→分 2 层铣削外轮廓，每层下刀 8 mm→换刀钻 6 个孔。

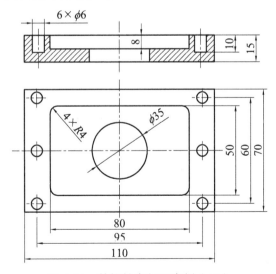

图 4.94　数控铣床加工实例（二）

参考程序见表 4.20。

表 4.20　图 4.94 加工参考程序

主程序	说明	子程序
O00073		O00002（铣上表面来回刀路）
M6T1	1 号刀	G91 G1 X-130 F800
M3 S800	启动主轴	Y9
G54 G90 G80 G40 G0	初始化	X130
X65 Y-35 Z50		Y9
Z10		M99；
G1 Z0 F300		
M98 P00002 L5	铣上表面	O00003(斜进刀+挖槽)
G90 G0 Z10	抬刀	G91 G1 X-70 Z-4 F500
G0 X35 Y-20	定位（35，-20，10）	X70
G1 Z0 F300	切削下刀至 Z0	M98 P00004 L4
M98 P00003 L2	行切铣槽	G90 G1 X35 Y-20
G90 G1 X35 Y-20	定位（35，-20，-8）	M99；
X-35	切削至 X-35	
Y20	切削至 Y20	O00004（铣型腔来回刀路）
X35	切削至 X35	G91 G1 Y5
Y-20	切削至 Y-20	X-70
G90 G0 Z10	抬刀	Y5
X12.5 Y0	定位（12.5，0，10）	X70
G1 Z-8	切削至 Z-8	M99；
M98 P00005 L16	分 16 层加工中心圆	
G90 G0 Z10	抬刀	O00005（铣中心圆）
X65 Y0	定位（65，0，10）	G91 G2 I-12.5 Z-0.5 F500
G1 Z0	切削下刀至 Z0	M99；
M98 P00006 L2	分 2 层铣外轮廓	
G0 Z50	抬刀	O00006（铣外轮廓）
T2M6	换 2 号刀加工 6 个孔	G91 G0 Z-8
G99 G81 R5 X47.5 Y30 Z-10 F100		G90 G42 D1 G1 X55
Y0		F500
Y-30		Y35
X-47.5		X-55
Y0		Y-35
Y30		X55
G0 Z50	抬刀	Y0
M30；	程序结束	G40 G0 X65
		M99；

4.4.3 数控铣床编程实例（三）

例 4.23 加工如图 4.95 所示的零件，设零件材料为铝合金，1 号刀为 $\phi 10$ 的高速立铣刀，2 号刀 $\phi 10$ 高速麻花钻，刀具起点(0, 0, 50)。

以工件上面表中心点为原点，上表面为 Z0 面，Z10 为安全平面。加工路线：行切法加工上表面→行切法分 10 层铣 30×55 内腔（每层下刀 0.5 mm）→沿型腔 30×55 内壁铣一圈→分 4 层铣削外轮廓，每层下刀 5 mm→分两层铣削左凹槽（每层下刀 5 mm）→分两层铣削右凹槽（每层下刀 5 mm）→换刀钻 6 个孔。

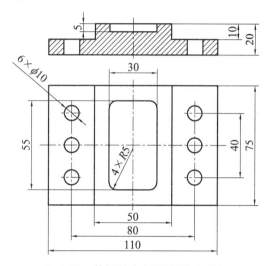

图 4.95 数控铣床加工实例（三）

参考程序见表 4.21。

表 4.21 图 4.95 加工参考程序

主程序	说明	子程序
O00074		O00002（铣上表面来回刀路）
T1M6	1 号刀	G91 G1 X−130 F800
M3 S800	启动主轴	Y8
G54 G90 G0 G40 G80	初始化	X130
X65 Y−37.5 Z50	定位（65，−37.5，10）	Y8
Z10	快速下刀至 Z10	M99
G1 Z0 F300	切削下刀至 Z0	O00003（斜插式进刀+挖槽）
M98 P00002 L5	铣削上表面	G91 G1 Y45 Z−0.5 F500
G90 G0 Z10	抬刀	Y−45
X10 Y−22.5	定位（10，−22.5，10）	M98 P00004 L2
G1 Z0 F300	切削下刀至 Z0	G90 G1 X10 Y−22.5
M98 P00003 L10	行切铣槽	M99
G90 G1 X10 Y−22.5	切削至（10，−22.5，10）	O00004

续表

X−10	切削至 X−10	G91 G1 X−5
Y22.5	切削至 Y22.5	Y45
X10	切削至 X10	X−5
Y−22.5	切削至 Y−22.5	Y−45
G90 G0 Z10	抬刀	M99
G0 X65 Y0	定位（65, 0, 10）	O00005 （铣外轮廓）
G1 Z0 F300	切削下刀至 Z0	G91 G1 Z−5 F600
M98 P00005 L4	加工外轮廓	G90 G42 D1 G1 X55
G90 G0 Z10	抬刀	Y37.5
X−40 Y−50	定位（−40, −50, 10）	X−55
G1 Z0 F300	切削下刀至 Z0	Y−37.5
M98 P00006 L2	铣削左凹槽	X55
G0 G90 Z10	抬刀	Y0
X40 Y−50	定位（40, −50, 10）	G40 G0 X65
G1 Z0 F300	切削下刀至 Z0	M99;
M98 P00006 L2	铣削右凹槽	O00006 （凹槽加工）
G90 G0 Z10	抬刀	G91 G1 Z−5
T2M6	换 2 号刀加工 6 个孔	Y100
G99 G81 R10 X40 Y20 Z−21 F100		Y−100
Y0		X−5
Y−20		Y100
X−40		X−5
Y0		Y−100
Y20		X15
G0 Z50	抬刀	Y100
M30;	程序结束	X5
		Y−100
		X−10
		M99

4.4.4 数控铣床编程实例（四）

例 4.24 加工如图 4.96 所示的零件，设零件材料为铝合金，1 号刀为 ϕ10 的高速立铣刀，2 号刀 ϕ10 高速麻花钻，刀具起点(0, 0, 50)。

以工件上面表中心点为原点，上表面为 Z0 面，Z10 为安全平面。加工路线：行切法加工上表面→分 10 层铣中间键槽（每层下刀 0.5 mm）→分 4 层铣削外轮廓，每层下刀 5 mm→分两层铣削左凹槽（每层下刀 5 mm）→分两层铣削右凹槽（每层下刀 5 mm）→分 16 层铣削右

侧 ϕ20 圆（每层下刀 0.5 mm）→换刀钻 3 个孔。

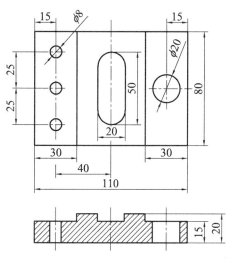

图 4.96　数控铣床加工实例（四）

参考程序见表 4.22。

表 4.22　图 4.96 加工参考程序

主程序	说明	子程序
O00075	1 号刀	O00002（铣削上表面）
M6T1	启动主轴	G91 G1 X-130 F800
G54 G90 G80 G40 G49	初始化	Y8
G0 X65 Y-40 Z50	定位（65，-40，10）	X130
G43 H1 G0 Z10	快速下刀至 Z10	Y8
G1 Z0 F800	切削下刀至 Z0	M99
M98 P00002 L5	铣削上表面	O00003（斜下刀，铣键槽）
G90 G0 Z10	抬刀	G91 G1 X-10 Z-0.5 F500
X5 Y0	定位（5，0，10）	X10
G1 Z0 F300	切削下刀至 Z0	G90 G1 Y-15
M98 P00003 L10	分 10 层铣键槽	G2 X-5 R5
G90 G0 Z10	抬刀	G1 Y15
X65 Y0	定位（65，0，10）	G2 X5 R5
Z0	切削下刀至 Z0	G1 Y0
M98 P00005 L4	加工外轮廓	M99
G90 Z10	抬刀	O00004（铣凹槽）
X-40 Y-50	定位（-40，-50，10）	G91 G1 Z-2.5

G1 Z0 F800	切削下刀至 Z0	Y100
M98 P00004 L2	铣削左凹槽	Y-100
G90 G0 Z10	抬刀	X-5
X40 Y-50	定位（40，-50，10）	Y100
G1 Z0 F800	切削下刀至 Z0	X-5
M98 P00004 L2	铣削右凹槽	Y-100
G90 G0 Z10	抬刀	X15
X45 Y0	定位（45，0，10）	Y100
G1 Z-5	切削下刀至 Z-5	X5
M98 P00006 L16	铣削右侧 ϕ20 圆	Y-100
G0 G90 Z50	抬刀	X-10
T2M6	换 2 号刀加工 3 个孔	M99
G43 H2 G0 Z10	切削下刀至 Z0	O00005（铣外轮廓）
G99 G81 R-3 X-40 Y25 Z-21 F100		G91 G1 Z-5 F500
Y0		G90 G42 D1 G1 X55
Y-25		Y40
G49 G0 Z50		X-55
M30;		Y-40
		X55
		Y0
		G40 G0 X65
		M99
		O00006（铣圆）
		G91 G2 I-5 Z-1 F500
		M99

4.4.5 数控铣床编程实例（五）

例 4.25 加工如图 4.97 所示的零件，设零件材料为铝合金，1 号刀为 ϕ10 的高速立铣刀，2 号刀 ϕ8 高速麻花钻，刀具起点(0，0，50)。

以工件上面表中心点为原点，上表面为 Z0 面，Z10 为安全平面。加工路线：行切法加工上表面→分 3 层铣削外轮廓（每层下刀 7 mm）→分 10 层铣削中心 ϕ40 圆（每层下刀 2 mm）→换刀钻 4 个孔。

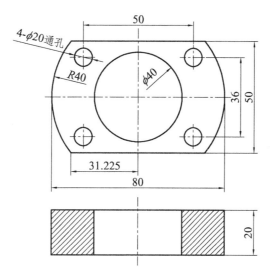

图 4.97　数控铣床加工实例（五）

参考程序见表 4.23。

表 4.23　图 4.97 加工参考程序

主程序	说明	子程序
O00076		O00002（铣削上表面）
M6T1	1 号刀	G91 G1 X-112 F800
M3 S800	启动主轴	Y12
G54 G90 G0 G80 G40	初始化	X112
G49 X56 Y-25 Z50	定位（56，-25，50）	Y12
G43 H1 G0 Z10	快速下刀至 Z10	M99
G1 Z0 F600	切削下刀至 Z0	
M98 P00002 L3	铣削上表面	O00003（加工外轮廓）
G90 G0 Z10	抬刀	G91 G1 Z-7 F800
X0 Y-41	定位（0，-41，10）	G90 G42 D1 Y-25
G1 Z0 F600	切削下刀至 Z0	G1 X31.225
M98 P00003 L3	加工外轮廓	G3 Y25 R40
G90 G0 Z10	抬刀	G1 X-31.225
X12 Y0	定位（12，0，10）	G3 Y-25 R40
G1 Z0 F600	切削下刀至 Z0	G1 X0
M98 P00004 L10	铣削中心 φ40 圆	G40 G0 Y 41
G90 G0 Z50	抬刀	M99
M6T2	换 2 号刀 加工 4 个孔	
M3 S500	启动主轴	O00004（铣中心圆）
G43 H2 Z10	快速下刀至 Z10	G91 G2 I-12 Z-2 F800

G99 G81 R5 X25 Y18 Z-22 F100		M99
Y-18		
X-25		
Y18		
G90 G0 Z50	退刀	
M30;	程度结束	

4.4.6 数控铣床编程实例（六）

例 4.26 加工如图 4.98 所示的零件，设零件材料为铝合金，3 号刀为 $\phi16$ 的高速立铣刀，5 号刀 $\phi8$ 高速麻花钻，刀具起点(0, 0, 50)。

以工件上面表中心点为原点，上表面为 Z0 面，Z10 为安全平面。加工路线：行切法加工上表面→分 4 层铣削外轮廓（每层下刀 4 mm）→分 16 层铣中心 $\phi30$ 圆（每层下刀 1 mm）→换刀钻 4 个孔。

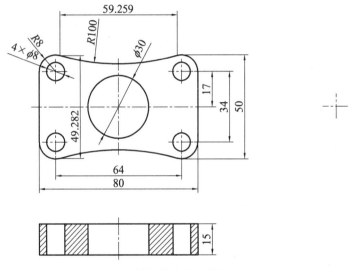

图 4.98 数控铣床加工实例（七）

参考程序见表 4.24。

表 4.24 图 4.98 加工参考程序

主程序	说明	子程序
O00077		O00002（铣削上表面）
T3M6	3 号刀	G91 G1 X-100 F800
M3 S800	启动主轴	Y12
G54 G90 G80 G40	初始化	X100
G0 X50 Y-25 Z50	定位（50, -25, 50）	Y12
G43 H1 Z10	快速下刀至 Z10	M99

G1 Z0 F500	切削下刀至 Z0	
M98 P00002 L3	铣削上表面	O00003（加工外轮廓）
G90 G0 Z10	抬刀	G91 G1 Z-4 F800
X56 Y0	定位（56, 0, 10）	G90 G42 D1 X40
G1 Z0 F600	切削下刀至 Z0	Y17
M98 P00003 L4	加工外轮廓	G3 X29.63 Y24.641 R8
G90 G0 Z10	抬刀	G2 X-29.63 R100
X7 Y0	定位（7, 0, 10）	G3 X-40 Y17 R8
G1 Z0 F600	切削下刀至 Z0	G1 Y-17
M98 P00004 L16	铣削中心 φ40 圆	G3 X-29.63 Y-24.641 R8
G90 G2 I-7 F800	铣 φ40 圆	G2 X29.63 R100
G90 G0 Z50	抬刀	G3 X40 Y-17 R8
G91 G28 Z0	Z 轴回零	G1 Y0
T5M6	换 5 号刀 加工 4 个孔	G40 G0 X56
M3 S800	启动主轴	M99
G90 G0 X32 Y17	定位（12, 0, 10）	
G43 H5 G0 Z20	快速下刀至 Z20	O00004（铣中心圆）
G99 G81 R10 Z-16 F100		G91 G2 I-7 Z-1 F800
Y-17		M99
X-32		
Y17		
G80	取消孔加工循环	
G0 Z50	退刀	
M30;	程度结束	

4.4.7 数控铣床编程实例（七）

例 4.27 加工如图 4.99 所示的零件，设零件材料为铝合金，3 号刀为 φ16 的高速立铣刀，4 号刀为 φ6 的高速立铣刀，5 号刀 φ12 高速麻花钻，刀具起点(0, 0, 50)。

以工件上面表中心点为原点，上表面为 Z0 面，Z10 为安全平面。加工路线：行切法加工上表面→分 3 层铣削外轮廓（每层下刀 7 mm）→分 16 层加工键槽（每层下刀 0.5 mm）→分 10 层铣中心 φ20 圆（每层下刀 1 mm）→换刀钻 3 个孔→铣销右边圆弧槽→铣销上边圆弧槽→铣销左边圆弧槽→铣销下边圆弧槽。

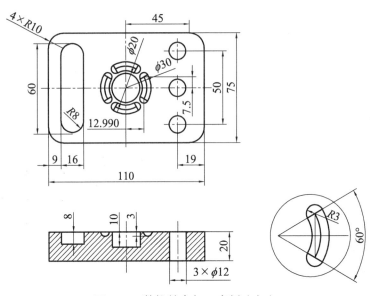

图 4.99 数控铣床加工实例（七）

参考程序见表4.25。

表 4.25 图 4.99 加工参考程序

主程序	说明	子程序
O00078		O00002（铣削上表面）
T3M6	3号刀	G91 G1 X−130 F800
M3 S800	启动主轴	Y12
G54 G90 G80 G49 G40	初始化	X130
G0 X65 Y−37.5 Z50	定位（65, −37.5, 50）	Y12
G43 H1 Z10	快速下刀至 Z10	M99
G1 Z0 F800	切削下刀至 Z0	
M98 P00002 L4	铣削上表面	O00003（加工外轮廓）
G90 G0 Z10	抬刀	G91 G1 Z−7 F800
X71 Y0	定位（71, 0, 10）	G90 G42 D1 X55
G1 Z0 F800	切削下刀至 Z0	Y27.5
M98 P00003 L3	加工外轮廓	G3 X45 Y37.5 R10
G90 G0 Z10	抬刀	G1 X−45
X−38 Y−22	定位（−38, −22, 10）	G3 X−55 Y27.5 R10
G1 Z0 F300	切削下刀至 Z0	G1 Y−27.5
M98 P00004 L16	铣键槽	G3 X−45 Y−37.5 R10
G90 G0 Z10	抬刀	G1 X45
X2 Y0	定位（2, 0, 10）	G3 X55 Y−27.5 R10
G1 Z0 F300	切削下刀至 Z0	G1 Y0
M98 P00005 L10	加工中心 ϕ20 圆	G40 G0 X71

续表

G90 G2 I-2	加工中心φ20圆	M99
G0 Z50	抬刀	O00004（铣键槽）
T5M6	换2刀 加工3个孔	G91 G1 Y44 Z-0.5 F600
M3 S800	启动主轴	Y-44
G43 H2 G0 Z10	快速下刀至Z10	M99
G99 G81 R3 X36 Y-25 Z-21 F100		O00005（铣中心圆）
Y0		G91 G2 I-2 Z-1 F300
Y25		M99
G0 Z50		O00006（铣右边槽）
T4M6	换4号刀	G91 G2 Y-15 Z-0.5 R15
G0 X12.99 Y7.5	定位（12.99, 7.5, 50）	G3 Y15 R15
G43 H3 G0 Z10	快速下刀至Z10	M99
G1 Z0 F300	切削下刀至Z0	O00007（铣上边槽）
M98 P00006 L6	切削右边圆弧槽	G91 G2 X-15 Z-0.5 R15
G90 G0 Z10	抬刀	G3 X15 R15
X7.5 Y-12.99	定位（7.5, -12.99, 50）	M99
G1 Z0 F300	切削下刀至Z0	O00008（铣左边槽）
M98 P00007 L6	切削上边圆弧槽	G91 G2 Y15 Z-0.5 R15
G90 G0 Z10	抬刀	G3 Y-15 R15
X-12.99 Y-7.5	定位（-12.99, -7.5, 50）	M99
G1 Z0 F300	切削下刀至Z0	O00009（铣下边槽）
M98 P00008 L6	切削左边圆弧槽	G91 G2 X15 Z-0.5 R15
G90 G0 Z10	抬刀	G3 X-15 R15
X-7.5 Y12.99	定位（-12.99, -7.5, 50）	M99
G1 Z0 F300	切削下刀至Z0	
M98 P00009 L6	切削下边圆弧槽	
G90 G0 Z50	退刀	
M30；	程序结束	

UG NX 12.0 CAM 基础知识

5.1 UG 数控加工环境设置

每次进入 UG 的制造模块进行编程工作时，UG CAM 软件将自动分配一个操作设置环境，称为 UG 的加工环境。数控铣、数控车、数控电火花线切割都可以利用 UG CAM 进行编程，而且仅仅 UG CAM 的数控铣就可以实现平面铣、型腔铣、固定轴轮廓铣等不同类型的加工形式。操作人员可以根据需要对 UG 的加工环境自行定制和选择，因为在实际工作中，每个编程人员所从事的工作往往比较单一，很少用到 UG CAM 的所有功能。通过定制加工环境，使得每个用户拥有不同的个性化的编程软件环境，从而提高工作效率。

（1）首先启动 UG NX 12.0，打开一个不包含 CAM 数据的部件文件，即没有进行过加工操作的.prt 文件。

（2）单击右侧的下拉按钮，如图 5.1 所示；在弹出的下拉菜单中选择"加工（R）"按钮，或使用快捷键 Ctrl+Alt+M 进入 UG 的制造模块。当一个部件文件首次进入制造模块时，系统会弹出"加工环境"导航栏，如图 5.2 所示。UG NX 12.0 系统自带的多个 CAM 环境将出现在"要创建的 CAM 组装"列表框中。在"要创建的 CAM 组装"列表框中列出当前加工环境中的各种操作模板类型，用户可以根据加工需要选择一种操作模板，然后单击"确定"按钮，即可进入相应的加工环境，开始编程工作。

图 5.1 进入 UG CAM 模块

图 5.2 加工环境导航栏

（3）加工环境包含的项目

① mill_planar（平面铣）主要进行面铣削和平面铣削，用于移除平面层中的材料。这种操作最常用于材料粗加工，为精加工操作做准备。

② mill_contour（轮廓统）型腔铣、深度加工固定轴曲面轮廓铣，可移除平面层中的大量材料，最常用于在精加工操作之前对材料进行粗铣。"型腔铣"还可用于切削具有带锥度的壁以及轮廓底面的部件。

③ mill_mullti-aXis（多轴铣）主要进行可变轴的曲面轮廓铣、顺序铣等。多轴铣是用于精加工由轮廓曲面形成的区域的加工方法，允许通过精确控制刀轴和投影矢量，使刀轨沿着非常复杂的曲面的复杂轮廓移动。

④ drill（钻，点到点加工）可以创建钻孔、攻螺纹、镗孔、平底扩孔和扩孔等操作的刀轨。它的其他用途还包括点焊和铆接操作，以及刀具定位到几何体，插入部件等操作。

⑤ hole-making（孔加工）用于孔加工。

⑥ turning（车加工）使用固定切削刀具加强并合并基本切削操作，可以进行粗加工、精加工、开槽、螺纹加工和钻孔功能。

⑦ wire_edm（线切割）对工件进行切割加工，主要有 2 轴和 4 轴两种线切割方式。

5.2 操作导航器

UG CAM 的操作导航器是一个图形用户界面，用来管理当前 Part 文档的加工操作及刀具路径。通过操作导航器可以让用户指定在操作间共享的参数组，并且使用树形结构图说明组与操作之间的关系。在操作导航器中，参数可以基于操作导航器中的位置关系，在组与组之间和组与操作之间向下传递或继承。用户可以自行决定继承与否，可以对"加工操作"进行复制、剪切、粘贴、删除等操作。最顶层的组为"父节点"组，父节点以下的称为"子节点"组。

5.2.1 操作导航器的内容

操作导航器中显示了操作内容及刀具路径等信息，可以通过不同的方式查看这些信息。在操作导航器中单击鼠标右键，弹出图 5.3 所示的快捷菜单中有程序顺序视图、机床视图、几何视图、加工方法视图等 4 种查看方式，也可以在工具栏上单击相应的按钮实现视图的切换。各个视图都根据其主题归类操作。

1. 程序顺序视图

在程序顺序视图中按加工顺序列出了所有操作，如图 5.4 所示。此顺序用于输出到后处理或 CLSF，因此，操作的顺序相互关联十分重要。用户可以根据自己的设计意图进行程序分组，还可以更改、检查操作顺序。如果需要史改操作的顺序，只需要拖放相应的操作即可。

2. 机床视图

机床视图包含从刀具库中调用的或在部件中创建的，供加工操作使用的刀具的完整列表。在机床视图中，显示刀具是否实际用于 NC 程序的状态。如果使用了某个刀具，则使用该刀具的操作将在该刀具下列出；否则，该刀具下不会出现该操作，如图 5.5 所示。

3. 几何视图

在该视图中，根据几何体组对部件中的所有操作进行分组，从而使得用户很容易地找到所需的几何信息，如加工工件、毛坯、加工坐标系等，并根据需要进行编辑，如图 5.6 所示。

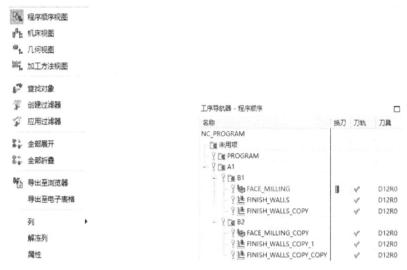

图 5.3　选择不同视图　　　　　　　图 5.4　程序顺序视图

图 5.5　机床视图　　　　　　　　　图 5.6　几何视图

4. 加工方法视图

在该视图中，根据其加工方法对设置中的所有操作进行分组，如铣、钻、车、粗加工、半精加工、精加工。该视图中一般还包括进给速度和进给率、刀轨显示颜色、加工余量、尺寸公差、刀具显示状态等，如图 5.7 所示。

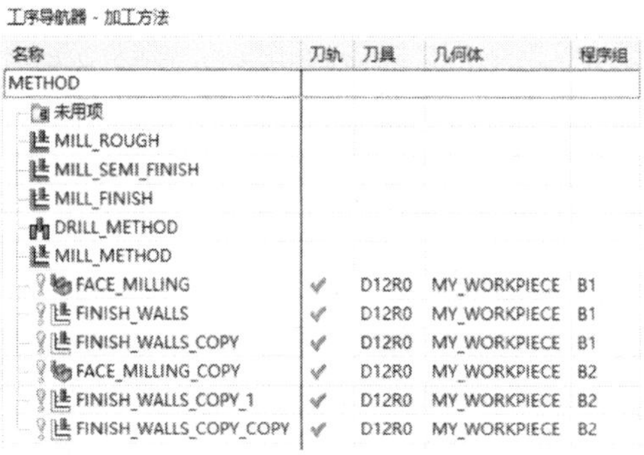

图 5.7　加工方法视图

5.2.2 加工操作的状态标记

UG CAM 的加工操作中，为显示每个当前操作的不同状态信息，操作导航器给予了不同的图样标记。加工操作状态有 3 种图样标记，路径状态有两种图样标记。

1. 加工状态 3 种图样标记

（1）$\text{\textfemale}$（未后处理）表示该操作包含各种加工信息，并且已经生成刀具路径，但未进行后置处理。

（2）✔（完成）表示此操作已产生了刀具路径并且已经后处理（UG/PostPmcess）或输出了 CLS 文档格式（OutputCLSF）。

（3）⊘（错误）表示此操作从未产生刀具路径，或此操作虽有刀具路径但被编辑后没有作相应更新，因此需重新产生刀具路径以更新此状态。

2. 刀具路径两种图样标记

（1）✔（完成）表示此操作已产生了刀具路径。

（2）✕（错误）表示此操作未产生刀具路径。

5.3　加工流程与功能术语

5.3.1　加工流程

在 UG 数控加工自动编程中，一个零件的数控加工编程是通过创建一系列按次序排列的操作程序来实现的。数控编程可以分为模型准备、工艺设计、数控编程、程序导出 4 个阶段，如图 5.8 所示。完成一个程序的生成需要经过以下几个步骤：

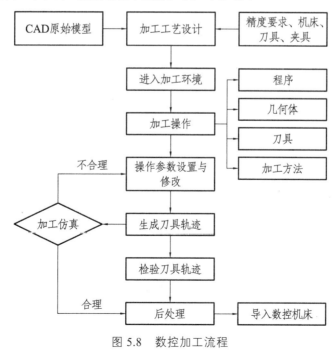

图 5.8　数控加工流程

（1）CAD 原始模型的构建或导入，根据零件特点和加工精度要求，合理选择机床、刀具和夹具，规划设计工艺路线。

（2）进入加工环境，进行程序、刀具、几何体及加工方法的构建。

（3）对加工操作的参数进行设置。

（4）生成刀具轨迹，并进行加工仿真，不合理时对操作参数进行修改。

（5）进一步检验刀具轨迹，完成后处理，导入数控机床。

5.3.2　功能术语

1. 操　作

操作是指用户设定好各种加工参数后，让计算机（或数控机床）独立完成的加工动作过程，它包含了生成单个刀轨所使用的全部信息。在 UG CAM 环境中，一个程序或一段加工程序均可以称为一个操作，用来记录刀轨名、几何数据、刀具、后处理命令集、显示数据和定义的坐标系等信息。

2. 刀具路径

刀具路径包含了刀具位置、进给速度、转速、显示信息和后处理命令等信息。

3. 加工坐标系

加工坐标系，就是工件安装在数控机床工作后，给工件定下的一个加工原点，刀具就是通过这个原点作为参考而进行刀轨的运行。没有加工坐标系，加工中心没法识别工件的所在。

4. 边　界

边界用来定义约束切削移动的区域，这些区域既可以由包含刀具的单个边界定义，也可以由包含和排除刀具的多个边界的组合定义。边界的行为、用途和可用性随使用它们的加工模块的不同而有所差别，但也有一些共同的特性。边界可以分为永久边界和临时边界两种。永久边界是被创建在多个操作之间共享的边界，临时边界在加工模块内创建，它们显示为临时实体。刷新屏幕将使临时边界从屏幕上消失，此时可以使用边界"显示"选项将临时边界重新显示出来。与永久边界相比，临时边界具有许多优点，如可以通过曲线、边、现有永久边界、平面和点创建临时边界；临时边界与父几何体相关联，可以进行编辑，并且可以定制其内公差/外公差值、余量和切削进给率。此外，还可以用临时边界方便地创建永久边界。

5. 内外公差

UG 编程加工中的内公差和外公差，其实就是刀具在主轴旋转时切入工件时的偏差。一般粗加工时，内公差在 0.03，外公差在 0.12。精加工时，内外公差全部为 0.03。数值越小代表精度越高。

6. 零件几何体

加工完成后要保留下来的材料称为零件几何体。

7. 毛坯几何体

加工中要切削的材料称为毛坯几何体。

8. 检查几何体

加工中刀具要避开的材料或特征称为检查几何体。

9. 材料方向

材料方向为刀具切削材料的反方向，如需切削几何的外部，材料方向应选为内部。

10. 壁余量和壁几何体

使用"壁余量"和"壁几何体"可以覆盖与工件体上的加工面相关的壁的全局"部件余量"。在"面铣削"操作中使用"壁余量"和"壁几何体"，可以将工件体上的面（除了要加工的面）选为"壁几何体"，并将唯一的"壁余量"应用到这些面上来替换"部件余量"。

11. 处理中的工件（IPW）

由于绝大部分的部件需要通过多次加工操作才能完成，每两次加工操作之间部件的状态是不一样的。在 UG CAM 中，定义每个加工操作后所剩余的材料为处理中的工件（In-Process WorkPiece，IPW）。IPW 是 UG CAM 铣削加工编程所特有的。在加工过程中，为了提高型腔铣削过程中的加工效率，加工编程人员必须合理地分配各个工步的加工参数，这就需要随时了解每个工步完成后毛坯料所处的状态，通过处理中的工件功能即可方便地达到这一目的。由此可见，中间过程为编程人员的编程提供了许多方便，同时也提高了实际的加工效率，避免了加工过程中的空走刀现象。需要注意的是，在下一个工步中使用 IPW 之前，上一个工步必须已经成功地生成了刀具轨迹。

12. 刀位源文件（CLSF）

刀位源文件（Cutter Location Source File，CLSF）记录了加工类型、刀具参数、坐标系、加工坐标系、加工坐标值、刀轨颜色等信息。它是一个文本文件，包含可以通过 GRIP 访问的刀具运动 GOTO 和显示命令，该文件在后处理过程中生成 CL 文件时成为输入文件。

13. 后处理

由于数控机床的控制系统只能识别 NC 代码内容，故刀具轨迹生成无误后，需要把刀位轨迹转换为 NC 代码。把刀位轨迹转换为 NC 代码的过程，一般称为后处理。

14. 过切检查

过切检查用来检查生成的刀位轨迹是否存在刀具、夹具与工件发生过切的现象。过切检查是在零件和检查几何体上查找过切，不检查毛坯的过切。过切检查仅在选择手动切削模式时才可用，此检查能防止刀具碰撞部件几何体。只能处理具备 5 个参数的刀具。

15. 2D 动态

2D 动态是显示刀具切削材料后的工件，即只显示切削结果，不显示切削过程。

16. 3D 动态

3D 动态是显示刀具沿刀具路径移动的同时切削材料的过程。

17. 刀轨可视化

为检验刀具轨迹在加工过程中是否过切、欠切或发生碰撞等情况，UG CAM 提供了两种仿真校验方法，一种是刀轨可视化仿真，另一种是机床仿真。

5.4　切削步距

"步距"用于指定切削刀路之间的距离，是相邻两次走刀之间的间隔距离。间隔距离指在 XY 平面上铣削的刀位轨迹间的距离。因此，所有加工间隔距离都是以平面上的距离来计算的。该距离可直接通过输入一个常数值或刀具直径的百分比来指定，也可以输入残余波峰高度由系统计算切削刀路间的距离。步距可以通过输入一个常数值或刀具直径的百分比直接指定该距离，也可通过输入波峰高度并允许系统计算切削刀路间的距离间接指定该距离。另外，也可以指定"步距"使用的允许范围，或指定"步距"大小和相应的刀路数目来定义"多个（可变）"步距。各种步距设置选项见表 5.1。

表 5.1　步距设置

序号	方式	图示	描述
1	恒定	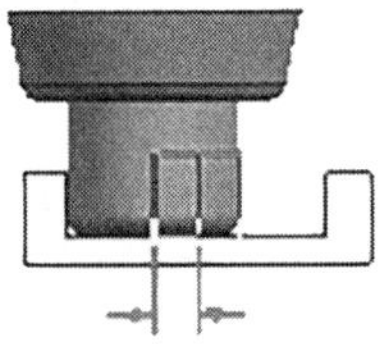	1. 可以指定连续刀轨之间的最大距离。 2. 可以按当前单位或当前刀具的百分比指定距离。 3. 如果指定的刀路间距不能平均分割所在区域，软件将减小这一刀路间距以保持恒定步距
2	残余高度	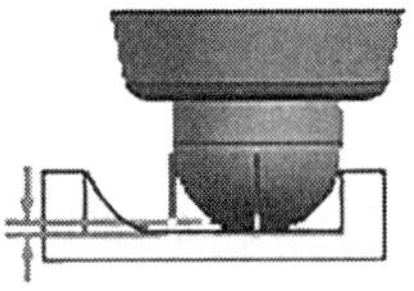	1. 可以指定刀路之间可以遗留的最大材料高度。 2. 软件将计算所需的步距，从而使刀路间的残余高度不大于指定的高度。 3. 所计算出的切削步距可能根据边界形状而变化。 4. 为保护刀具在除料时不至于负载过大，最大步距被限制在刀具直径的 2/3 以内。 5. 对于曲面轮廓铣工序，高度是垂直于驱动面进行测量的
3	刀具平直百分比	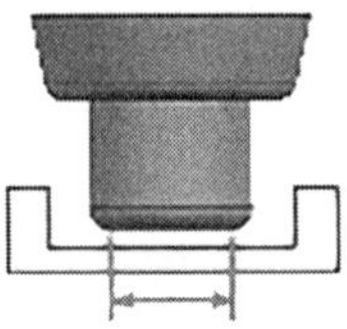	1. 可以指定连续刀路之间的固定距离作为有效刀具直径的百分比。 2. 有效刀具直径是指实际上接触到腔底部的刀刃的直径。 3. 对于球头铣刀，系统将整个刀具直径用作有效刀具直径。 4. 对于其他刀具，有效刀具直径按 $D-2CR$ 计算。 5. 如果刀路间距不能平均分割所在区域，软件将减小这一刀路间距以保持恒定步距

序号	方式	图示	描述
4	变量平均值	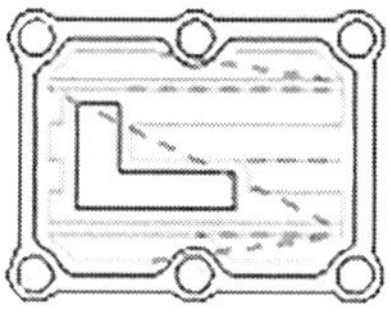	1. 用于往复、单向、单向步进、单向轮廓、同心往复、同心单向、同心单向步进和同心单向轮廓。 2. 可以建立软件用于决定步距大小和刀路数的允许范围。 3. 软件计算能够在平行于往复刀路的壁之间均匀适合的最小步距数。 4. 调整步距以确保刀具切削始终与平行于往复切削的边界相切。 5. 刀具沿壁切削而不会遗留多余材料
5	多个	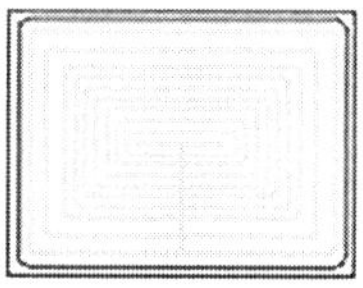	1. 用于跟随部件、跟随周边、轮廓铣和标准驱动切削模式。 2. 通过"多个",可为不同大小指定多个步距和相应的刀路数。 3. 刀路列表中的第一行对应于最靠近边界的刀路。 4. 所有刀路的总数不等于要加工的区域时,软件会从切削区域中心加上或减去刀路
6	附加刀路	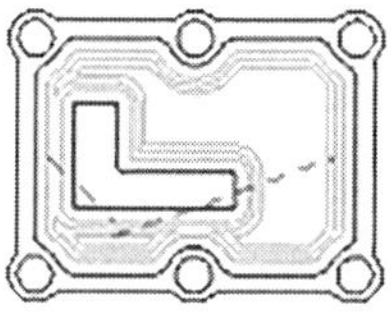	1. 用于标准驱动和轮廓铣切削模式。 2. 指定一些附加的刀路,可让刀具进入连续同心切削的边界范围
7	切削角	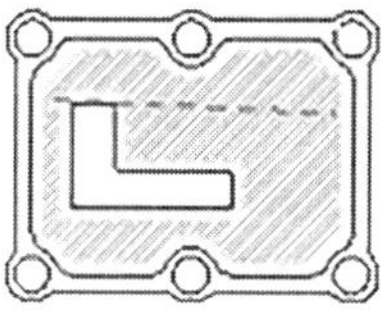	用于往复、单向、单向步进和单向轮廓

5.5 切削模式

切削模式确定了用于加工切削区域的刀轨模式。不同的切削方式可以生成不同的路径。主要有"往复""单向""单向轮廓""跟随周边""跟随部件""沿轮廓""标准驱动"和"摆线"等切削方式。"往复""单向"和"单向轮廓"都可以生成平行直线切削刀路的各种变化。"跟随周边"可以生成一系列向内或向外移动的同心的切削刀路。这些切削类型用于从型腔中切除一定体积的材料,但只能用于加工"封闭区域"。"沿轮廓"可生成跟随切削区域轮廓的部件部分的单个切削刀路。与其他切削类型不同,"沿轮廓"的设计目的并不是去除一定量的材料,而是用于对部件的壁面进行精加工。"轮廓"和"标准驱动"可加工开放和封闭区域。如果切削区域完全由毛坯几何体组成,则轮廓切削方式不会在该区域生成任何切削运动。各切削模式的主要特点见表5.2。

表 5.2　切削模式

序号	方式	图示	描述
1	单向	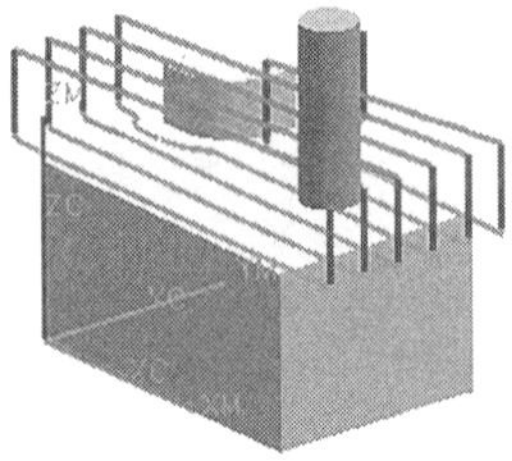	单向切削模式始终以一个方向切削。刀具在每个切削结束处退刀，然后移到下一切削刀路的起始位置。保持顺铣或逆铣
2	单向轮廓	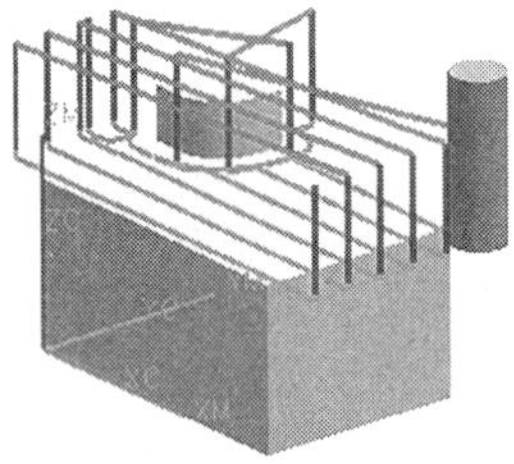	单向轮廓切削模式以一个方向的切削进行加工。沿线性刀路的前后边界添加轮廓加工移动。在刀路结束的地方，刀具退刀并在下一切削的轮廓加工移动开始的地方重新进刀。保持顺铣或逆铣
3	跟随周边	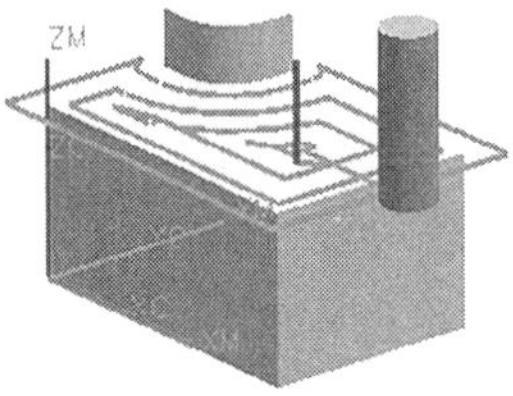	跟随周边切削模式沿部件或毛坯几何体定义的最外侧边缘偏置进行切削。内部岛和型腔需要有岛清根或清根轮廓刀路。保持顺铣或逆铣
4	跟随部件	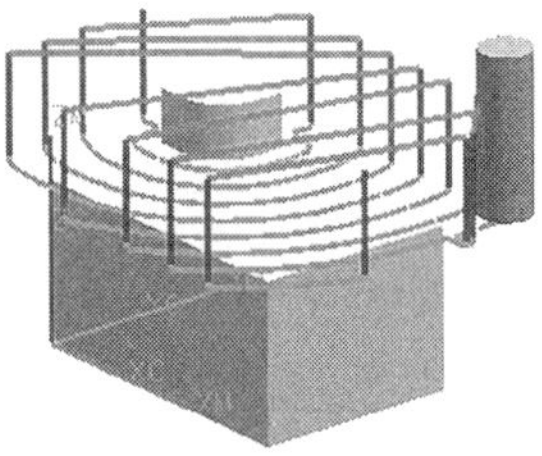	跟随部件切削模式沿所有指定部件几何体的同心偏置切削。最外侧的边和所有内部岛及型腔用于计算刀轨，这样就没有必要使用岛清理刀路了。保持顺铣或逆铣
5	轮廓铣	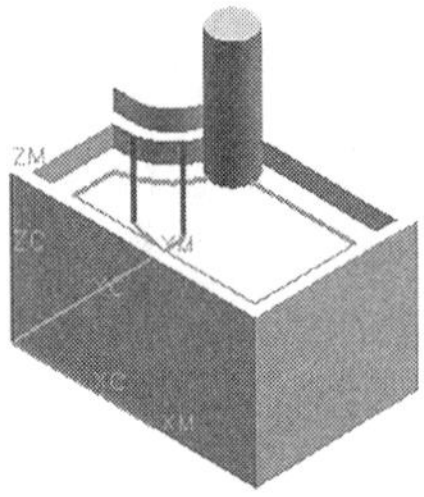	轮廓切削模式沿部件壁加工，由刀具侧创建精加工刀路。刀具跟随边界方向
6	标准驱动	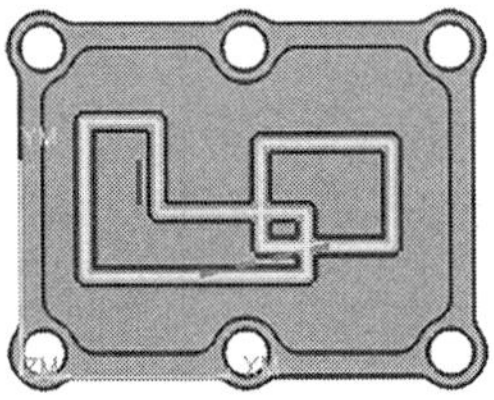	标准驱动切削模式沿指定边界创建轮廓铣切削，而不进行自动边界修剪或过切检查。可以指定刀轨是否允许自相交。此切削模式仅在平面铣中可用

序号	方式	图示	描述
7	向内摆线		1. 避免嵌入刀具。在进刀过程中，大多数切削模式会在岛和部件之间以及狭窄区域中产生嵌入区域。 2. 向外方向通常从远离部件壁处开始，向部件壁方向行进。这是首选模式，它将圆形回路和光顺的跟随运动有效地组合在一起。 3. 向内方向沿回路中的部件切削，然后以光顺跟随周边模式切削向内刀路
	向外摆线		

5.6 切削参数

"切削参数"可设置与部件材料的切削相关的选项。"切削参数"对话框如图 5.9 所示。配合"切削模式"对话框，使用此对话框可以对切削参数的操作"类型"和"子类型"进行设置。

图 5.9 "切削参数"对话框

5.6.1 策略参数

1. 切削顺序

切削顺序的介绍见表 5.3。

表 5.3　切削顺序

序号	方式	图示	描述
1	层优先	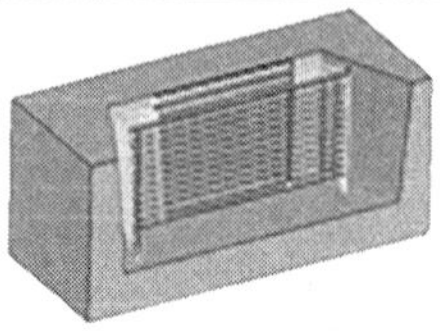	切削最后深度之前在多个区域之间精加工各层。该选项可用于加工薄壁
2	深度优先	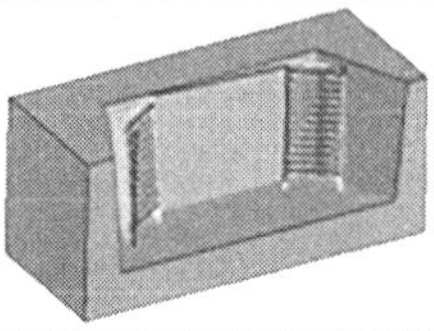	移动到下一区域之前切削单个区域的整个深度
3	始终深度优先	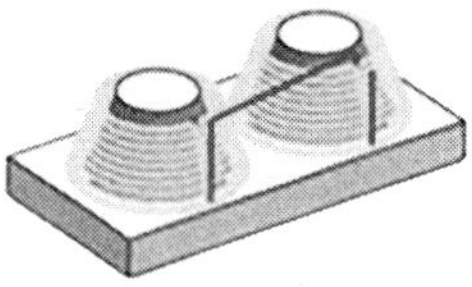	移动到下一区域之前切削单个区域的整个深度。如果确切知道壁上残余的材料量，并想要切削每个特征的整个深度，而不管特征的邻近度，请使用此选项

2．切削方向

切削方向的介绍见表 5.4。

表 5.4　切削方向

序号	方式	图示	描述
1	顺铣	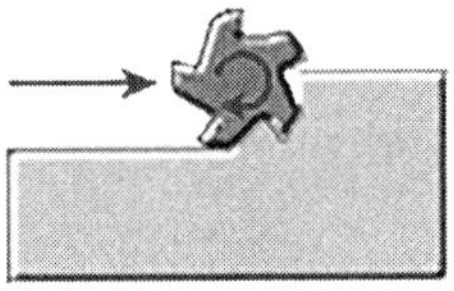	指定主轴顺时针旋转时，材料在刀具右侧
2	逆铣	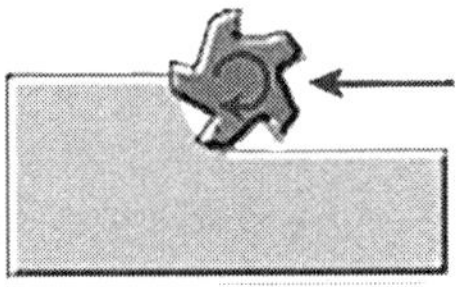	指定主轴顺时针旋转时，材料在刀具左侧
3	跟随边界		适用于使用边界的工序，常用于开放边界。按选择边界成员的方向切削
4	边界反向		适用于使用边界的工序，常用于开放边界。按选择边界成员方向的反方向切削
5	混合	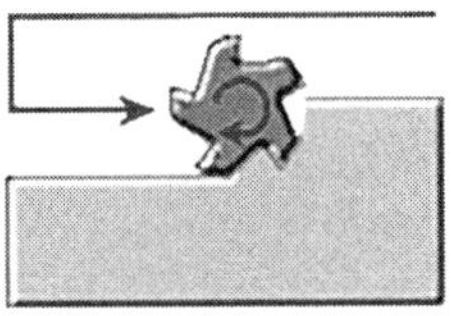	适用于深度加工工序。各层之间交替切削方向。除顺铣和逆铣外，还可通过向前和向后切削在各切削层中交替改变切削方向。还可以用往复模式切削开放区域的一个壁，以避免在各层之间进行移刀移动

3. 刀路方向

刀路方向的介绍见表5.5。

表 5.5　刀路方向

序号	方式	图示	描述
1	向内		在部件周边开始切削并朝中心向内步进
2	向外		（默认）从部件中心开始切削并向外朝周边步进
3	自动		NX 将根据部件几何体创建切削模式。向内和向外模式组合可以使用自动刀路方向。带有开放周边的区域可创建向内的刀路方向，而部分或完全由壁包围的区域则使用向外的刀路方向

4. 岛清理

如图 5.10 所示，岛清理用于在各岛周围添加完整的清理刀路以移除多余材料。① 设计用于粗切削；② 指定部件余量以防止粗加工过程中过切岛；③ 推荐用于跟随周边切削模式；④ 使用附加刀路选项时，对轮廓铣切削模式较为有用。

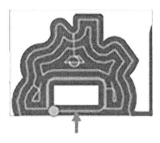

图 5.10　岛清理

5. 壁清理

壁清理适用于面铣、平面铣和型腔铣工序中的单向、往复和跟随周边切削模式。其方式见表 5.6。在各切削层插入最终轮廓铣刀路，以除去遗留在部件壁的凸部。壁清理刀路不同于轮廓铣刀路：① 可以使用壁清理刀路进行粗加工，使用轮廓铣刀路进行精加工；② 壁清理刀路使用部件余量，而轮廓铣刀路使用精加工余量以偏置刀轨；③ 壁清理刀路在各切削层插入最终轮廓铣刀路，而轮廓铣刀路只在底层切削。

表 5.6 壁清理

序号	方式	图示	描述
1	无	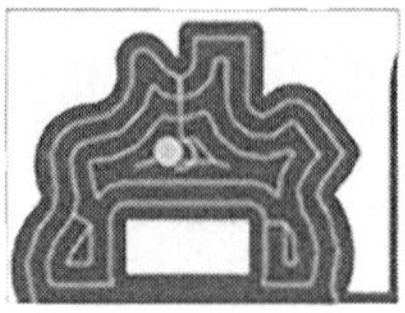	并非总是移除所有材料，但是可以借助较少的进刀创建更短的刀轨
2	在起点	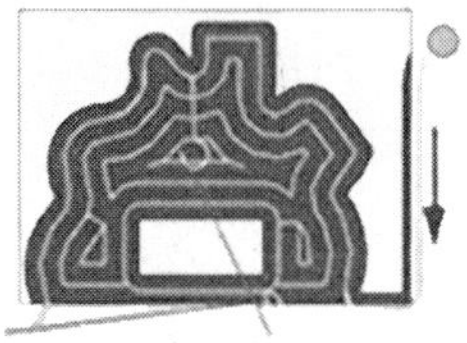	在刀轨起点沿部件壁生成额外的轮廓铣刀路，以移除未切削的材料和重新切削某些外部跟随周边铣刀路
3	在终点	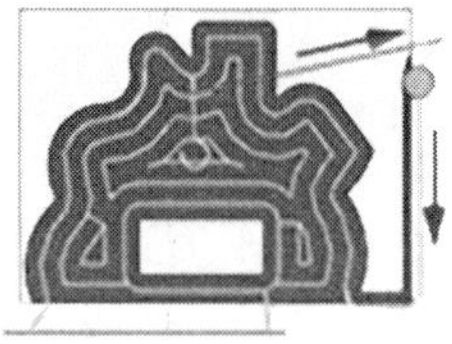	在刀轨终点沿部件壁生成额外的轮廓铣刀路，以移除未切削的材料和重新切削某些外部跟随周边铣刀路
4	自动	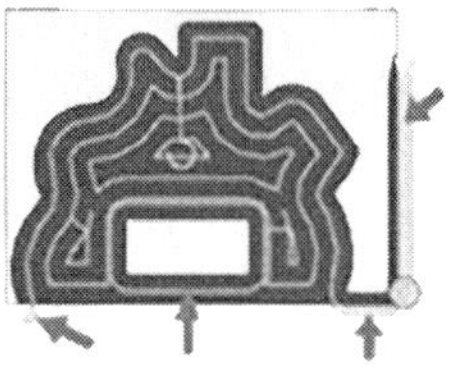	适用于跟随周边切削模式。使用轮廓铣刀路移除所有材料，而不重新切削材料。刀具绕开放拐角壁滚动，并直接移动到下一个区域，无须抬刀

6. 切削角

切削角适用于单向、往复和单向轮廓切削模式。控制切削模式中的切削刀路方向，可以指定 2D 角度或 3D 矢量（见表 5.7）。

表 5.7 切削角

序号	方式	图示	描述
1	自动	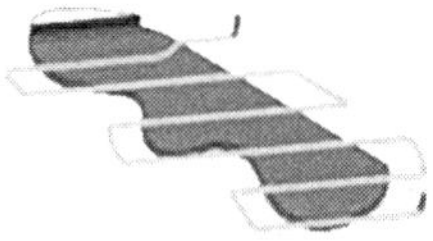	软件计算每个切削区域形状，并确定高效的切削角，以便在对区域进行切削时最小化内部进刀移动
2	指定	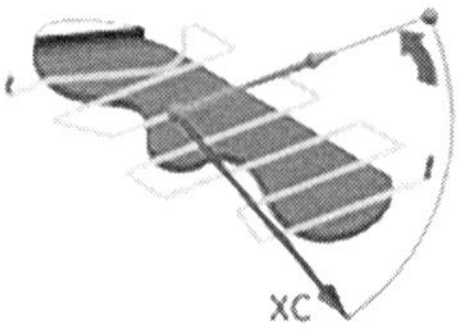	指定切削角。该角是相对于 WCS XC-YC 平面中的 X 轴进行测量的，之后会投影到底平面
3	最长的边	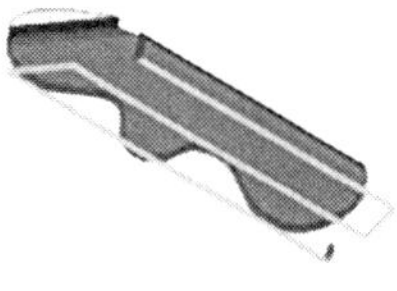	确定与周边边界中最长的线段平行的切削角。如果周边边界不包含线段，则软件搜索最长的内部边界线段

続表

序号	方式	图示	描述
4	矢量	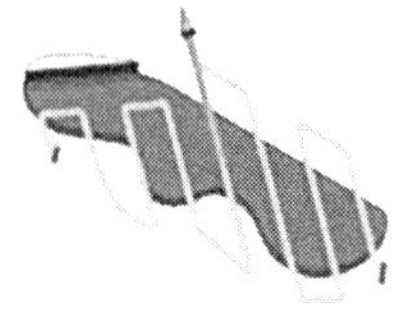	将定义的3D矢量存储为切削方向。定义切削角时，软件会沿刀轴将3D矢量投影到切削层。此选项可设定一个可预测的切削角，无论WCS方位如何

7. 自相交

自相交的介绍见表5.8。

表5.8　自相交

序号	方式	图示	描述
1	自相交关闭	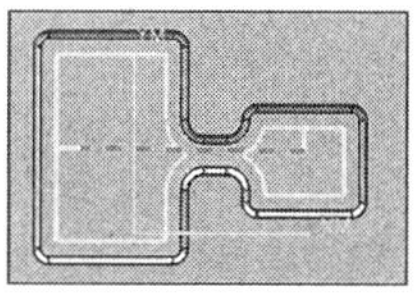	"自相交"选项（仅用于"标准驱动"切削）用于"标准驱动"切削方式中是否允许使用自相交刀轨关闭此选项将不允许在每个形状中出现自相交刀轨，但允许不同的形状相交。由于工件各部分的形状不同以及加工所使用的刀具直径不同，都会导致产生自相交刀轨
2	自相交打开	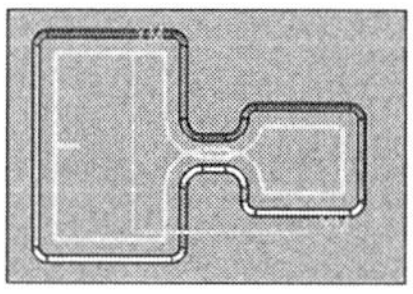	

8. 切削区域

切削区域的介绍见表5.9。

表5.9　切削区域

序号	方式	图示	描述
1	毛坯距离		适用于型腔铣、平面铣和面铣工序。指定应用于部件边界或部件几何体以生成毛坯几何体的偏置距离。特定行为取决于工序
2	延伸到部件轮廓	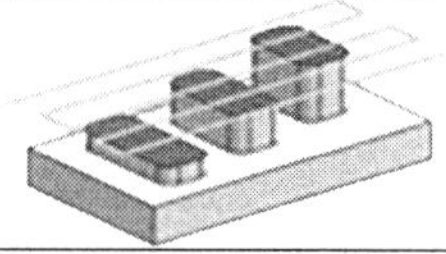	适用于面铣，将选定的一个或多个面延伸到部件轮廓
3	合并距离	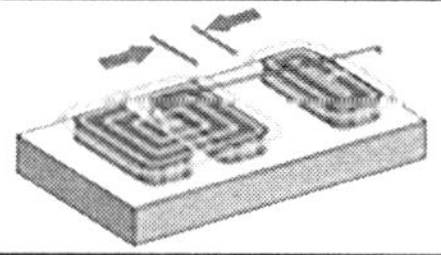	适用于面铣，允许软件将两个或多个面合并到单个刀轨以减少进刀和退刀

9. 精加工刀路

"精加工刀路"（平面铣）是刀具完成主要切削刀路后所做的最后一次切削的刀路。在该刀路中，刀具将沿边界和所有岛做一次轮廓铣削。系统只在"底面"的切削层上生成此刀

173

路。对于腔体操作，使用"余量"→"精加工余量"选项输入此刀路的余量值。

10. 延伸路径

延伸路径的介绍见表 5.10。

表 5.10 延伸路径

序号	方式	图示	描述
1	在边上延伸	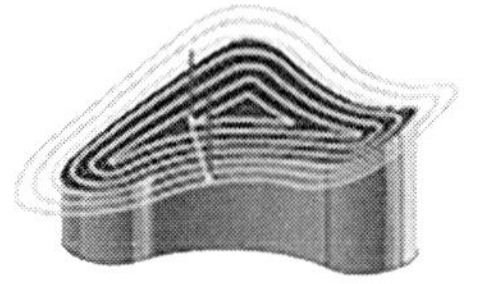	使刀具超出切削区域外部边缘以加工部件周围的多余材料。还可以使用此选项在刀轨刀路的起点和终点添加切削移动，以确保刀具平滑地进入和退出部件。此选项需要切削区域几何体
2	在凸角上延伸	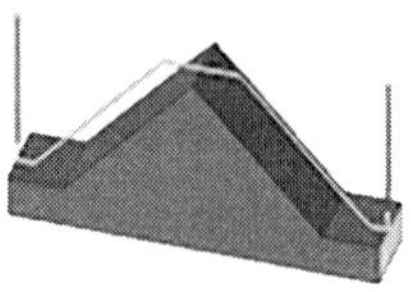	在切削运动通过内凸边时提供对刀轨的额外控制，以防止刀具驻留在这些边上。此选项将刀轨从部件上抬起少许而无须执行"退刀/转移/进刀"序列。此抬起动作将输出为切削运动
3	在边上滚动刀具	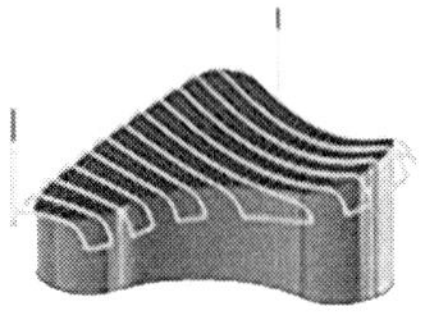	尝试完成刀轨，同时保持与部件表面接触。仅以下情况会发生刀具滚动：① 当刀轨延伸超出部件表面的边缘时；② 当刀轴独立于部件表面的法向时，如在固定轴工序中
4	在刀具接触点下继续切削	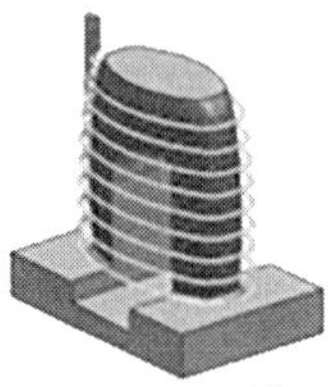	继续在刀具失去与部件表面接触的层下面加工部件轮廓线
5	跨底切延伸	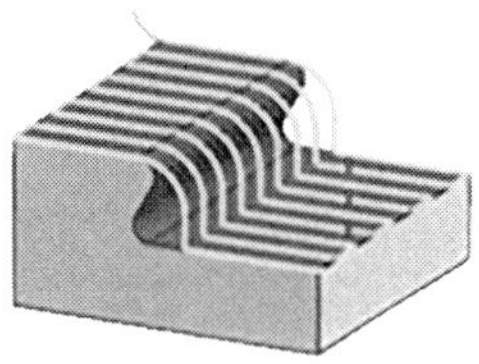	在刀具由于部件中的底切而不能切削的区域中，对刀轨提供控制。底切可能有或可能没有剩余余量。在固定轴曲面轮廓铣工序中，必须选中或取消选中跨底切延伸复选框

5.6.2 余量参数

余量参数见表 5.11。

表 5.11 余量参数

序号	方式	图示	描述
1	部件余量	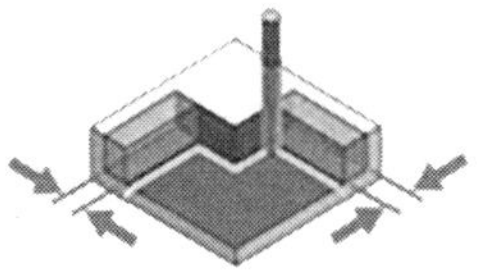	① 适用于底壁铣、面铣、平面铣和曲面轮廓铣工序。② 指定加工后遗留的材料量。③ 默认情况下，如果不指定"最终底面余量"或"壁余量"值，NX 会对底面或壁应用"部件余量"值

序号	方式	图示	描述
2	检查余量	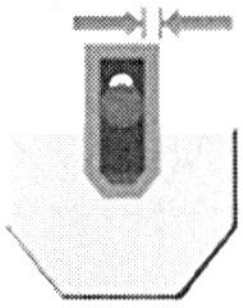	① 适用于底壁铣、面铣、平面铣、型腔铣、深度铣和曲面轮廓铣工序。② 指定刀具位置与已定义检查边界的距离。③ 轮廓：此处指定的余量仅应用于那些具有"默认余量"选项的检查实体。不要指定大于刀具拐角半径的负检查余量值
3	壁余量	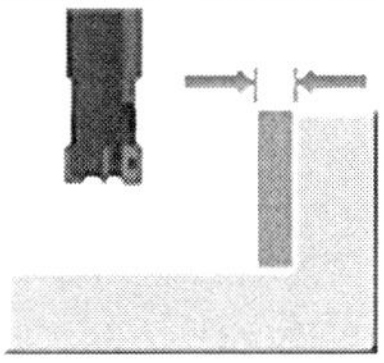	① 适用于底壁铣和面铣削区域工序。② 向各个壁应用唯一的余量。③ 配合使用"壁几何体"可替代全局部件余量。④ 切削平面与壁相交时，就将壁余量应用到切削平面。刀具从壁偏置壁余量值加一半刀具直径值（D）
4	毛坯余量	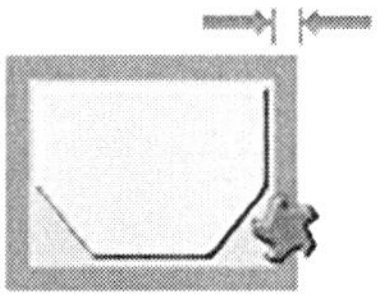	① 适用于底壁铣、面铣、平面铣和型腔铣工序。② 指定刀具偏离已定义毛坯几何体的距离。毛坯余量应用于具有相切条件的毛坯边界或毛坯几何体
5	最终底面余量	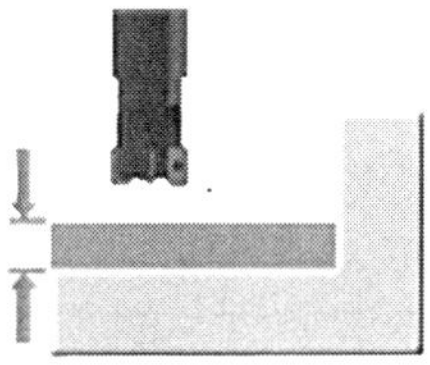	① 适用于底壁铣、面铣和平面铣工序。② 设置未切削的材料量值。底面余量从面平面测量并沿刀轴偏置。③ 在平面铣中，腔底留有未切削的材料，且刀轨完成后岛位于顶部。④ 在面铣中，刀轨完成后，面几何体上的材料未切削
6	部件底面余量	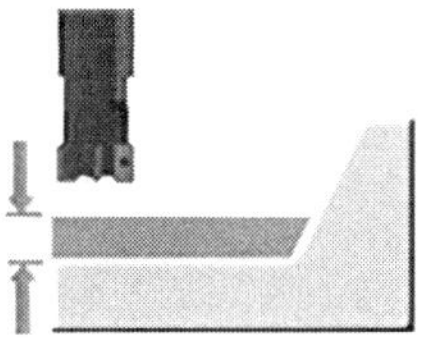	① 适用于型腔铣和深度铣工序。② 指定底面上遗留的材料。此余量沿刀轴竖直测得。部件底面余量仅应用于定义切削层的部件表面，是平面的且垂直于刀轴。③ 要防止将部件底面余量应用于底切曲面，则曲面法矢必须指向与刀轴矢量相同的方向
7	部件侧面余量	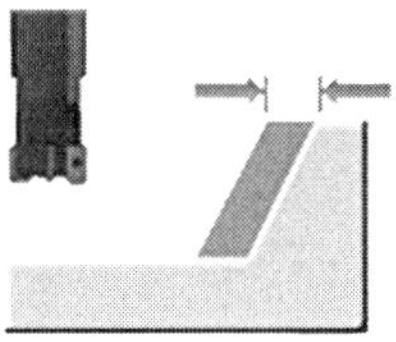	① 适用于型腔铣和深度铣工序。② 指定壁上剩余的材料，它是在每个切削层上沿垂直于刀轴的方向（水平）测量的。部件侧面余量应用在所有能够进行水平测量的部件表面上（平面、非平面、竖直、倾斜等）。③ 在竖直壁为主体的部件上使用部件侧面余量。在倾斜或轮廓曲面上，实际侧面余量在侧面余量和底面余量值之间变化
8	使底面余量与侧面余量一致	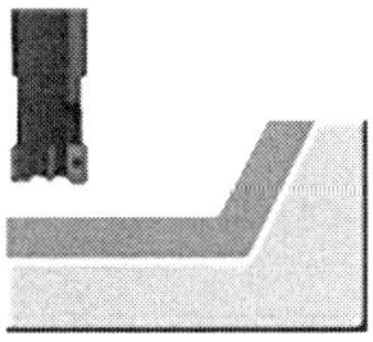	① 适用于型腔铣和深度铣工序。② 将底面余量设置为与部件侧面余量值相等
9	修剪余量	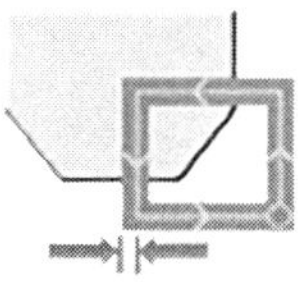	① 适用于平面铣、型腔铣和深度铣工序。② 指定自定义的修剪边界放置刀具的距离

5.6.3 拐 角

拐角分为凸角和光顺两种分别见表 5.12 和表 5.13。

表 5.12 凸角

序号	方式	图示	描述
1	绕对象滚动	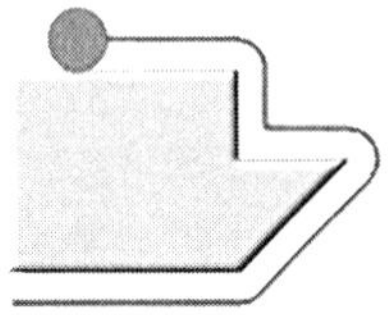	通过在拐角滚动过渡部件壁
2	延伸并修剪	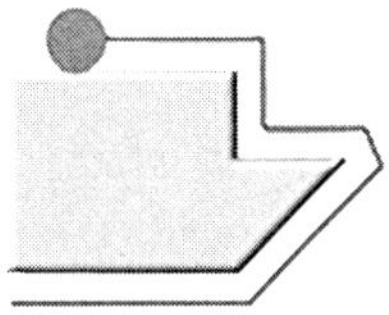	①通过延伸相邻段过渡部件壁。②仅当在壁之间包括的角度小于 60° 时，才修剪过渡。③任何附加刀路的过渡均包含图中所示的半径
3	延伸	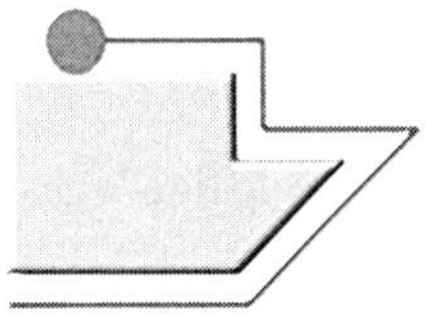	①通过延伸相邻段到交点以过渡部件壁。②任何附加刀路的过渡均包含图中所示的半径

表 5.13 光顺

序号	方式	图示	描述
1	无	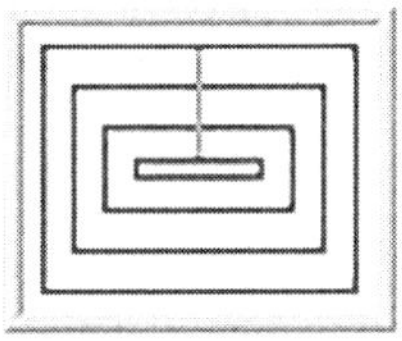	对刀轨拐角和步距不应用光顺半径
2	所有刀路	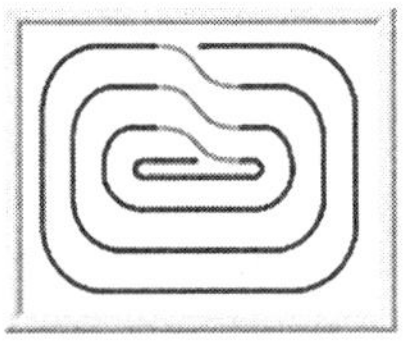	应用光顺半径到刀轨拐角和步距
3	所有刀路（最后一个除外）	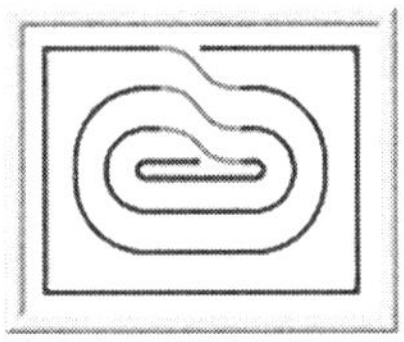	将进行光顺切角，最后的刀路除外

5.6.4 连 接

连接分为区域排序、开放刀路及层间参数（深度铣削）见表 5.14～表 5.16。

表 5.14　区域排序

序号	方式	图示	描述
1	标准	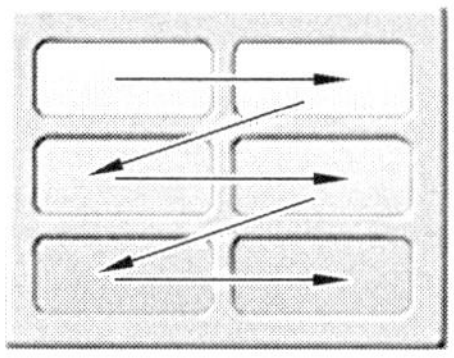	① 确定切削区域的加工顺序，软件自动执行此操作。② 当使用层优先选项作为切削顺序来加工多个切削层时，处理器将针对每一层重复相同的加工顺序
2	优化	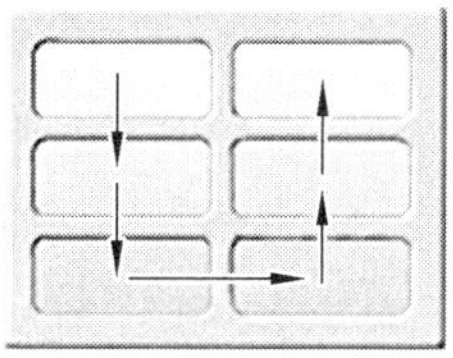	根据最有效加工时间设置加工切削区域的顺序。处理器确定的加工顺序可使刀具尽可能少地在区域之间来回移动，并且当从一个区域移到另一个区域时刀具的总移动距离最短
3	跟随起点	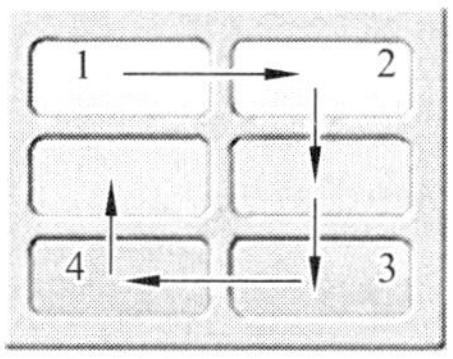	根据指定区域起点的顺序设置加工切削区域的顺序。这些点必须处于活动状态，以便区域排序能够使用这些点
4	跟随预钻点	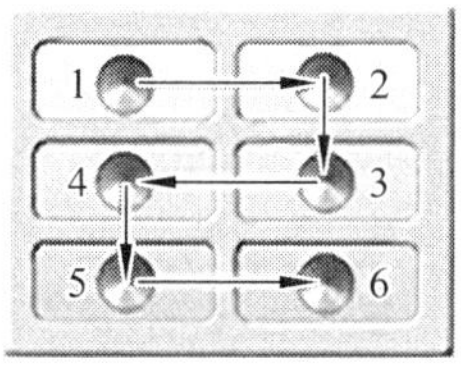	① 根据指定预钻进刀点的顺序设置加工切削区域的顺序。② 跟随预钻点 应用相同规则作为跟随起点

表 5.15　开放刀路

序号	方式	图示	描述
1	保持切削方向	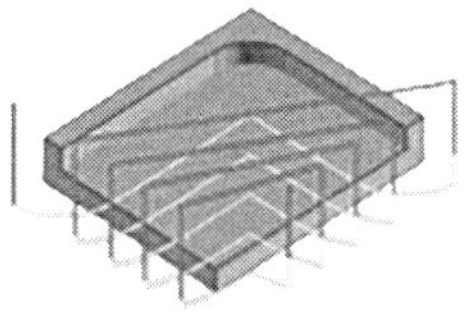	指定移动开放刀路时保持切削方向
2	变换切削方向	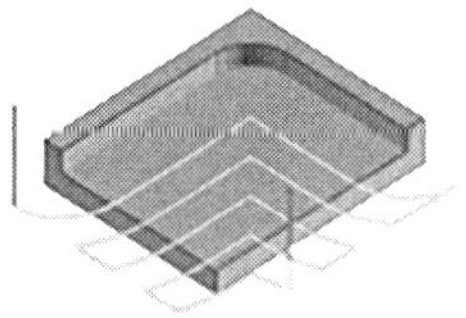	移动开放刀路时变换切削方向

表 5.16　层间参数（深度铣削）

序号	方式	图示	描述
1	层到层（一）	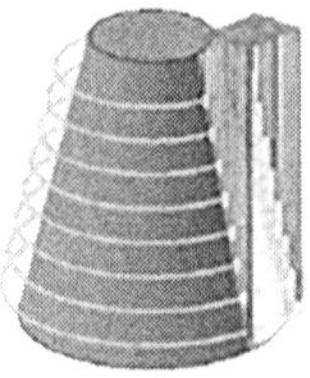	使用转移方法:各刀路之后抬刀至安全平面。软件使用"非切削移动"对话框中指定的安全设置信息
2	层到层（二）	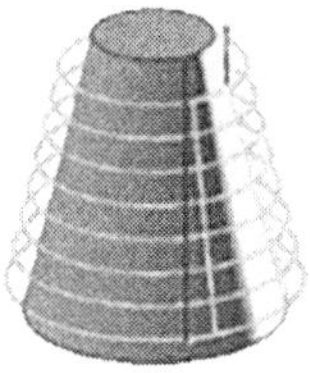	直接对部件进刀:跟随部件,类似步距移动。提示:使用切削区域的起点来定位这些移动
3	层到层（三）	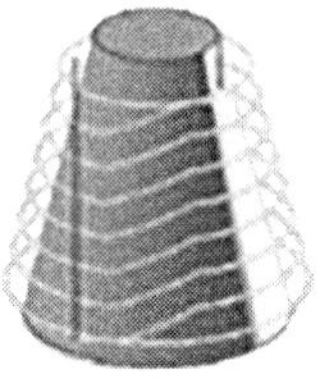	沿部件斜进刀:跟随部件,从一个切削层到下一个切削层,斜削角度为进刀参数和退刀参数中指定的斜坡角。这种切削具有更恒定的切削深度和残余高度,并且能在部件顶部和底部生成完整刀路。提示:使用切削区域的起点来定位这些斜坡
4	层到层（四）	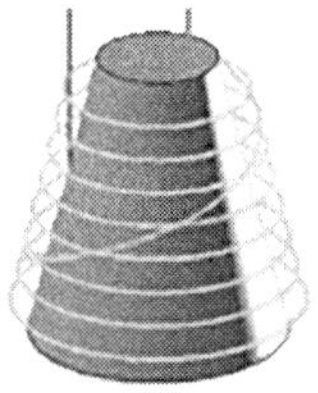	沿部件交叉斜进刀:此选项类似于"沿部件斜进刀"选项,只不过它在斜进刀到下一层之前完成每条刀路
5	层间切削	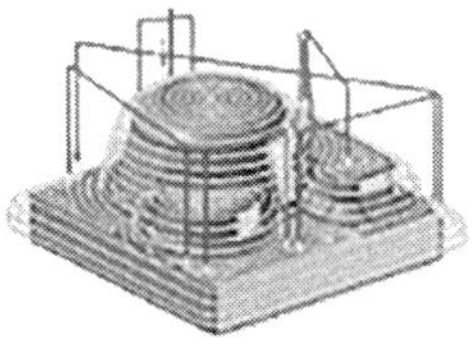	在深度加工中切削层之间存在间隙时创建额外切削,以消除浅区域中的较大残余高度

5.6.5　其他参数

其他参数见表 5.17。

表 5.17　其他参数

序号	方式	图示	描述
1	区域连接		最小化发生在一个部件的不同切削区域之间的进刀、退刀和移刀移动数

序号	方式	图示	描述
2	容错加工	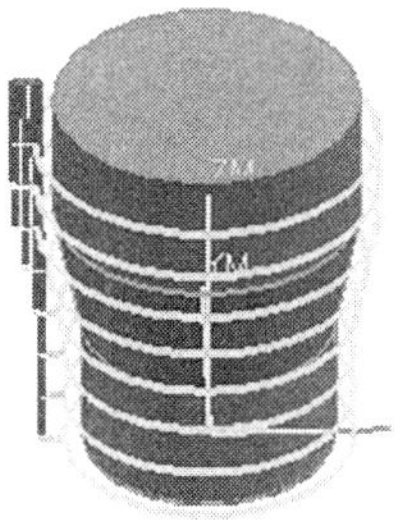	在不过切部件的情况下查找正确的可加工区域，是大部分铣削工序的首选方法。选中此复选框时，主要应用于"型腔铣"操作中。图例为容错加工关闭时的底切条件
3	边界逼近	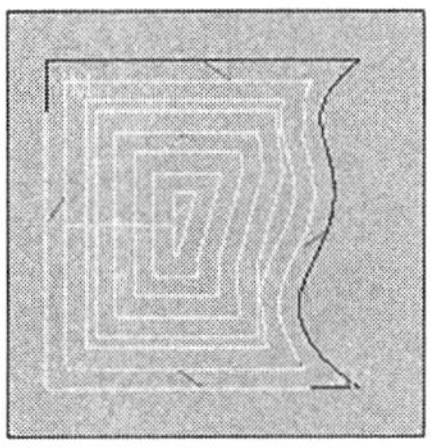	当边界或岛包含二次曲线或 B 样条时，缩短处理时间及刀轨长度。二次曲线和 B 样条通常会引起不必要的内部刀路处理以满足公差约束
4	防止底切	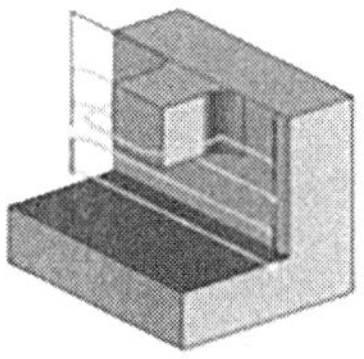	忽略底切几何体。这将导致处理竖直壁时的公差更加宽松。在"型腔铣"中，"允许底切"可允许系统在生成刀轨时考虑底切几何体，以此来防止刀夹摩擦到部件几何体"底切处理"只能应用在非容错加工中（即将"容错加工"按钮切换为"关"）
5	斜向上和斜向下角	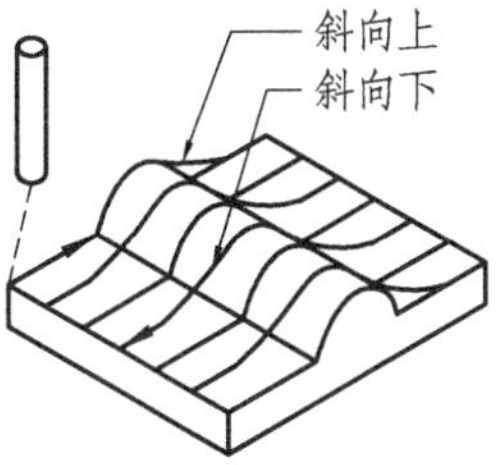 斜向上 斜向下	使用斜向上角和斜向下角指定刀具的向上和向下角度运动限制。角度是从垂直于刀轴的平面测量的。这些选项适用于所有驱动方法，但只对"固定轴"工序适用。输入的角度范围为 $0° \sim 90°$
6	应用于步距	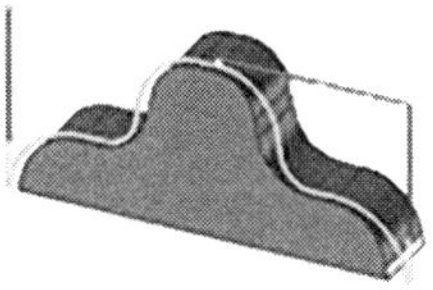	将指定的斜坡角应用于步距
7	优化刀轨	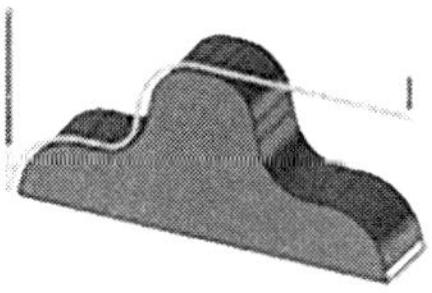	使刀具尽可能多地接触部件并最小化刀路之间的非切削移动
8	延伸至边界	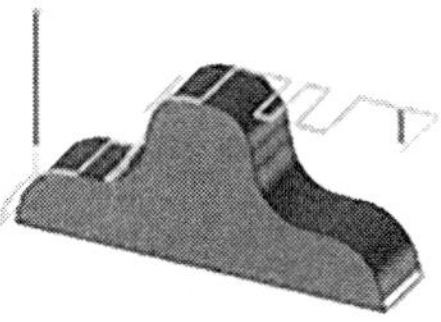	将"仅向上"或"仅向下"切削的切削刀路末端延伸至部件边界

5.6.6 多刀路参数

多刀路参数适用于曲面轮廓铣工序，见表 5.18。通过逐渐地趋向部件几何体进行加工，一次加工一个切削层，来移除一定量的材料。

表 5.18　多刀路参数

序号	方式	图示	描述
1	部件余量偏置	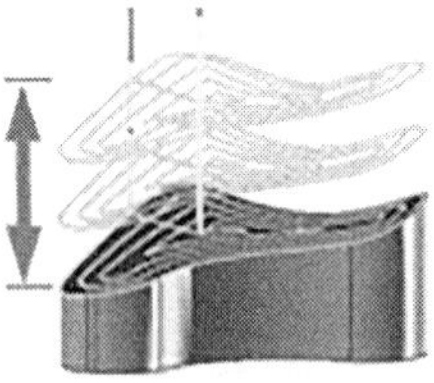	指定添加到部件余量中的附加余量。此值必须大于等于零。主要应用于：①定义安全包络，以在移刀运动期间对刀具和刀具夹持器进行碰撞检查。②确定非切削运动的进刀或退刀距离。③定义使用多重深度切削选项时刀具开始切削的位置
2	多重深度切削	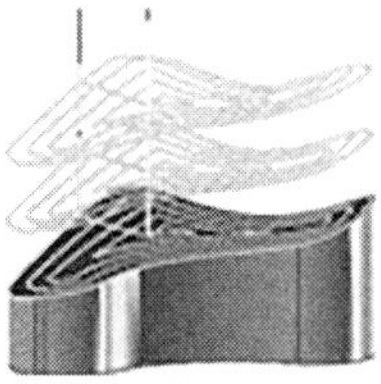	使用指定的部件几何体生成工序的多重切削深度。没有指定部件几何体时，驱动几何体上仅生成一个刀轨
3	步进方法（增量）	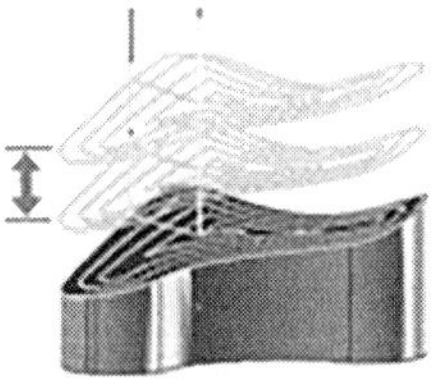	指定要用于每个切削层的部件余量偏置的数量。软件计算要创建多少条刀路。如果指定的增量不能等分为要移除的附加余量，NX 会在最后刀路中减去移除的余量
4	步进方法（刀路数）	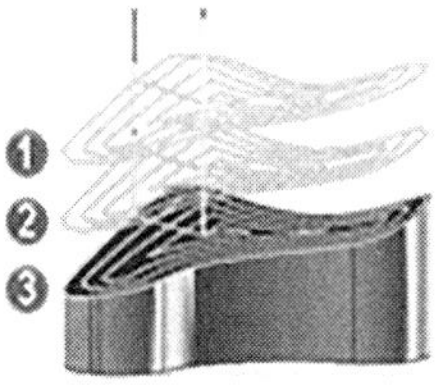	指定切削层数。NX 会计算要在每个切削层中移除的附加余量的数量

5.7　切削层参数

切削层对话框组成独立的区域，主要包括全局参数、当前范围参数以及附加选项。使用切削层命令指定切削范围以及各范围中的切削深度，型腔铣和深度铣工序在沿刀轴移到下一层之前完成一层的切削。

5.7.1　切削范围选项

切削范围选项见表 5.19。

表 5.19　切削范围选项

序号	方式	图示	描述
1	自动	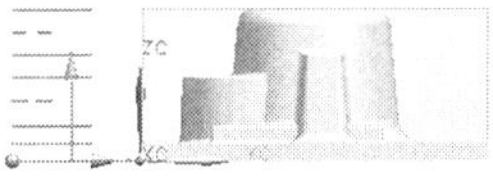	（默认）设置范围以与垂直于固定刀轴的平面对齐。范围定义临界深度且与部件关联。各范围均显示一个包含实体轮廓的大平面符号
2	用户定义	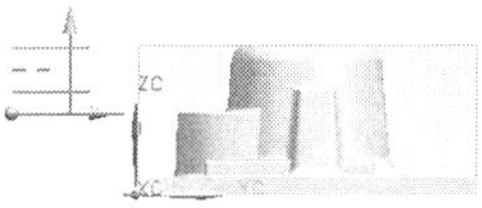	可以指定各个新范围的底部平面。通过选择面定义的范围将保持与部件的关联。但部件的临界深度不会自动删除
3	单个	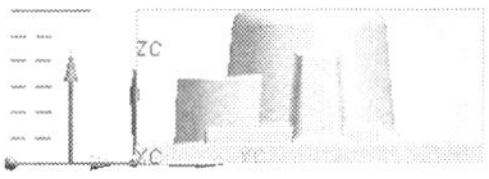	将根据部件和毛坯几何体设置一个切削范围

5.7.2　切削层

切削层的介绍见表 5.20。

表 5.20　切削层

序号	方式	图示	描述
1	恒定	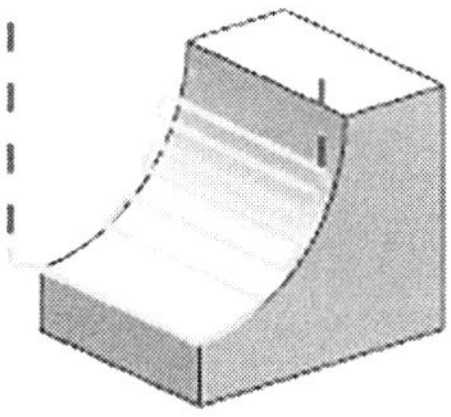	按公共每刀切削深度值保持相同的切削深度
2	优化的	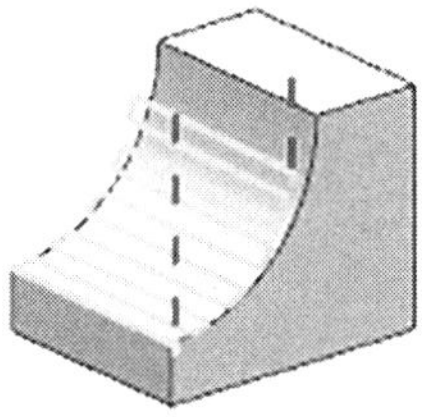	适用于深度加工工序。调整切削深度，以使部件间隔和残余高度更为一致。优化的可创建其他切削，作为从陡层到浅层的倾斜变化。最大切削深度不超过全局每刀切削深度值
3	仅在范围底部	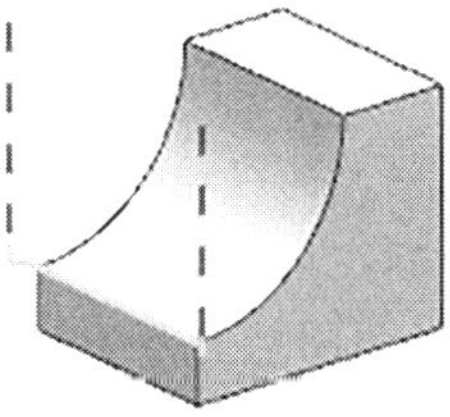	将根据部件和毛坯几何体设置一个切削范围

5.7.3　切削深度

切削深度的介绍见表 5.21。

表 5.21　切削深度

序号	方式	描述
1	每刀的公共深度	确定如何测量默认切削深度值。①恒定：限制连续切削刀路之间的距离。②残余高度：限制刀路之间的材料高度
2	用户定义	可以指定切削深度的通用增量值和最小值。此选项的适用范围是从顶部切削层到与最终底平面相距的指定距离。如果与最后一个切削层的距离介于通用和最小深度值之间，临界深度将定义切削层。超过此范围的临界深度不会定义切削层，但是可以使用临界深度顶面切削选项通过清理刀轨进行加工
3	仅底面	只在底层创建刀轨
4	临界深度顶面切削	在处理器无法通过某个切削层进行初始清理的每个临界深度处生成单独的刀轨
5	底面及临界深度	先在底面创建刀轨，然后按照每个临界深度创建清理刀轨
6	测量开始位置	指定从其测量范围深度值的参考平面。①顶层：从第一刀切削范围顶部测量范围深度。②当前范围顶部：从当前高亮显示范围顶部测量范围深度。③当前范围底部：从当前高亮显示范围底部测量范围深度。④WCS 原点：从 WCS 原点测量范围深度
7	切削层顶部	为第一个切削层定义切削深度。此值是从毛坯边界平面测量起的，或如果未定义毛坯边界，则是从最高的部件边界平面测量起的
8	最后一个切削层	为最后一个切削层定义切削深度。此值是从底平面测量起的。如果输入的值大于 0.000，NX 将至少生成两个切削层，一个在底平面以上指定距离处，另一个在底平面上。必须输入大于零的通用值才能生成多个切削层
9	刀颈安全距离	可以在各切削层附加余量。此选项允许刀刃长度较短的刀具存在安全距离，但不移除边界的所有余量

5.8　非切削移动参数

"非切削移动"可控制刀具不切削零件材料时的各种移动，可发生在切削移动前，切削移动后或切削移动之间。"非切削移动"包含一系列适用于部件几何表面和检查几何表面的进刀、退刀、分离、跨越与逼近移动以及在切削路径之间的刀具移动，如何控制将多个刀轨段连接为一个操作中完整刀轨。图 5.11 所示为非切削移动。非切削移动可以简单到单个的"进刀"和"1 退刀"，或复杂到一系列定制的进刀、退刀和移刀（分离、移刀、逼近）移动，这些移动的设计目的是协调刀路之间的多个部件曲面、检查曲面和提升操作。"非切削移动"包括刀具补偿，因为刀具补偿是在非切削移动过程中激活的。

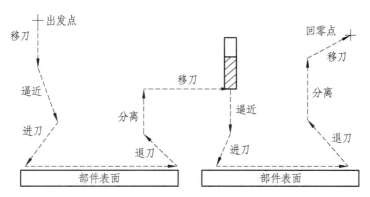

图 5.11　非切削移动

5.8.1　进　刀

进刀的介绍见表 5.22。

表 5.22　进刀

序号	方式	图示	描述
1	进刀类型 1（开放区域）		线性：根据边界段和刀具类型，沿着一个矢量自动计算安全线性进刀。这通常是指定进刀或退刀移动的最快的方式。可以为长度、旋转角度和斜坡角指定其他参数
2	进刀类型 2（开放区域）		线性-沿矢量：可使用矢量构造器对话框定义进刀方向
3	进刀类型 3（开放区域）		线性-垂直于部件：指定垂直于部件表面的进刀方向
4	进刀类型 4（开放区域）		圆弧-平行于刀轴：在由切削方向和刀轴定义的平面中创建圆弧移动。圆弧与切削方向相切
5	进刀类型 5（开放区域）		圆弧-垂直于刀轴：在垂直于刀轴的平面中创建圆弧移动。圆弧的末端垂直于刀轴，但是不必与切削矢量相切。这种运动类型将 G02 或 G03 记录输出到机床文件中
6	进刀类型 6（开放区域）		圆弧-垂直于部件：使用部件法向和切削矢量来定义包含圆弧移动的平面。弧的末端始终与切削矢量相切

序号	方式	图示	描述
7	进刀类型7（开放区域）		圆弧-相切逼近：在由切削矢量和相切矢量定义的平面中，在逼近移动的末端创建圆弧移动。圆弧移动与切削矢量和逼近移动都相切
8	进刀类型8（开放区域）		点：指定进刀起点位置，可以选择预定义点或使用点构造器指定点
9	进刀类型9（开放区域）		顺时针螺旋逆时针螺旋：创建一个进刀移动，使其绕固定轴按圆形倾斜向下切入材料中。螺旋的中心线始终平行于刀轴。此选项最好与允许进刀轴周围存在足够材料的"跟随腔铣"或"同心圆弧"等切削方式一起使用，以避免过切边界壁或检查曲面。如果提供了部件几何体，则螺旋使用顺铣或逆铣方向。如果未提供部件几何体，则使用顺时针螺旋或逆时针螺旋切削方向作为对话框的指定方向。斜坡角指定螺旋进刀的陡峭度。软件可能会稍微减小所指定的斜坡角以创建完整的螺旋线旋转。该角度参照与螺旋中心线垂直的平面
10	进刀类型10（开放区域）		插削：指定单个进刀插削移动。指定毛坯上方的垂直进刀高度（沿刀轴），从安全平面/快速移动的提刀高度平面进行逼近移动，从毛坯之上的竖直安全距离沿刀轴进行进刀运动
11	进刀类型11（开放区域）		无：不创建进刀移动。逼近移动与切削移动直接相连
12	进刀位置1（开放区域）	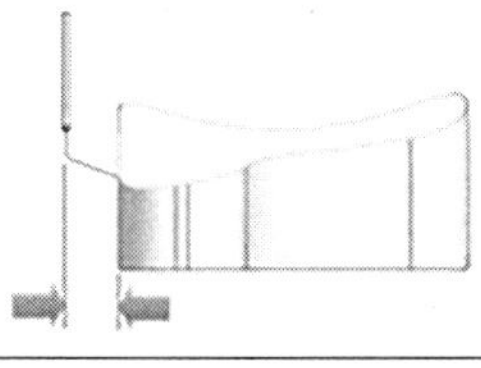	长度：设置进刀的线性长度
13	进刀位置2（开放区域）	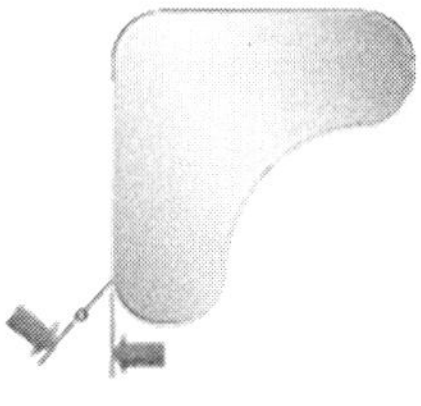	旋转角度：设置此值，以在与切削层相同的平面中以该角度进刀。如果旋转角度为正，则刀具始终远离部件或下一次切削

序号	方式	图示	描述
14	进刀位置3（开放区域）	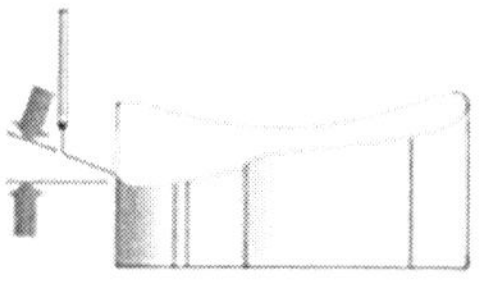	斜坡角：设置此值以在切削层上方进刀
15	进刀位置4（开放区域）	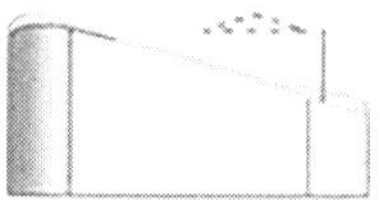	平面：指定开始进刀移动的用户定义平面
16	进刀类型12（封闭区域）	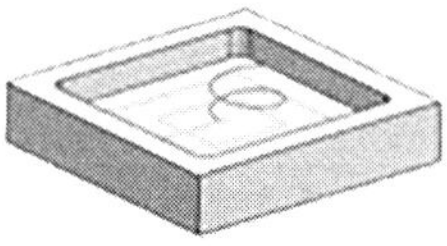	螺旋线：在第一个切削运动处创建无碰撞的、螺旋线形状的进刀移动。使用最小安全距离可避免使用部件和检查几何体。螺旋线尺寸从请求的尺寸降低到允许的最小尺寸
17	进刀类型13（封闭区域）		沿形状斜进刀：创建一个斜进刀移动，该进刀会沿第一个切削运动的形状移动。如果最小安全距离值大于0,此形状可通过部件或检查偏置轮廓修改
18	进刀类型14（封闭区域）	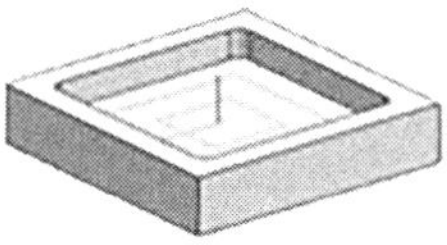	插削：直接从指定的高度进刀到部件内部
19	进刀类型15（封闭区域）		无：不输出任何进刀移动。软件消除了在刀轨起点的相应逼近移动，并消除了在刀轨终点的分离移动
20	进刀位置5（封闭区域）	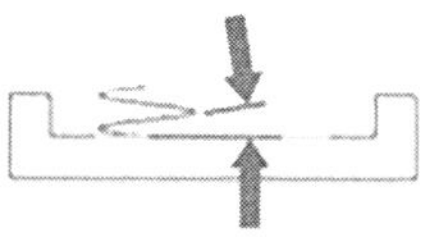	斜坡角：控制刀具切入材料的倾斜角度。斜坡角是在垂直于部件表面的平面中测量的，该角度必须大于0°且小于90°。刀具从指定斜坡角与最小安全几何体相交处开始倾斜移动。如果要切削的区域小于刀具半径，则不会发生倾斜
21	进刀位置6（封闭区域）	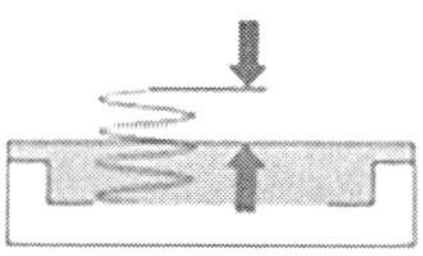	高度：指定要在切削层的上方开始进刀的距离
22	进刀位置7（封闭区域）	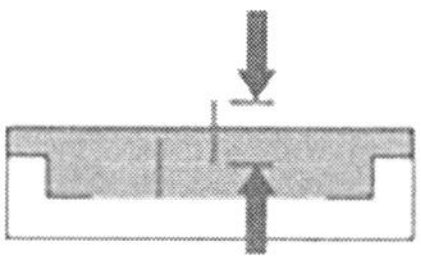	当前层：指定测量封闭区域进刀移动高度的位置

序号	方式	图示	描述
23	进刀位置8（封闭区域）	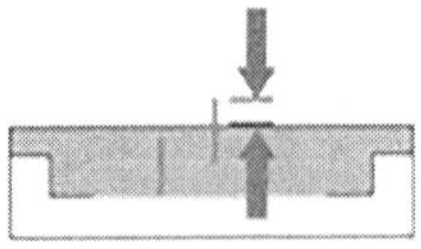	前一层：指定测量封闭区域进刀移动高度的位置
24	进刀位置9（封闭区域）	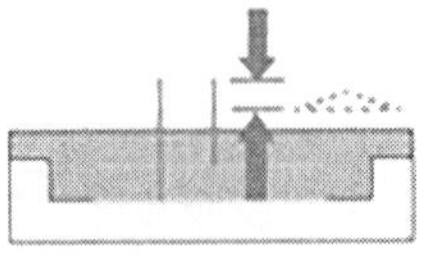	平面：指定测量封闭区域进刀移动高度的位置
25	进刀位置10（封闭区域）	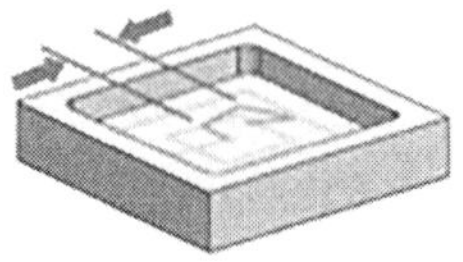	最大宽度：可以指定决定斜进刀总体尺寸的距离值。该值越大，产生的刀轨底层轨迹移刀量越大，而方向的改变越小
26	进刀位置11（封闭区域）		最小安全距离：指定刀具可以逼近不加工的部件区域的最近距离，还可以指定后备退刀倾斜离部件多远
27	进刀位置12（封闭区域）	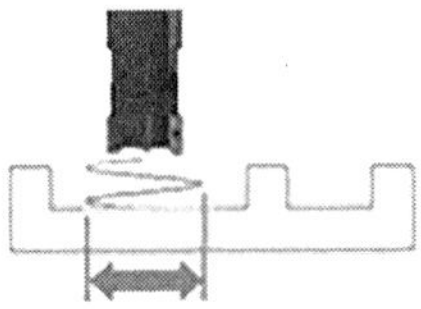	最小斜面长度：控制自动斜削或螺旋进刀切削材料时刀具必须移动的最短距离。用镶齿刀具铣削时，必须在前缘刀片和后缘刀片间留有足够的重叠，以防止未切削的材料接触到刀的非切削底部，"最小斜面长度"就特别有用

5.8.2 退 刀

退刀类型主要有以下几种：与进刀相同、线性、线性-相对于切削、圆弧、点、抬刀、线性-沿矢量、角度平面、矢量平面、无。各种类型的设置方法与进刀相同。

5.8.3 起点、钻点

起点、钻点的介绍见表5.23。

表5.23 起点、钻点

序号	方式	图示	描述
1	重叠距离	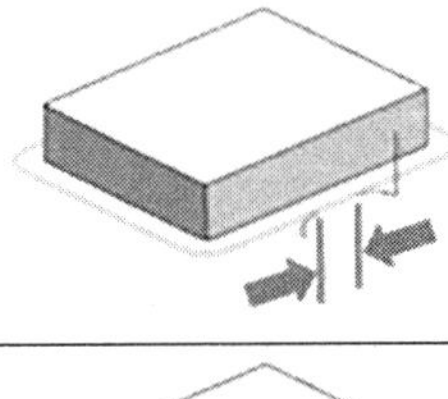	此选项确保在发生进刀和退刀移动的点进行完全清理。刀轨在切削刀轨原始起点的两侧同等地重叠
2	区域起点（中点）	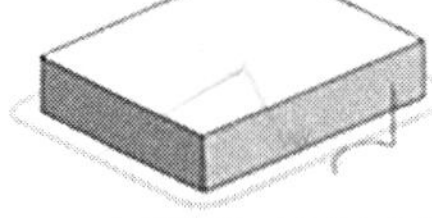	（默认）在切削区域内最长的线性边中点开始刀轨。如果没有线性边，则使用最长的段

序号	方式	图示	描述
3	区域起点 （拐角）	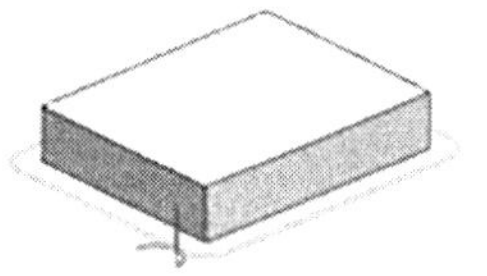	从指定边界的起点开始
4	区域起点 （有效距离）	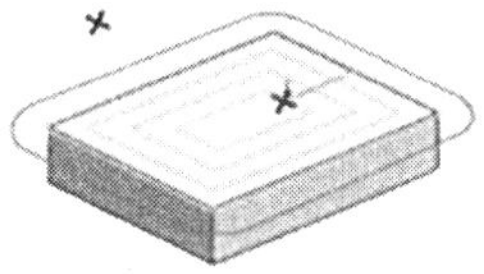	限制手动指定的点所产生的影响
5	选择点		可以手动指定切削区域起点位置。手动指定的点的优先级高于默认区域起点。可以选择预定义点或使用点构造器指定点。NX 从距离手动指定的起点最近的安全位置开始刀轨
6	预钻点	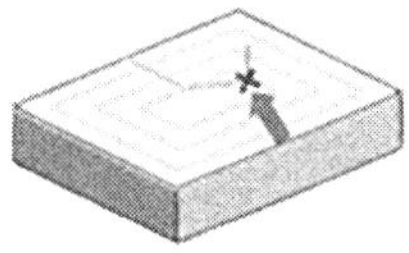	指定预钻点位置。可以选择预定义点或使用点构造器指定点

5.8.4 转移、快速

转移、快速的介绍见表 5.24。

表 5.24 转移、快速

序号	方式	图示	描述
1	安全设置 1	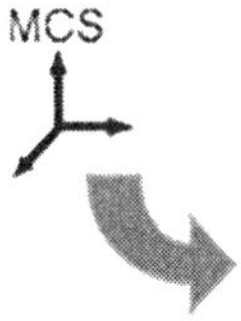 MCS	使用继承的：使用在 MCS 中指定的安全平面
2	安全设置 2		无：不使用安全平面
3	安全设置 3		自动平面：将安全距离值添加到清除部件几何体的平面中（软件决定自动平面）
4	安全设置 4	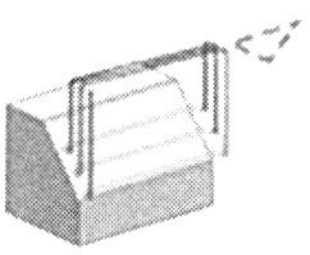	平面：为此工序指定安全平面。使用平面对话框  定义安全平面

序号	方式	图示	描述
5	安全设置5	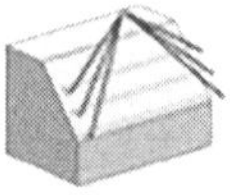	点：指定要转移到的安全点。可以选择预定义点或使用点构造器指定点
6	安全设置6		包容圆柱体：指定圆柱形状作为安全几何体。圆柱尺寸由部件形状和指定的安全距离决定。软件通常假设圆柱外的体积为安全距离
7	安全设置7		圆柱：指定圆柱形状作为安全几何体。此圆柱的长度是无限的。软件通常假设圆柱外的体积为安全距离
8	安全设置8	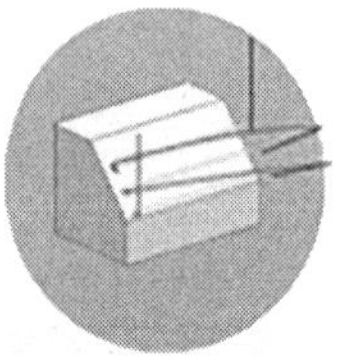	球：指定球形作为安全几何体。球尺寸由半径值决定。软件通常假设球外的体积是安全距离
9	安全设置9		包容块：指定包容块形状作为安全几何体。包容块尺寸由部件形状和指定的安全距离决定。软件通常假设包容块外的体积是安全距离
10	区域之间1	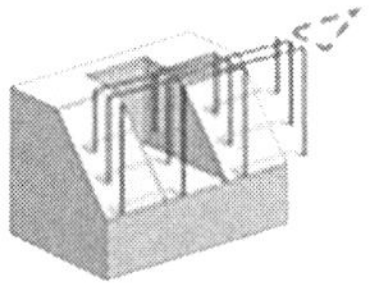	安全距离-刀轴：所有移动都沿刀轴方向返回到安全几何体
11	区域之间2	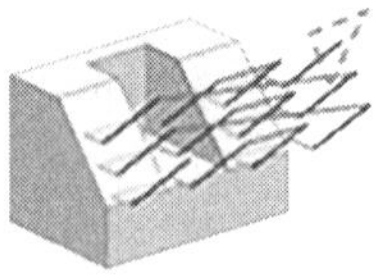	安全距离-最短距离：所有移动都根据最短距离返回到已标识的安全平面
12	区域之间3	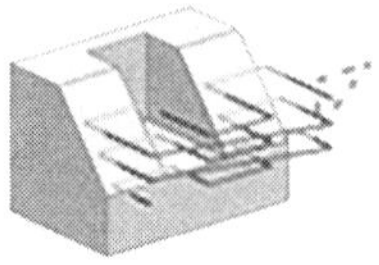	安全距离-切削平面：所有移动都沿切削平面返回到安全几何体
13	区域之间4	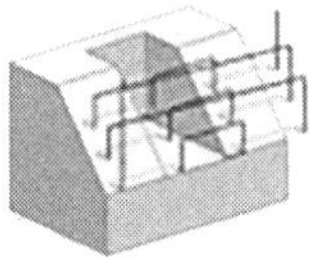	前一平面：所有移动都返回到前一切削层，此层可以安全传刀以使刀具沿平面移动到新的切削区域

序号	方式	图示	描述
14	区域之间 5	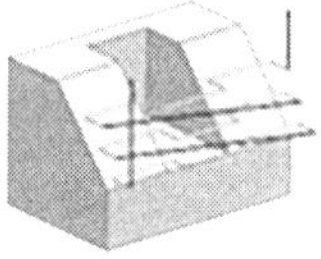	直接：在两个位置之间进行直连转移。直接选项会忽略安全距离
15	区域之间 6	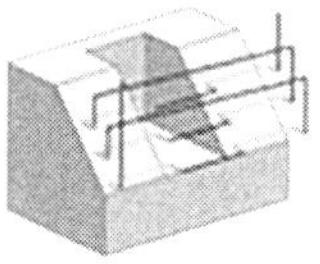	Z 向最低安全距离：首先应用直接移动。如果移动无过切，则使用前一安全深度加工平面
16	区域之间 7	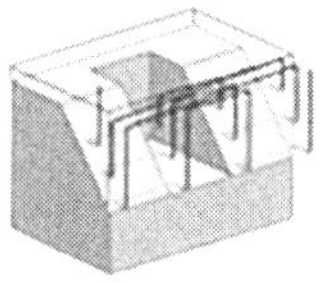	毛坯平面：在平面铣中，毛坯平面是指定的部件边界和毛坯边界中最高的平面；在型腔铣中，毛坯平面是指定的切削层中最高的平面
17	区域内 1	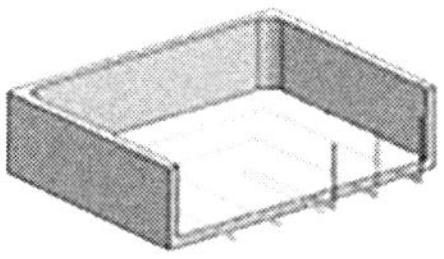	进刀/退刀：使用默认进刀/退刀定义
18	区域内 2	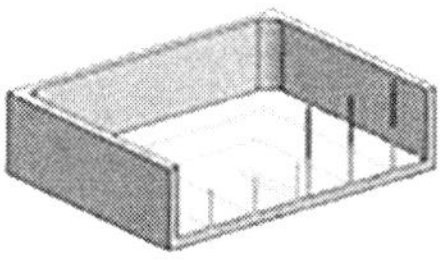	抬刀和插削：以竖直移动产生进刀和退刀。输入抬刀/插削高度

5.8.5 避 让

避让的介绍见表 5.25。

表 5.25 避让

序号	方式	图示	描述
1	出发点 1	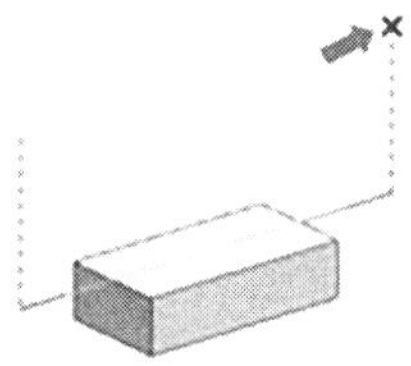	指定点：设置出发点位置。可以选择预定义点或使用点构造器指定点
2	出发点 2	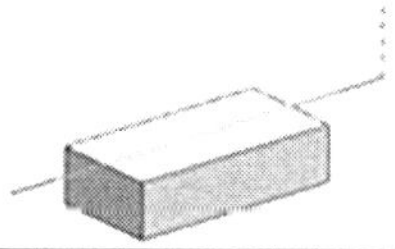	无：不使用指定的出发点
3	出发点 3	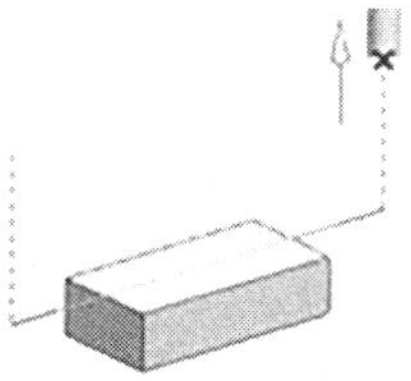	设置刀轴方位。可以选择几何体或使用矢量构造器定位刀轴

序号	方式	图示	描述
4	起点 1	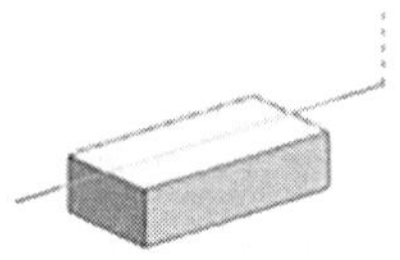	无：不使用指定的起点位置
5	起点 2	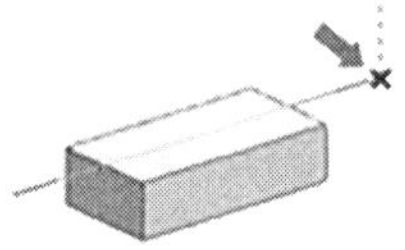	指定：设置起点位置。可以选择预定义点或使用点构造器指定点
6	返回点 1	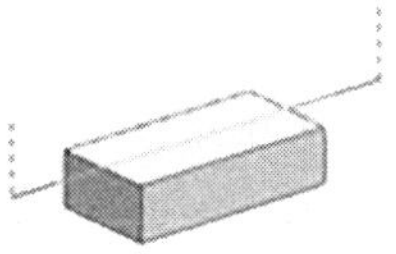	无：不使用指定的返回点位置
7	返回点 2	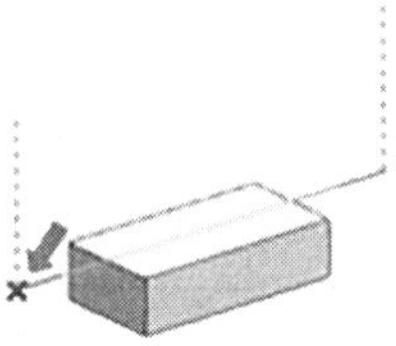	指定：设置返回点位置。可以选择预定义点或使用点构造器指定点
8	回零点 1	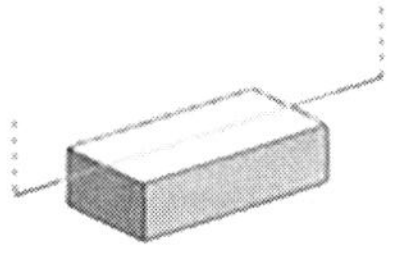	无：不使用指定的回零点位置
9	回零点 2	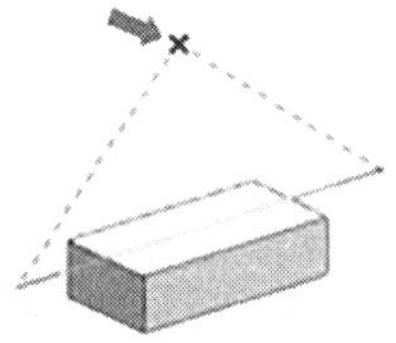	与起点相同：使用指定的出发点位置作为回零点位置
10	回零点 3	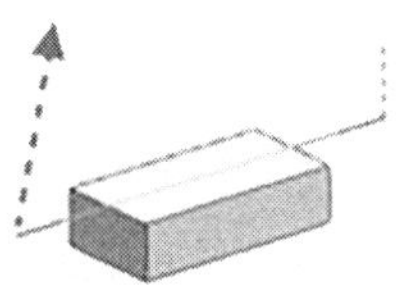	回零-有点：使用默认机床
11	回零点 4	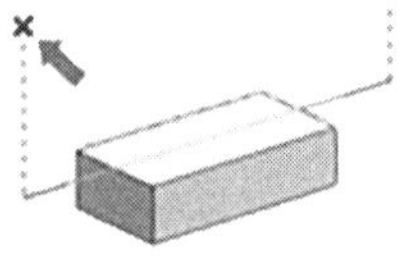	指定：设置回零点位置。可以选择预定义点或使用点构造器指定点

5.9 驱动方法

"驱动方法"定义创建刀轨所需的驱动点。某些驱动方法允许沿一条曲线创建一串驱动点，而其他驱动方法允许在边界内或在所选曲面上创建驱动点阵列。驱动点一旦定义，就可用于创建刀轨。如果没有选择"部件"几何体，则刀轨直接从"驱动点"创建。否则，驱动点投影到部件表面以创建刀轨。"驱动方法"对话框如图 5.12 所示。

驱动方法		∧
方法	区域铣削 ▼	🔧
	曲线/点	
工具	螺旋	∨
刀轴	边界	∨
	区域铣削	
刀轨设置	引导曲线	∧
方法	曲面区域	🔧
	流线	
切削参数	刀轨	
	径向切削	
非切削移动	清根	
	文本	
进给率和速度	用户定义	✛

图 5.12 "驱动方法"对话框

选择合适的驱动方法由希望加工的表面的形状和复杂性以及刀轴和投影矢量要求决定。所选的驱动方法决定可以选择的驱动几何体的类型，以及可用的投影矢量、刀轴和切削类型。"投影矢量"是大多数"驱动方法"的公共选项。它确定驱动点投影到部件表面的方式，以及刀具接触部件表面的哪一侧。可用的"投影矢量"选项将根据使用的驱动方法而变化。表5.26 所列为各种驱动方法的主要特点。

表 5.26 驱动方法

序号	方式	图示	描述
1	曲线/点		可以通过选择曲线、面的边或点作为驱动几何体，使用曲线点驱动方法来控制刀轨运动。NX 会将驱动几何体映射至部件几何体，然后在部件几何体上创建刀轨
2	螺旋	最大半径	1. 螺旋式驱动方法允许定义从指定的中心点向外螺旋的"驱动点"。驱动点在垂直于投影矢量并包含中心点的平面上创建。然后"驱动点"沿着投影矢量投影到所选择的部件表面上。 2. 与需要突然改变方向以"步进"至下一个切削刀路的其他"驱动方法"不同，"螺旋式驱动方法步距"产生的效果是光顺、稳定地向外过渡。因为此驱动方法保持一个恒定的切削速度和光顺运动，它对于高速加工应用程序很有用

序号	方式	图示	描述
3	边界	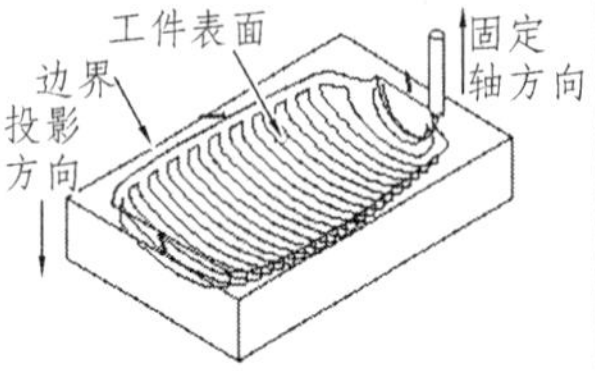	边界驱动方法允许通过指定"边界"和空间范围"环"定义切削区域。边界与部件表面的形状和大小无关,而环必须与外部部件表面边对应。切削区域由"边界""环"或二者的组合定义。将已定义的切削区域的"驱动点"按照指定的"投影矢量"的方向投影到"部件表面",这样就可以创建"刀轨"。"边界驱动方法"在加工"部件表面"时很有用,它需要最少的"刀轴"和"投影矢量"控制
4	区域铣削	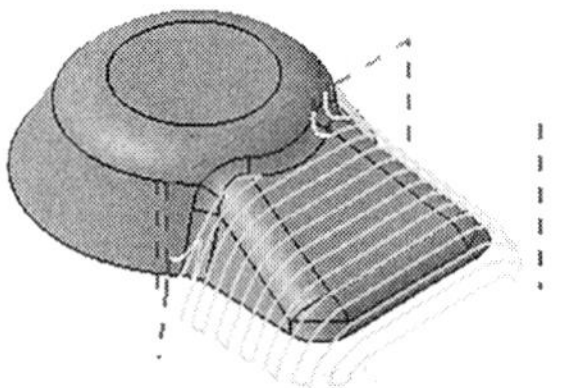	使用区域铣削驱动方法沿着轮廓铣面创建固定轴刀轨。区域铣削驱动方法可以沿着选定的面创建驱动点,然后使用此驱动点跟随部件几何体。切削区域必须包括在部件几何体中
5	曲面区域	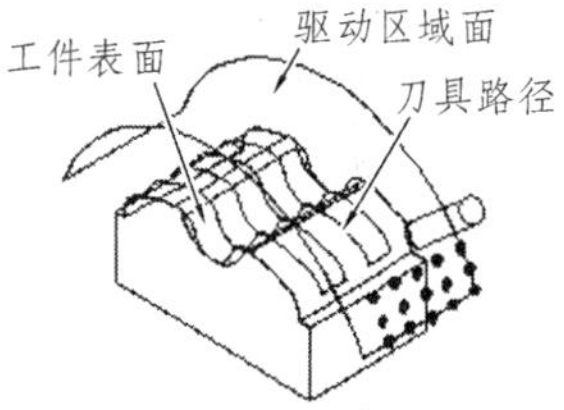	曲面区域驱动方法允许创建一个位于"驱动曲面"栅格内的"驱动点"阵列。加工需要可变刀轴的复杂曲面时,这种驱动方法是很有用的。它还提供对"刀轴"和"投影矢量"的附加控制
6	流线	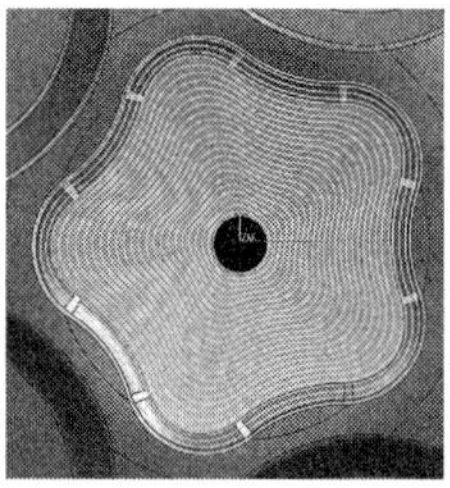	流线驱动方法根据选中的几何体来构建隐式驱动面。使用流线可以灵活地创建刀轨。规则面栅格无须进行整齐排列
7	刀轨	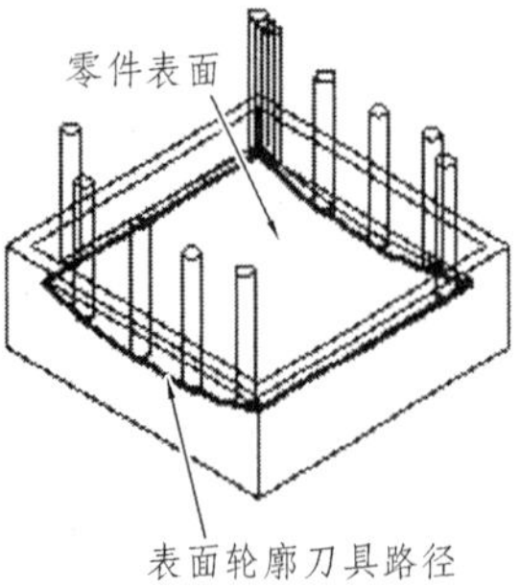	刀轨驱动方法允许沿着"刀位置源文件"(CLSF)的"刀轨"定义"驱动点",以在当前工序中创建一个类似的"曲面轮廓铣刀轨"。"驱动点"沿着现有的"刀轨"生成,然后投影到所选的"部件表面"上以创建新的刀轨,新的刀轨是沿着曲面轮廓形成的。"驱动点"投影到"部件表面"上时所遵循的方向由"投影矢量"确定

序号	方式	图示	描述
8	径向切削		使用径向切削驱动方法沿着给定边界进行清除工序。驱动路径垂直于边界，并且沿着边界
9	清根		曲面轮廓铣工序的清根驱动方法可生成固定轴刀轨，并且刀轨可加工由部件面形成的角度和凹部。清根驱动方法可用于：高速加工，精加工之前除去拐角中的多余材料，除去之前较大的球头刀或圆鼻刀遗留下来的未切削材料
10	文本		文本驱动方法允许使用固定轮廓铣工序雕刻文本。选择此方法，使固定轮廓铣主对话框上的指定制图文本可用
11	用户定义		"用户定义"能够通过临时退出 NX 并执行一个内部用户函数程序来生成驱动轨迹。此功能通过允许在当前工序中使用在 NX 外部创建的驱动轨迹，来提供更多的系统灵活性

5.10 切削进给和速度

进给率是指刀具相对加工工件各种动作的（进刀、退刀、快进、正常切削）移动速度，图 5.13 展示了刀具进行切削的整个运动过程。在工件切削过程中，对于不同的刀具运动类型，其"进给率"值是不同的。编程时是否合理地设置切削速度和主轴转速将直接影响加工效率和加工质量。UG CAM 为编程人员提供了富于变化的进给率和切削速度。在设置时可以选择进给率单位为 mm/min（MMPM）或 mm/r（MMPR）。

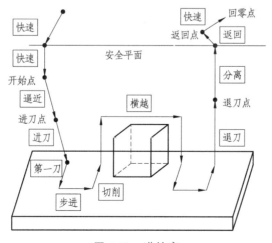

图 5.13 进给率

在操作对话框的"刀轨设置"中单击 （进给和速度）按钮，系统弹出"进给率和速度"对话框。该对话框包含"自动设置""主轴速度""进给率"3 个选项，如图 5.14 所示。

图 5.14　进给率和速度对话框

5.10.1　自动设置

"自动设置"选项主要用于设定表面速度和每齿进给等参数，如图 5.15 所示。

1. 设定加工数据

如果在创建加工操作时指定了工件材料、刀具类型、切削方式等参数，单击 按钮，软件会自动计算出最优的主轴转速、进给量、切削速度、切削深度等参数。

2. 每齿进给

设定刀具转动一周每齿切削材料的厚度。测量单位是 in 或 mm。输入数据后按回车键，点击 按钮，其他数据将进行自动匹配计算。

3. 表面速度（sfm)

设定切削加工时刀具在材料表面的切削速度，测量单位是 ft/min 或 m/min。输入数据后按回车键，点击 按钮，其他数据将进行自动匹配计算。

4. 更　多

在切削参数设定完毕后，单击巧按钮就会使用已设定的参数。推荐从预定义表格中抽取适当的表面参数。

5.10.2　主轴速度

在"主轴速度"选项下有 5 个设置参数，分别是主轴速度（rpm）、输出模式、方向、范围状态、文本状态，如图 5.15 所示。

图 5.15　主轴速度选项参数

（1）"主轴速度（rpm）"设定刀具转动的速度，单位是 r/min。

（2）"输出模式"主轴转速有 4 种输出模式，分别为无、RPM（每分钟转速）、SFM（每分钟曲面英尺）、SMM（每分钟曲面米）。

（3）"方向"主轴的方向设置有 3 个选项：无、顺时针、逆时针。

（4）"范围状态"设置允许的主轴转速范围。勾选"范围状态"复选框，然后在"范围状态"文本框中输入允许的主轴速度范围。主轴速度范围通常为编程数字，有时也可以使用 LOW、MEDIUM 和 HIGH 等变量。LOW 始终等于 1；MEDIUM 始终等于 2；HIGH 等于 2，但如果多于 2 个范围，则 HIGH 等于 3。

（5）"文本状态"设置允许的主轴转速范围。勾选"文本状态"复选框，然后在"文本状态"文本框中输入允许的主轴速度范围。主轴速度范围通常为编程数字，但有时也可以使用 LOW、MEDIUM 和 HIGH。LOW 始终等于 1；MEDIUM 始终等于 2；HIGH 等于 2，但如果多于 2 个范围，则 HIGH 等于 3。

图 5.16　进给率参数设置

5.10.3　进给率

如图 5.16 所示，进给率用来设置刀具在不同的运动状态时的移动速度，对不同的刀具运动状态设置合适的进给参数，将会提高加工质量和速度，各个设置选项的作用见表 5.27。

表 5.27 进给率参数

项目	说明
快进	指定由"出发点"至"起点"和由"返回点"至"回零点"的无切削移动的进给率
逼近	指定移动到"进刀运动"开始处的进给率
进刀	指定进刀运动的进给率
切削	指定切削运动的进给率
退刀	指定退刀运动的进给率
移刀	运动到下一切削位置时的进给率,或移到最小安全距离(如果已在切削参数中设置)时的进给率。移刀进给率还可用于间断的粗切削。移刀运动后通常跟随有逼近运动
分离	指向离开刀轨的运动的进给率,以及用于示教模式中的线性进给运动的进给率
返回	运动到返回点或到安全平面(如果已设置)的进给率
清除	用于移到最小安全距离(已在切削参数中设置)的插削粗加工的进给率。此选项用于切削运动之间远离部件轮廓的运动
第一刀切削	以下情况的进给率:① 退刀槽切削;② 线性粗加工第一刀路;③ 刀具完全进入材料(材料两侧)中的任何粗插
单步执行	指定从一个粗加工刀路到下一个粗加工刀路的单步执行运动(进入到材料)的进给率

UG NX 12.0 CAM 加工工序

6.1 数控加工基础入门案例

本章通过编写一个简单工件的加工程序，讲述 UG NX 12.0 数控编程的基本步骤，先创建几何体（包括设定安全距离，指定加工部件，指定毛坯和切削区域），然后创建刀路，最后再编写刀路，本章着重讲述平面铣和精铣壁刀路。

6.1.1 进入 UG 加工环境

UG 有建模环境、钣金环境、工程图环境、模具设计环境和数控编程环境等，在进行数控编程时，应先进入到数控编程环境。

（1）单击·"打开"按钮，打开第 1 章的 EX01.prt 实体，如图 6.1 所示。

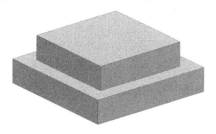

图 6.1 打开 EX01.prt 实体

（2）进入加工环境。

① 在横向菜单中选择"应用模块"，再在快捷按钮栏中单击"加工"按钮，如图 6.2 所示。

图 6.2 单击"加工"按钮

② 弹出"加工环境"对话框,在"CAM 会话配置"列表框中选择"cam_general"选项,在"要创建的 CAM 组装"列表框中选择"mill_planar"选项,如图 6.3 所示。

③ 单击"确定",进入加工环境。

6.1.2 创建加工程序组

为了工作的方便,应将粗加工程序、半精加工程序、精加工程序或者不同刀具的程序放在不同的程序组中,可以有效防止编程时出错的概率。

(1)选择"菜单"→"插入"→"程序"命令,弹出"创建程序"对话框,在"类型"下拉栏中选择"mill_planar"选项,在"位置"区域的"程序"下拉栏中选择"NC_PROGRAM"选项,在"名称"文本框中输入程序名"A",如图 6.4 所示。

图 6.3 设置"加工环境"对话框　　　　图 6.4 设置"创建程序"对话框

(2)单击"确定"按钮,在弹出的"程序"对话框中再单击"确定",在屏幕左边单击"程序顺序视图"按钮 ，在"工序导航器"中出现"A"程序名,如图 6.5 所示。

(3)再次选择"菜单"→"插入"→"程序"命令,弹出"创建程序"对话框,在"类型"下拉栏中选择"mill_planar"选项,在"位置"区域的"程序"下拉栏中选择"A"选项,在"名称"文本框中输入程序名"A1",如图 6.6 所示。

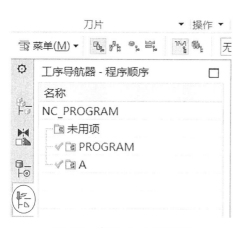

图 6.5　出现"A"程序名　　　　　　图 6.6　设置"创建程序"对话框

（4）单击"确定"按钮，在弹出的"程序"对话框中再单击"确定"，在屏幕左边单击"程序顺序视图"按钮 ，在"A"文件夹中出现"A1"，如图 6.7 所示。

6.1.3　创建几何体

创建几何体主要用于指定工件的安全距离、指定加工部件、毛坯和切削区域。

1. 设定安全距离

（1）选择"菜单"→"插入"→"几何体"命令，弹出"创建几何体"对话框，在"几何体子类型"区域中选择"MCS"按钮 ，在"位置"区域"几何体"下拉栏中选择"GEOMETRY"选项，在"名称"文本对话框中输入"my_mcs"，如图 6.8 所示。

图 6.7　在"A"文件夹中出现"A1"　　图 6.8　在"名称"文本对话框中输入"my_mcs"

（2）单击"确定"按钮，弹出"MCS"对话框，默认"安全距离"为 10 mm，默认"刀轴"为"MCS 的+Z"，如图 6.9 所示。

（3）单击"确定"按钮，设定安全距离和刀轴方向。

2. 指定加工部件

（1）再次选择"菜单"→"插入"→"几何体"命令，弹出"创建几何体"对话框，在"几何体子类型"区域中选择"WORKPIECE"按钮📦，在"位置"区域"几何体"下拉栏中选择"MY_MCS"选项，在"名称"文本对话框中输入"MY_WORKPIECE"，如图 6.10 所示。

图 6.9　设置"MCS"对话框

图 6.10　将"名称"设为"MY_WORKPIECE"

（2）单击"确定"，弹出"工件"对话框，如图 6.11 所示。

（3）在"工件"对话框中单击"指定部件"按钮📦，再选择整个实体。

（4）单击"确定"，返回"工件"对话框。

3. 指定毛坯

（1）在"工件"对话框中单击"指定毛坯"按钮📦，弹出"毛坯几何体"对话框，在"类型"的下拉栏中选择"包容块"选项，在"限制"栏中设置参数，如图 6.12 所示。

图 6.11　"工件"对话框

图 6.12　选择"包容块"选项

（2）单击"确定"按钮，设置毛坯大小，并返回"工件"对话框。

（3）单击"确定"按钮，退出。

4．指定切削区域

（1）再次选择"菜单"→"插入"→"几何体"命令，在"创建几何体"对话框的"几何体子类型"区域中单击"MILL_AREA"按钮，在"位置"区域"几何体"下拉栏中选择"MY_MCS"选项，在"名称"文本对话框中输入"MILL_AREA"，如图6.13所示。

（2）单击"确定"按钮，弹出"铣削区域"对话框，如图6.14所示。

图6.13　选择"MY_MCS"选项

图6.14　"铣削区域"对话框

（3）在"铣削区域"对话框中，单击"指定切削区域"按钮，用框选的方法选择整个实体为切削的区域，先选择第1点，再按住鼠标拖至第2点，即可选择整个实体，如图6.15所示。

（4）单击"确定"按钮，指定切削区域。

（5）单击"确定"按钮，完成切削区域几何体的创建，如图6.16所示。

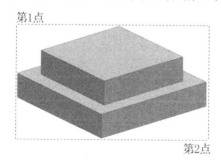

图6.15　选择实体的上表面

图6.16　切削区域几何体

6.2　底壁铣工序

底壁加工是平面铣工序中比较常用的铣削方式之一，它通过选择加工平面来指定加工区域，一般选用端铣刀。底壁加工可以进行粗加工，也可以进行精加工。

下面以图6.17所示的零件来介绍创建底壁加工的一般步骤。

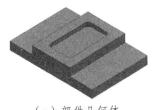
（a）部件几何体

（b）毛坯几何体

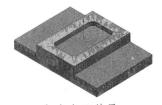
（c）加工结果

图 6.17　底壁加工

6.2.1　打开模型文件并进入加工模块

选择下拉菜单 应用模块 → 加工 命令，在系统弹出的"加工环境"对话框的要创建的 CAM 组装列表框中选择 mill planar 选项，然后单击 确定 按钮，进入加工环境。

6.2.2　进入几何视图

选择 命令，在工序导航器中双击 MCS_MILL 节点，系统弹出图 6.18 所示的"MCS 铣削"对话框。

6.2.3　创建机床坐标系

（1）在"MCS 铣削"对话框的 机床坐标系 区域中单击"CSYS 对话框"按钮，系统弹出"CSYS"对话框，确认在下拉列表中选择 动态 选项。

（2）单击"CSYS"对话框 操控器 区域中的"操控器"按钮，系统弹出"点"对话框，在"点"对话框的 Z 文本框中输入值 65.0，单击 确定 按钮，此时系统返回至"CSYS"对话框。单击 确定 按钮，完成图 6.19 所示机床坐标系的创建，系统返回到"MCS 铣削"对话框。

图 6.18　"MCS 铣削"对话框

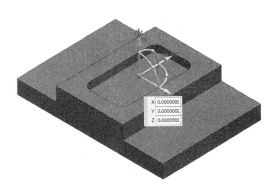

图 6.19　创建机床坐标系

6.2.4　创建安全平面

（1）在"MCS 铣削"对话框 安全设置 区域的 安全设置 选项下拉列表中选择 平面 选项，单击"平面对话框"按钮 🔲，系统弹出"平面"对话框。

（2）选取图 6.20 所示的平面参照，在 偏置 区域的 距离 文本框中输入值 10.0，单击 确定 按钮，系统返回到"MCS 铣削"对话框，完成图 6.20 所示的安全平面的创建。

（3）单击"MCS 铣削"对话框中的 确定 按钮，完成安全平面的创建。

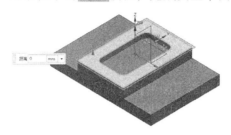

图 6.20　创建安全平面

6.2.5　创建部件几何体

（1）在工序导航器中双击 - ⬢ MCS_MILL 节点下的 - ⬢ WORKPIECE，系统弹出"工件"对话框。

（2）选取部件几何体。单击 🔲 按钮，系统弹出"部件几何体"对话框。在"选择条"工具条中确认"类型过滤器"设置为"实体"，在图形区选取整个零件为部件几何体。

（3）单击 确定 按钮，完成部件几何体的创建，同时系统返回到"工件"对话框。

6.2.6　创建毛坯几何体

（1）在"工件"对话框中单击 ⬡ 按钮，系统弹出"毛坯几何体"对话框。

（2）在下拉列表中选择 🔲 部件的偏置 选项，在 偏置 文本框中输入值 1.0，如图 6.21 所示。

图 6.21　"毛坯几何体"对话框

（3）单击 确定 按钮，系统返回到"工件"对话框。

（4）单击 确定 按钮，完成毛坯几何体的创建。

6.2.7　创建刀具

（1）选择下拉菜单 主页 → 🔲 命令，系统弹出图 6.22 所示的"创建刀具"对话框。

（2）确定刀具类型。在 类型 下拉列表中选择 mill_planar 选项，在 刀具子类型 区域中单击 MILL

按钮团，在 位置 区域的 刀具 下拉列表中选择 GENERIC MACHINE 选项，在 名称 文本框中输入刀具名称"D15R0"，单击 确定 按钮，系统弹出图 6.23 所示的"铣刀-5 参数"对话框。

（3）设置图 6.23 所示的刀具参数，单击 确定 按钮完成刀具的创建。

图 6.22 "创建刀具"对话框

图 6.23 "铣刀-5 参数"对话框

图 6.22"创建刀具"对话框中刀具子类型的说明如下：

（端铣刀）：在大多数的加工中均可以使用此种刀具。

（倒斜铣刀）：带有倒斜角的端铣刀。

（球头铣刀）：多用于曲面以及圆角处的加工。

（球形铣刀）：多用于曲面以及圆角处的加工。

（T 形键槽铣刀）：多用于键槽加工。

（桶形铣刀）：多用于平面和腔槽的加工。

（螺纹刀）：用于铣螺纹。

（用户自定义铣刀）：用于创建用户特制的铣刀。

（刀库）：用于刀具的管理，可将每把刀具设定一个唯一的刀号。

（刀座）：用于装夹刀具。

（动力头）：给刀具提供动力。

注：如果在加工的过程中，需要使用多把刀具，比较合理的方式是一次性把所需的刀具全部创建完毕，这样在后面的加工中直接选取创建好的刀具即可，有利于后续工作的快速完成。

6.2.8 创建底壁加工工序

（1）插入工序。

（2）选择下拉菜单画  命令，系统弹出"创建工序"对话框。

（3）确定加工方法。在"创建工序"对话框的 类型 下拉列表中选择 mill planar 选项，在 工序子类型 区域中单击"底壁加工"按钮 ，在程序下拉列表中选择 PROGRAM 选项，在刀具下拉列表中选择 D15R0 (铣刀-5 参数) 选项，在几何体下拉列表中选择 WORKPIECE 选项，在方法下拉列表中选择 MILL_FINISH 选项，采用系统默认的名称。

（4）单击 确定 按钮，系统弹出如图 6.24 所示的"底壁铣"对话框。

6.2.9　指定切削区域

（1）在几何体区域中单击"选择或编辑切削区域几何体"按钮 ，系统弹出图 6.25 所示的"切削区域"对话框。

（2）选取图 6.26 所示的面为切削区域，单击 确定 按钮，完成切削区域的创建，同时系统返回到"底壁加工"对话框。

图 6.24　"底壁铣"对话框

图 6.25　"切削区域"对话框

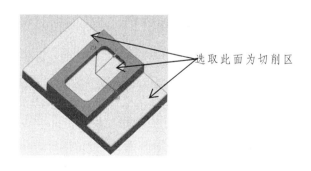

图 6.26　指定切削区域

图 6.24 所示"底壁铣"对话框中的各按钮说明如下。

：用于创建新的几何体。

：用于对部件几何体进行编辑。

：检查几何体是在切削加工过程中需要避让的几何体，如夹具或重要的加工平面。

：指定部件几何体中需要加工的区域，该区域可以是部件几何体中的几个重要部分，也可以是整个部件几何体。

：通过设置侧壁几何体来替换工件余量，表示除了加工面以外的全局工件余量。

：用于切削参数的设置。

：用于进刀、退刀等参数的设置。

：用于主轴速度、进给率等参数的设置。

6.2.10 显示刀具和几何体

（1）显示刀具。在 工具 区域中单击"编辑/显示"按钮 ![icon]，系统弹出"铣刀-5 参数"对话框，同时在图形区会显示当前刀具，在弹出的对话框中单击 取消 按钮。

（2）显示几何体。在 几何体 区域中单击"显示"按钮 ![icon]，在图形区中会显示当前的部件几何体以及切削区域。

说明：这里显示的刀具和几何体用于确认前面的设置是否正确，如果能保证前面的设置无误，可以省略此步操作。

6.2.11 设置刀具路径参数

（1）设置切削模式。在 刀轨设置 区域的 切削模式 下拉列表中选择 ![icon] 跟随周边 选项。

（2）设置步进方式。在 步距 下拉列表中选择 % 刀具平直 选项，在 平面直径百分比 文本框中输入"50.0"，在 底面毛坯厚度 文本框中输入"1.0"，在 每刀切削深度 文本框中输入"0.5"。

6.2.12 设置切削参数

（1）单击"底壁加工"对话框 刀轨设置 区域中的"切削参数"按钮 ![icon]，系统弹出"切削参数"对话框。单击 策略 选项卡，设置参数如图 6.27 所示。

图 6.27 所示的"切削参数"对话框"策略"选项卡中的各选项说明如下。

切削方向：用于指定刀具的切削方向，包括 顺铣 和 逆铣 两种方式。

☑ 顺铣：沿刀轴方向向下看，主轴的旋转方向与运动方向一致。

☑ 逆铣：沿刀轴方向向下看，主轴的旋转方向与运动方向相反。

图 6.27　"策略"选项卡

选中 精加工刀路 区域 ☑添加精加工刀路 复选框，系统会出现如下选项。

刀路数：用于指定精加工走刀的次数。

精加工步距：用于指定精加工两道切削路径之间的距离，可以是一个固定的距离值，也可以是以刀具直径的百分比表示的值。取消选中 □添加精加工刀路 复选框，零件中岛屿侧面的刀路轨迹如图 6.28（a）所示；选中 ☑添加精加工刀路 复选框，并在 刀路数 文本框中输入 "2.0"，此时零件中岛屿侧面的刀路轨迹如图 6.28（b）所示。

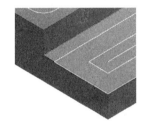
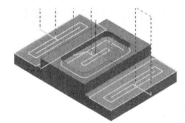
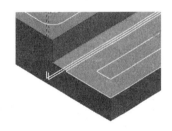

（a）无精加工刀路（放大）　　（b）有精加工刀路　　（c）有精加工刀路（放大图）

图 6.28　设置精加工刀路

□允许底切复选框：取消选中该复选框可防止刀柄与工件或检查几何体碰撞。

（2）单击 余量 选项卡，设置参数如图 6.29 所示。

图 6.29 所示的"切削参数"对话框"余量"选项卡中的各选项说明如下。

部件余量：用于定义在当前平面铣削结束时，留在零件周壁上的余量。通常在粗加工或半精加工时会留有一定的部件余量用于精加工。

壁余量：用于定义零件侧壁面上剩余的材料，该余量是在每个切削层上沿垂直于刀轴方向测量的，应用于所有能够进行水平测量的部件的表面上。

最终底面余量：用于定义当前加工操作后保留在腔底和岛屿顶部的余量。

毛坯余量：用于定义刀具定位点与所创建的毛坯几何体之间的距离。

检查余量：用于定义刀具与已创建的检查边界之间的余量。

内公差：用于定义切削零件时允许刀具切入零件的最大偏距。

外公差：用于定义切削零件时允许刀具离开零件的最大偏距。

（3）单击**拐角**选项卡，设置参数如图 6.30 所示。

图 6.29 "余量"选项卡　　　　　　　　图 6.30 "拐角"选项卡

图 6.30 所示的"切削参数"对话框"拐角"选项卡中的各选项说明如下。

凸角：用于设置刀具在零件拐角处的切削运动方式，有 绕对象滚动 、团到和 延伸 三个选项。

光顺：用于添加并设置拐角处的圆弧刀路，有 所有刀路 和图两个选项。添加圆弧拐角刀路可以减少刀具突然转向对机床的冲击，一般在实际加工中都将此参数设置值为 所有刀路 。此参数生成的刀路轨迹如图 6.31 所示。

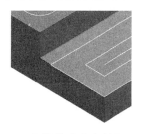
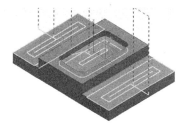
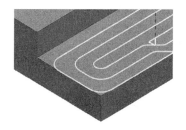

设置前（放大图）　　　　　　设置后　　　　　　设置后（放大图）

图 6.31 设置光顺拐角

（4）单击**连接**选项卡，设置参数如图 6.32 所示。

图 6.32 所示的"切削参数"对话框"连接"选项卡中的各选项说明如下。

切削顺序区域的 **区域排序** 下拉列表中提供了 4 种加工顺序的方式。

☑ **标准**：根据切削区域的创建顺序来确定各切削区域的加工顺序。

☑ **优化**：根据抬刀后横越运动最短的原则决定切削区域的加工顺序，效率比"标准"顺序高，系统默认为此选项。

☑ **跟随起点**：将根据创建"切削区域起点"时的顺序来确定切削区域的加工顺序。

☑ **跟随预钻点**：将根据创建"预钻进刀点"时的顺序来确定切削区域的加工顺序。

跨空区域 区域中的 **运动类型** 下拉列表：用于创建在 跟随周边 切削模式中跨空区域的刀路类型，共有 3 种运动方式。

☑ **跟随**：刀具跟随跨空区域形状移动。

☑ **切削**：在跨空区域做切削运动。

☑ **移刀**：在跨空区域中移刀。

（5）单击 **空间范围** 选项卡，设置参数如图 6.33 所示；单击 **确定** 按钮，系统返回"底壁加工"对话框。

图 6.32　"连接"选项卡

图 6.33　"空间范围"选项卡

图 6.33 所示的"切削参数"对话框"空间范围"选项卡中的部分选项说明如下。

① **毛坯** 区域的各选项

☑ **毛坯** 下拉列表：用于设置毛坯的加工类型，包括如下三种类型。

◆ **厚度**：选择此选项后，将会激活其下的 **底面毛坯厚度** 和 **壁毛坯厚度** 文本框。用户可以输入相应的数值以分别确定底面和侧壁的毛坯厚度值。

◆ **毛坯几何体**：选择此选项后，将会按照工件几何体或铣削几何体中已提前定义的毛坯几何体进行计算和预览。

◆ **3D IPW**：选择此选项后，将会按照前面工序加工后的 IPW 进行计算和预览。

② **切削区域** 区域的各选项

☑ 面到：用于设置刀路轨迹是否根据部件的整体外部轮廓来生成。选中 **部件轮廓** 选项，刀路轨迹则延伸到部件的最大外部轮廓，如图 6.34 所示；选中 **无** 选项，刀路轨迹只在所选切削区域内生成，如图 6.35 所示；选中 **毛坯轮廓** 选项，刀路轨迹则延伸到毛坯的最大外部轮廓（仅在"毛坯几何体"有效时可用）。

☑ 题到：用于设置加工多个等高的平面区域时，相邻刀路轨迹之间的合并距离值。如果两条刀路轨迹之间的最小距离小于合并距离值，那么这两条刀路轨迹将合并成为一条连续的刀路轨迹，合并距离值越大，合并的范围也越大。当合并距离值设置为 0 时，两区域间的刀路轨迹是独立的，如图 6.36 所示；合并距离值设置为 40 mm 时，两区域间的刀路轨迹完全合并，如图 6.37 所示。

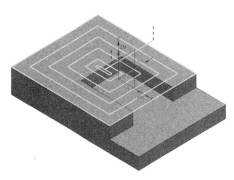

图 6.34　刀路延伸到部件的外部轮廓

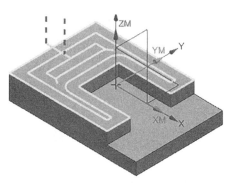

图 6.35　刀路在切削区域内生成

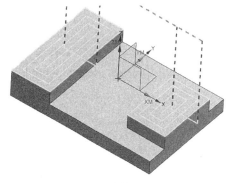

图 6.36　刀路轨迹（一）

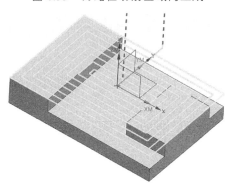

图 6.37　刀路轨迹（二）

☑ **简化形状**：用于设置刀具的走刀路线相对于加工区域轮廓的简化形状，系统提供了 **⌐ 轮廓**、**⌐ 凸包**、**⌐ 最小包围盒** 三种走刀路线。选择 **⌐ 轮廓** 选项时，刀路轨迹如图 6.38 所示；选择 **⌐ 最小包围盒** 选项时，刀路轨迹如图 6.39 所示。

☑ **切削区域空间范围**：用于设置刀具的切削范围。当选择 **底面** 选项时，刀具只在底面边界的垂直范围内进行切削，此时侧壁上的余料将被忽略；当选择 **壁** 选项时，刀具只在底面和侧壁围成的空间范围内进行切削。

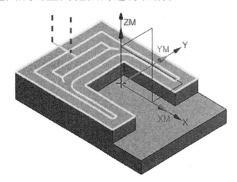

图 6.38　简化形状为"轮廓"的刀路轨迹

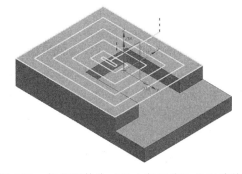

图 6.39　简化形状为"最小包围盒"的刀路轨迹

☑ **☐ 精确定位复选框**：用于设置在计算刀具路径时是否忽略刀具的尖角半径值。选中该复选框，将会精确计算刀具的位置；否则，将忽略刀具的尖角半径值，此时在倾斜的侧壁上将会留下较多的余料。

☑ **刀具延展量**：用于设置刀具延展到毛坯边界外的距离，该距离可以是一个固定值，也可以是刀具直径的百分比值。

6.2.13　设置非切削移动参数

（1）单击"底壁加工"对话框刀轨设置区域中的"非切削移动"按钮 ，系统弹出"非切削移动"对话框。

（2）单击进刀选项卡，其参数的设置如图 6.40 所示，其他选项卡中的参数设置值采用系统的默认值，单击确定按钮完成非切削移动参数的设置。

图 6.40　"进刀"选项卡

图 6.40 所示的"非切削移动"对话框"进刀"选项卡中的各选项说明如下。

封闭区域：用于设置部件或毛坯边界之内区域的进刀方式。

与开放区域相同：用于设置刀具在封闭区域中进刀时切入工件的类型。

☑ 螺旋：刀具沿螺旋线切入工件，刀具轨迹（刀具中心的轨迹）是一条螺旋线，此种进刀方式可以减少切削时对刀具的冲击力。

☑ 沿形状斜进刀：刀具按照一定的倾斜角度切入工件，能减少刀具的冲击力。

☑ 插削：刀具沿直线垂直切入工件，进刀时刀具的冲击力较大，一般不选择这种进刀方式。

☑ 无：没有进刀运动。

斜坡角度：用于定义刀具斜进刀进入部件表面的角度，即刀具切入材料前的最后一段进刀轨迹与部件表面的角度。

高度：用于定义刀具沿形状斜进刀或螺旋进刀时的进刀点与切削点的垂直距离，即进刀点与部件表面的垂直距离。

高度起点：用于定义前面高度选项的计算参照。

最小安全距离：用于定义沿形状斜进刀或螺旋进刀时，工件内非切削区域与刀具之间的最小安全距离。

最小斜坡长度：用于定义沿形状斜进刀或螺旋进刀时最小倾斜斜面的水平长度。

开放区域：用于设置在部件或毛坯边界之外区域，刀具靠近工件时的进刀方式。

进刀类型：用于设置刀具在开放区域中进刀时切入工件的类型。

☑ 与封闭区域相同：刀具的走刀类型与封闭区域的相同。

☑ 线性：刀具按照指定的线性长度以及旋转的角度等参数进行移动，刀具逼近切削点时的刀轨是一条直线或斜线。

☑ 线性·相对于切削：刀具相对于衔接的切削刀路呈直线移动。

☑ 圆弧：刀具按照指定的圆弧半径以及圆弧角度进行移动，刀具逼近切削点时的刀轨是一段圆弧。

☑ 点：从指定点开始移动。选取此选项后，可以用下方的"点构造器"和"自动判断点"来指定进刀开始点。

☑ 线性·沿矢量：指定一个矢量和一个距离来确定刀具的运动矢量、运动方向和运动距离。

☑ 角度 角度 平面：刀具按照指定的两个角度和一个平面进行移动。其中，角度可以确定进刀的运动方向，平面可以确定进刀开始点。

☑ 矢量平面：刀具按照指定的一个矢量和一个平面进行移动，矢量确定进刀方向，平面确定进刀开始点。

注意：选择不同的进刀类型时，"进刀"选项卡中参数的设置会不同，应根据加工工件的具体形状选择合适的进刀类型，从而进行各参数的设置。

6.2.14　设置进给率和速度

（1）单击"底壁加工"对话框中的"进给率和速度"按钮 ⊕，系统弹出图 6.41 所示的"进给率和速度"对话框。

（2）选中主轴速度区域中的 ☑ 主轴速度 (rpm) 复选框，在其后的文本框中输入"1500.0"，在进给率区域的切削文本框中输入"800.0"，按 Enter 键，然后单击 ▣ 按钮，其他参数的设置如图 6.41 所示。

（3）单击 确定 按钮，系统返回"底壁加工"对话框。

注意：这里不设置表面速度和每齿进给量并不表示其值为 0，单击 ▣ 按钮后，系统会根据主轴转速计算表面速度，再根据切削进给率自动计算每齿进给量。

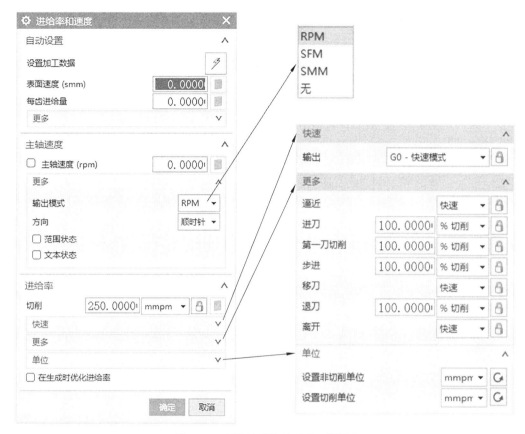

图 6.41 "进给率和速度"对话框

图 6.41 所示的"进给率和速度"对话框中的各选项说明如下。

表面速度 (smm)：用于设置表面速度。表面速度即刀具在旋转切削时与工件的相对运动速度，与机床的主轴速度和刀具直径相关。

每齿进给量：刀具每个切削齿切除材料量的度量。

输出模式：系统提供了以下三种主轴速度输出模式。

☑ `RPM ▼`：以每分钟转数为单位创建主轴速度。

☑ `SFM ▼`：以每分钟曲面英尺为单位创建主轴速度。

☑ `SMM ▼`：以每分钟曲面米为单位创建主轴速度。

☑ `无 ▼`：没有主轴输出模式。

☑ **范围状态**复选框：选中该复选框以激活 **范围**文本框， **范围**文本框用于创建主轴的速度范围。

☑ **文本状态**复选框：选中该复选框以激活其下的文本框，可输入必要的字符。在 CLSF 文件输出时，此文本框中的内容将添加到 LOAD 或 TURRET 中；在后处理时，此文本框中的内容将存储在 mom 变量中。

切削：切削过程中的进给量，即正常进给时的速度。

快速区域：用于设置快速运动时的速度，即刀具从开始点到下一个前进点的移动速度，有 `G0 - 快速模式 ▼`、`G1 - 进给模式 ▼`两种选项可选。

更多区域中各选项的说明如下（刀具的进给率和速度见图 6.42 ）。

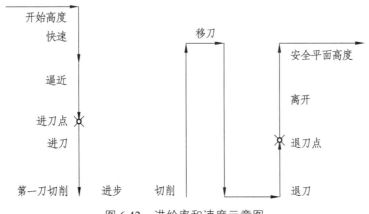

图 6.42　进给率和速度示意图

☑ **逼近**：用于设置刀具接近时的速度，即刀具从起刀点到进刀点的进给速度。在多层切削加工中，它控制刀具从一个切削层到下一个切削层的移动速度。默认为 快速 ▾ 模式，可通过其后的下拉列表选择 无 ▾、mmpm ▾（毫米/分钟）、mmpr ▾（毫米/转）、快速 ▾、% 切削 ▾ 等模式。

注意：以下几处进给率的设定方法与此类似，故不再赘述。

☑ **进刀**：用于设置刀具从进刀点到初始切削点时的进给率。

☑ **第一刀切削**：用于设置第一刀切削时的进给率。

☑ **步进**：用于设置刀具进入下一个平行刀轨切削时的横向进给速度，即铣削宽度，多用于往复式的切削方式。

☑ **移刀**：用于设置刀具从一个切削区域跨越到另一个切削区域时做水平非切削移动时刀具的移动速度。移刀时，刀具先抬刀至安全平面高度，然后做横向移动，以免发生碰撞。

☑ **退刀**：用于设置退刀时，刀具切出部件的速度，即刀具从最终切削点到退刀点之间的速度。

☑ **离开**：设置离开时的进给率，即刀具退出加工部位到返回点的移动速度。在钻孔加工和车削加工中，刀具由里向外退出时和加工表面有很小的接触，因此速度会影响加工表面的表面粗糙度。

区域中各选项的说明如下：

☑ **置到**：单击其后的"更新"按钮 ↻，可将所有的"非切削进给率"单位设置为下拉列表中的 无 ▾、mmpn ▾（毫米/分钟）、mmpr ▾（毫米/转）或 快速 ▾ 等类型。

☑ **设置切削单位**：单击其后的"更新"按钮 ↻，可将所有的"切削进给率"单位设置为下拉列表中的 mmpn ▾（毫米/分钟）、mmpr ▾（毫米/转）或 快速 ▾ 等类型。

6.2.15　生成刀路轨迹并仿真

（1）在"底壁加工"对话框中单击"生成"按钮 ▶，在图形区中生成图 6.43 所示的刀路轨迹。

（2）在图形区通过旋转、平移、放大视图，再单击"重播"按钮 ⬚ 重新显示路径，可以从不同角度对刀路轨迹进行查看，以判断其路径是否合理。

（3）单击"确认"按钮 ⬚，系统弹出图 6.44 所示的"刀轨可视化"对话框。

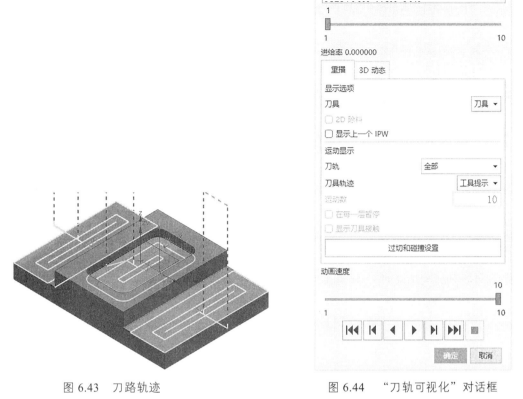

图 6.43　刀路轨迹　　　　　　　图 6.44　"刀轨可视化"对话框

（4）使用 2D 动态仿真。单击 重播 选项卡，采用系统默认设置值，调整动画速度后单击
"播放"按钮 ▶ ，即可演示 2D 动态仿真加工，完成演示后的模型如图 6.45 所示，仿真完成
后单击 确定 按钮，完成刀轨确认操作。

（5）单击 确定 按钮，完成操作。

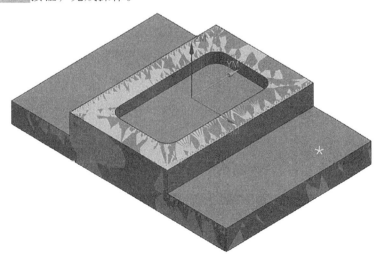

图 6.45　2D 仿真结果

6.2.16 保存文件

选择下拉菜单 文件(F) → ⊟命令，保存文件。

6.3 平面铣

平面铣是使用边界来创建几何体的平面铣削方式，既可用于粗加工，也可用于精加工零件表面和垂直于底平面的侧壁。与面铣不同的是，平面铣是通过生成多层刀轨逐层切削材料来完成的，其中增加了切削层的设置，读者在学习时要重点关注。下面以图 6.46 所示的零件介绍创建平面铣加工的一般步骤。

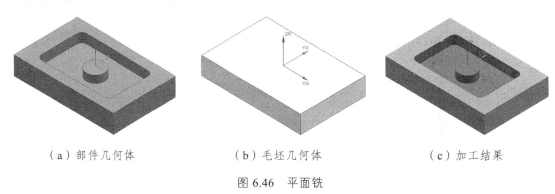

（a）部件几何体   （b）毛坯几何体   （c）加工结果

图 6.46   平面铣

6.3.1 打开模型文件并进入加工环境

选择下拉菜单 应用模块 → 创建工序 命令，选择初始化的 CAM 设置为 mill_planar 选项。

6.3.2 创建几何体

（1）在工序导航器中将视图调整到几何视图状态，双击坐标系节点 ⬚ MCS_MILL，系统弹出"MCS 铣削"对话框。

（2）创建机床坐标系。设置机床坐标系与系统默认机床坐标系位置在 Z 方向的偏距值为 30.0，如图 6.47 所示。

6.3.3 创建安全平面

（1）在"MCS 铣削"对话框 安全设置 区域的 安全设置 选项下拉列表中选择 平面 选项，单击"平面对话框"按钮 🖫，系统弹出"平面"对话框。

（2）设置安全平面与图 6.48 所示的参考模型表面偏距值为 15.0。

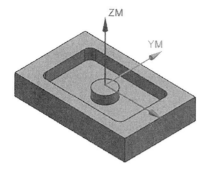

图 6.47　创建机床坐标系

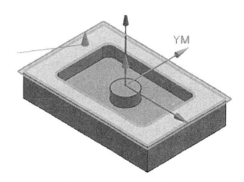

图 6.48　创建安全平面

6.3.4　创建部件几何体

（1）在工序导航器中双击 - ⚡MCS_MILL节点下的 - 🔲WORKPIECE，在系统弹出的"工件"对话框中单击🔲按钮，系统弹出"部件几何体"对话框。

（2）确认"选择条"工具条中的"类型过滤器"设置为"实体"，在图形区选取整个零件为部件几何体，单击 确定 按钮，系统返回到"工件"对话框。

6.3.5　创建毛坯几何体

（1）在"工件"对话框中单击🔲按钮，在系统弹出的"毛坯几何体"对话框的下拉列表中选择🔲包容块选项。

（2）单击 确定 按钮，系统返回到"工件"对话框，然后再单击 确定 按钮。

6.3.6　创建边界几何体

（1）选择下拉菜单 主页 → 🔲创建几何体命令，系统弹出图 6.49 所示的"创建几何体"对话框。

（2）在几何体子类型区域中单击"MILL_BND"按钮🔲，在位置区域的几何体下拉列表中选择 MORKbIECE ▲选项，采用系统默认的名称。

（3）单击 确定 按钮，系统弹出图 6.50 所示的"铣削边界"对话框。

图 6.49　"创建几何体"对话框

图 6.50　"铣削边界"对话框

（4）单击指定部件边界右侧的 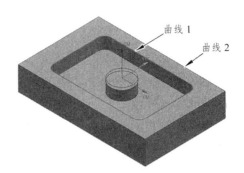 按钮，系统弹出"部件边界"对话框，如图 6.51 所示。

（5）在 选择方法 下拉列表中选择 ∫曲线 选项，在 边界类型 下拉列表中选择 封闭 选项，在 刀具侧 下拉列表中选择 内侧 选项，在 平面 下拉列表中选择 自动 选项，在图形区选取图 6.52 所示的曲线 1。

图 6.51　"部件边界"对话框

图 6.52　边界和底面

（6）单击"添加新集"按钮图，在 刀具侧 下拉列表中选择 外侧 选项，其余参数不变，在图形区选取图 6.52 所示的曲线 2；单击 确定 按钮，完成边界的创建，返回到"铣削边界"对话框。

（7）单击指定底面右侧的 按钮，系统弹出"平面"对话框，在图形区中选取图 6.52。所示的底面参照。单击 确定 按钮，完成底面的指定，返回到"铣削边界"对话框。

（8）单击 确定 按钮，完成边界几何体的创建。

6.3.7　创建刀具

（1）选择下拉菜单 主页 →  命令，系统弹出"创建刀具"对话框。

（2）确定刀具类型。选择 刀具子类型 为 𝕓，在 名称 文本框中输入刀具名称"D10R0"，单击 确定 按钮，系统弹出"铣刀-5 参数"对话框。

（3）设置刀具参数。在 尺寸 区域的(D) 直径 文本框中输入"10.0"，在(R1) 下半径 文本框 中输入"0.0"，其他参数采用系统默认设置值，单击 确定 按钮，完成刀具的创建。

6.3.8　创建平面铣工序

（1）选择下拉菜单 主页 → 命令，系统弹出"创建工序"对话框，如图 6.53 所示。

（2）确定加工方法。在 类型 下拉列表中选择 mill_planar 选项，在 工序子类型 区域中单击"平面铣"按钮 ，在 程序 下拉列表中选择 PROGRAM 选项，在 刀具 下拉列表中选择 D10R0 (铣刀-5 参数) 选项，在 几何体 下拉列表中选择 MILL_BND 选项，在 方法 下拉列表中选择 MILL_SEMI_FINISH 选项，采用系统默认的名称。

（3）单击 确定 按钮，系统弹出图 6.54 所示的"平面铣"对话框。

图 6.53 "创建工序"对话框

图 6.54 "平面铣"对话框

6.3.9 设置刀具路径参数

（1）设置一般参数。在 切削模式 下拉列表中选择 跟随部件 选项，在 步距 下拉列表 中选择 % 刀具平直 选项，在 平面直径百分比 文本框中输入"50.0"，其他参数采用系统默认设置值。

6.3.10 设置切削层

（1）在"平面铣"对话框中单击"切削层"按钮 ，系统弹出图 6.55 所示的"切削层"对话框。

（2）在 类型 下拉列表中选择 恒定 选项，在 公共 文本框中输入"1.0"，其余参数采用系统默认设置值，单击 确定 按钮，系统返回到"平面铣"对话框。

图 6.55 "切削层"对话框

图 6.55 所示的"切削层"对话框中的部分选项说明如下。

类型：用于设置切削层的定义方式，共有 5 个选项。

☑ 用户定义：选择该选项，可以激活相应的参数文本框，需要用户输入具体的数值来定义切削深度参数。

☑ 仅底面：选择该选项，系统仅在指定底平面上生成单个切削层。

☑ 底面及临界深度：选择该选项，系统不仅在指定底平面上生成单个切削层，并且会在零件中的每个岛屿的顶部区域生成一条清除材料的刀轨。

☑ 临界深度：选择该选项，系统会在零件中的每个岛屿顶部生成切削层，同时也会在底平面上生成切削层。

☑ 恒定：选择该选项，系统会以恒定的深度生成多个切削层。

公共 文本框：用于设置每个切削层允许的最大切削深度。

☑ 临界深度顶面切削复选框：选择该复选框，可额外在每个岛屿的顶部区域生成一条清除材料的刀轨。

增量侧面余量 文本框：用于设置多层切削中连续层的侧面余量增加值，该选项常用在多层切削的粗加工操作中。设置此参数后，每个切削层移除材料的范围会随着侧面余量的递增而相应减少，如图 6.56 所示。当切削深度较大时，设置一定的增量值可以减轻刀具压力。

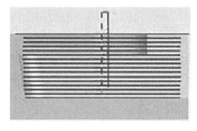 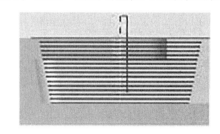

（a）设置前　　　　　　　　　　（b）设置后

图 6.56　设置侧面余量增量

6.3.11　设置切削参数

（1）在"平面铣"对话框中单击"切削参数"按钮 ☶，系统弹出"切削参数"对话框。

（2）单击 余量 选项卡，在 部件余量 文本框中输入"0.5"。

（3）单击 拐角 选项卡，在 光顺 下拉列表中选择 所有刀路 选项。

（4）单击 连接 选项卡，设置图 6.57 所示的参数。

图 6.57 所示的"切削参数"对话框中"连接"选项卡的部分选项说明如下：

☑ 跟随检查几何体复选框：选中该复选框后，刀具将不抬刀绕开"检查几何体"进行切削，否则刀具将使用传递的方式进行切削。

开放刀路：用于创建在"跟随部件"切削模式中开放形状部位的刀路类型。

☑ 保持切削方向 ▾ ：在切削过程中，保持切削方向不变。

☑ 变换切削方向 ▾ ：在切削过程中，切削方向可以改变。

☑ 短距离移动时的进给 复选框：只有当选择 变换切削方向 ▾选项后，此复选框才可用，选中该复选框时，最大移刀距离 文本框可用，在文本框中设置变换切削方向时的最大移刀距离。

（5）单击 确定 按钮，系统返回到"平面铣"对话框。

图 6.57　"连接"选项卡

6.3.12　设置非切削移动参数

（1）在"平面铣"对话框的刀轨设置区域中单击"非切削移动"按钮 ，系统弹出"非切削移动"对话框。

（2）单击 进刀 选项卡，其参数设置值如图 6.58 所示，单击 确定 按钮，完成非切削移动参数的设置。

图 6.58　"退刀"选项卡

6.3.13　设置进给率和速度

（1）单击"平面铣"对话框中的"进给率和速度"按钮🛞，系统弹出"进给率和速度"对话框。

（1）选中 主轴速度 区域中的 ☑ 主轴速度 (rpm) 复选框，在其后的文本框中输入"3000.0"。

（2）在 进给率 区域的文本框中输入"800.0"，按 Enter 键，然后单击▣按钮，其他参数采用系统默认设置值。

（3）单击 确定 按钮，完成进给率和速度的设置。

6.3.14　生成刀路轨迹并仿真

（1）在"平面铣"对话框中单击"生成"按钮▶，在图形区中生成图 6.59 所示的刀路轨迹。

（2）使用 3D 动态仿真。完成仿真后的模型如图 6.60 所示。

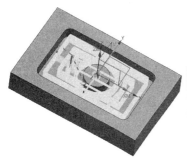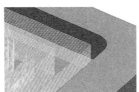

图 6.59　刀路轨迹　　　　　　　　　　　　　图 6.60　3D 动态仿真加工后的结果

6.3.15　保存文件

选择下拉菜单 文件(F) → 🖫 命令，保存文件。

6.4　平面轮廓铣

平面轮廓铣是平面铣操作中比较常用的铣削方式之一，通俗地讲就是平面铣的轮廓铣削，不同之处在于平面轮廓铣不需要指定切削驱动方式，系统自动在所指定的边界外产生适当的切削刀路。平面轮廓铣多用于修边和精加工处理。下面以图 6.46 所示的零件来介绍创建平面轮廓铣加工的一般步骤。

6.4.1　打开模型

选择下拉菜单 应用模块 → 🎇 命令，选择初始化的 CAM 设置为 mill_planar 选项。
创建工序

6.4.2　创建刀具

（1）选择下拉菜单 主页 → 🔧 命令，系统弹出"创建刀具"对话框。
创建刀具

（2）确定刀具类型。选择 刀具子类型 为 🔧，在 名称 文本框中输入刀具名称"D8R0"，单

击 ▩▩ 按钮，系统弹出"铣刀-5 参数"对话框。

（3）设置刀具参数。在尺寸区域的(D) 直径文本框中输入"8.0"，在(R1) 下半径文本框中输入"0.0"，其他参数采用系统默认设置值，单击 ▩▩ 按钮，完成刀具的创建如图 6.61 所示。

6.4.3 创建平面轮廓铣工序

（1）选择下拉菜单主页→▩命令，系统弹出"创建工序"对话框，如图 6.62 所示。

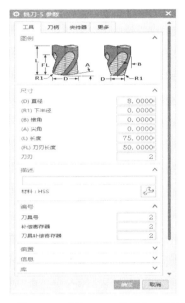

图 6.61 "铣刀-5 参数"对话框

图 6.62 "创建工序"对话框

（2）确定加工方法。在类型下拉列表中选择 mill_planar 选项，在工序子类型区域中单击"平面轮廓铣"按钮▩，在程序下拉列表中选择 PROGRAM 选项，在刀具下拉列表中选择 D8R0 (铣刀-5 参数) ▾ 选项，在几何体下拉列表中选择 MILL_BND 选项，在方法下拉列表中选择 MILL_SEMI_FINISH 选项，采用系统默认的名称。

（3）单击 ▩▩ 按钮，此时，系统弹出图 6.63 所示的"平面轮廓铣"对话框。

（4）创建部件边界。

图 6.63 所示的"平面轮廓铣"对话框中的部分选项说明如下。

▩：用于创建完成后部件几何体的边界。

▩：用于创建毛坯几何体的边界。

▩：用于创建不希望破坏几何体的边界，如夹具等。

▩：用于指定修剪边界进一步约束切削区域的边界。

▩：用于创建底部面最低的切削层。

6.4.4 几何体选择

（1）在"平面轮廓铣"对话框的几何体区域中单击▩按钮，系统弹出图 6.64 所示的"边界几何体"对话框。

图 6.63 "平面轮廓铣"对话框

图 6.64 "边界几何体"对话框

图 6.64 所示的"边界几何体"对话框中的部分选项说明如下。

选择方法：下拉列表提供了 4 种选择边界的方法。

刀具侧：该下拉列表中的选项用于指定部件的材料处于边界的哪一侧。

平面：该下拉列表中的选项用于指定部件的材料处于边界的加工起始位置。

（2）在"边界几何体"对话框的**选择方法**下拉列表中选择 曲线 选项，系统弹出图 6.65 所示的"创建边界"对话框。

（3）在**刀具侧**下拉列表中选择 内侧 选项，其他参数采用系统默认选项。在零件模型上选取图 6.66 所示的曲线 1 为几何体边界，单击"添加新集"对话框中的 按钮。

（4）在**刀具侧**下拉列表中选择 外侧 选项，选取图 6.66 所示的曲线 2 为几何体边界，单击 确定 按钮，系统返回到"边界几何体"对话框。

（5）单击 确定 按钮，系统返回到"平面轮廓铣"对话框，完成部件边界的创建。

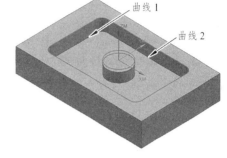

图 6.65 "创建边界"对话框   图 6.66 创建边界

图 6.65 所示的"创建边界"对话框中的部分选项说明如下。

边界类型：用于定义边界的类型，包括 封闭 ▼ 和 开放 ▼ 两种类型。

封闭 ▼ ：一般创建的是一个加工区域，可以通过选择线和面的方式来创建加工区域。

开放 ▼ ： 一般创建的是一条加工轨迹，通常通过选择加工曲线创建加工区域。

平面：用于创建工作平面，可以通过用户创建，也可以通过系统自动选择。

指定 ▼ ：可以通过手动的方式选择模型现有的平面或者通过构建的方式创建平面。

自动 ▼ ：系统根据所选择的定义边界的元素自动计算出工作平面。

刀具侧：用于指定边界哪一侧的材料被保留。

（6）指定底面。

（7）在"平面轮廓铣"对话框中单击 按钮，系统弹出图 6.67 所示的"平面"对话框，在下拉列表中选择 自动判断 选项。

（8）在模型上选取图 6.68 所示的参照模型平面，在 偏置 区域的 距离 文本框中输入 "-10.0"，单击 确定 按钮，完成底面的指定。

图 6.67   "平面"对话框

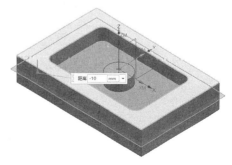

图 6.68   指定底面

说明：如果在（2）中几何体选择 MILL_BND 选项，就会继承 MILL_BND 边界几何体中所定义的边界和底面，那么（3）~（5）就不需要执行了。这里采用（3）~（5）的操作是为了说明相关选项的含义和用法。

6.4.5　显示刀具和几何体

（1）显示刀具。在 工具 区域中单击"编辑/显示"按钮 ，系统弹出"铣刀-5 参数"对话框，同时在图形区会显示当前刀具的形状及大小，单击 确定 按钮。

（2）显示几何体边界。在指定部件边界右侧单击"显示"按钮 ，在图形区会显示当前创建的几何体边界。

6.4.6　创建刀具路径参数

（1）在 刀轨设置 区域的 部件余量 文本框中输入"0.0"，在 切削进给 文本框中输入"250.0"，在其后的下拉列表中选择 mmpm 选项。

（2）在 切削深度 下拉列表中选择 恒定 选项，在公共文本框中输入"2.0"，其他参数采用系统默认设置值。

6.4.7　设置切削参数

（1）单击"平面轮廓铣"对话框中的"切削参数"按钮 ，系统弹出"切削参数"对话框，单击 策略 选项卡，设置参数如图 6.69 所示。

图 6.69 所示"策略"选项卡中的部分选项说明如下。

深度优先 ：切削完工件上某个区域的所有切削层后，再进入下一切削区域进行切削。

层优先 ：将全部切削区域中的同一高度层切削完后，再进行下一个切削层进行切削。

（2）单击 余量 选项卡，采用系统默认的参数设置值。

（3）单击 连接 选项卡，在切削顺序区域的区域排序下拉列表中选择 标准 选项，单击 确定 按钮，系统返回到"平面轮廓铣"对话框。

图 6.69　"策略"选项卡

（4）设置非切削移动参数

采用系统默认的非切削移动参数的设置。

6.4.8　设置进给率和速度

（1）单击"平面轮廓铣"对话框中的"进给率和速度"按钮 ，系统弹出"进给率和速度"对话框。

（2）选中 主轴速度 (rpm) 复选框，然后在其后的文本框中输入"2000.0"，在 切削 文本框中输入"250.0"，按 Enter 键，然后单击 按钮，其他参数的设置如图 6.70 所示。

图 6.70　"进给率和速度"对话框

（2）单击 按钮，完成进给率和速度的设置，系统返回到"平面轮廓铣"对话框。

6.4.9　生成刀路轨迹并仿真

（1）在"平面轮廓铣"对话框中单击"生成"按钮 ，在图形区中生成图 6.71 所示的刀路轨迹。

（2）单击"确认"按钮 ，系统弹出"刀轨可视化"对话框。单击 2D 动态 选项卡，采用系统默认设置值，调整动画速度后单击"播放"按钮 ，完成演示后的模型如图 6.72 所示，仿真完成后单击 按钮，完成操作。

6.4.10　保存文件

选择下拉菜单 文件(F) → 命令，保存文件。

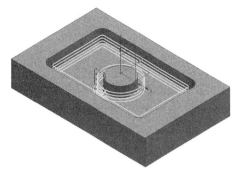

图 6.71　刀路轨迹　　　　　　　　图 6.72　3D 动态仿真加工后的结果

6.5　孔铣削

孔铣削就是利用小直径的端铣刀以螺旋的方式加工大直径的内孔或凸台的高效率铣削方式。下面以图 6.73 所示的零件来介绍创建孔铣削的一般步骤。

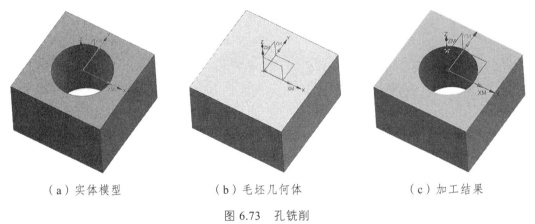

（a）实体模型　　　　　　　（b）毛坯几何体　　　　　　（c）加工结果

图 6.73　孔铣削

6.5.1　打开模型文件

选择下拉菜单 应用模块 → 加工 命令，选择初始化的 CAM 设置为 mill_planar 选项。

6.5.2　创建孔铣削工序

（1）创建工序。

（2）选择下拉菜单 主页 → 创建工序 命令，系统弹出"创建工序"对话框。

（3）设置工序参数。在 类型 下拉列表中选择 mill planar 选项，在 工序子类型 区域中单击"铣削孔"按钮 ，在 程序 下拉列表中选择 PROGRAM 选项，在 刀具 下拉列表中选择 D10R0 (铣刀-5 参数) 选项，在 几何体 下拉列表中选择 WORKPIECE 选项，在方法下拉列表中选择 MILL FINISH 选项，采用系统默认的名称。

（4）单击 确定 按钮，系统弹出图 6.74 所示的"孔铣"对话框。

图 6.74　"孔铣"对话框

图 6.74 所示的"孔铣"对话框中的部分选项说明如下。

切削模式下拉列表：用于定义孔铣削的切削模式，包括 ◎螺旋 ▼、◎螺旋 ▼和 ☷螺旋/平面螺旋 ▼ 3 个选项，选择某个选项后会激活相应的文本框。

◎螺旋 ▼：选择此选项，激活**离起始直径的偏置距离**文本框，通过定义该偏置距离来控制平面螺旋线的起点，刀具在每个深度都按照螺旋渐开线的轨迹来切削直至圆柱面，此时的刀路从刀轴方向看是螺旋渐开线，此模式的刀路轨迹如图 6.75 所示。

◎螺旋 ▼：选择此选项，激活**离起始直径的偏置距离**文本框，通过定义该偏置距离来控制空间螺旋线的起点，刀具由此起点以空间螺旋线的轨迹进行切削，直至底面，然后抬刀，在径向增加一个步距值继续按空间螺旋线的轨迹进行切削，重复此过程直至切削结束，此时的刀路从刀轴方向看是一系列的同心圆，此模式的刀路轨迹如图 6.76 所示。

☷螺旋/平面螺旋 ▼：选择此选项，激活**螺旋直径**文本框，通过定义螺旋线的直径来控制空间螺旋线的起点，刀具先以空间螺旋线的轨迹切削到一个深度，然后再按照螺旋渐开线的轨迹来切削其余的壁厚材料，因此该刀路从刀轴方向看既有一系列同心圆，又有螺旋渐开线，此模式的刀路轨迹如图 6.77 所示。

轴向区域：用于定义刀具沿轴向进刀的参数，在不同切削模式下包含不同的设置选项。

每转深度：只在 ◎螺旋 ▼、☷螺旋/平面螺旋 ▼ 切削模式下被激活，包括**螺距**和**斜坡角度**两个选项，选择某个选项后会激活相应的文本框。

螺距：用于定义刀具沿轴向进刀的螺距数值。

斜坡角度：用于定义刀具沿轴向进刀的螺旋线角度数值。

轴向步距：只在 ☷螺旋/平面螺旋 ▼ 切削模式下被激活，用于定义刀具沿轴向进刀的步距值，包

括 恒定 、 多个 、 刀路 和 刀刃长度百分比 4 种选项，选择某个选项后会激活相应的文本框。

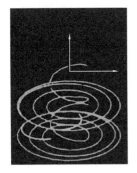

图 6.75　"螺旋式"刀路

图 6.76　"螺旋"刀路

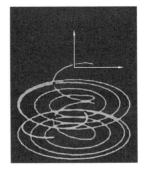

图 6.77　"螺旋/螺旋式"刀路

恒定：选择此选项，激活 最大距离 文本框，输入固定的轴向切削深度值。

多重变量：选择此选项，激活相应列表，可以指定多个不同的轴向步距。

刀路数：选择此选项，激活 刀路数 文本框，输入固定的轴向刀路数值。

刀刃长度百分比：选择此选项，激活 百分比 文本框，输入轴向步距占刀刃长度的百分比数值。

径向 区域：其中的 径向步距 下拉列表介绍如下：

径向步距：用于定义刀具沿径向进刀的步距值，包括 恒定 和 多重变量 2 个选项，选择某个选项后会激活相应的文本框。

恒定：选择此选项，激活 最大距离 文本框，输入固定的径向切削深度值。

多重变量：选择此选项，激活相应列表，可以指定多个不同的径向步距。

6.5.3　定义几何体

（1）单击"孔铣"对话框 几何体 区域中的 指定特征几何体 右侧的 按钮，系统弹出图 6.78 所示的"特征几何体"对话框。

图 6.78　"特征几何体"对话框

（2）选择几何体。在图形区中选取图 6.79 所示的孔的内圆柱面，此时系统自动提取该孔的直径和深度信息。

（3）其余参数采用系统默认设置，单击 确定 按钮返回到"孔铣"对话框。

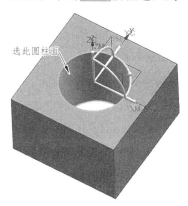

图 6.79　定义孔位置

6.5.4　定义刀轨参数

（1）在"铣削孔"对话框 刀轨设置 区域的 切削模式 下拉列表中选择 螺旋 选项，在 离起始直径的偏置距离 文本框中输入"0.0"。

（2）定义轴向参数。在 轴向 区域的 每转深度 下拉列表中选择 斜坡角度 选项，在 斜坡角度 文本框中输入"0.5"。

（3）定义径向参数。在 径向 区域的 径向步距 下拉列表中选择 恒定 选项，在 最大距离 文本框中输入"40.0"，在其后的下拉列表中选择 %刀具 选项。

6.5.5　设置切削参数

（1）单击"铣削孔"对话框中的"切削参数"按钮 ，系统弹出"切削参数"对话框，设置参数如图 6.80 所示。

（2）单击 策略 参数，延伸路径→距离 设置顶偏置距离为 0.5、底偏置距离为 0.5。

（3）其余参数采用系统默认设置值，单击 确定 按钮，系统返回到"孔铣"对话框。

图 6.80　"切削参数"对话框

6.5.6　设置非切削移动参数

（1）单击"铣削孔"对话框 刀轨设置 区域中的"非切削移动"按钮 ，系统弹出"非切削移动"对话框。

（2）单击 进刀 选项卡，其参数的设置如图 6.81 所示。

（3）单击 退刀 选项卡，其参数的设置如图 6.82 所示。

图 6.81 "进刀"选项卡   图 6.82 "退刀"选项卡

（4）其他选项卡中的参数采用系统默认的设置值，单击 [确定] 按钮完成非切削移动参数的设置。

6.5.7 设置进给率和速度

（1）单击"铣削孔"对话框中的"进给率和速度"按钮 [🈺]，系统弹出"进给率和速度"对话框。

（2）选中 [主轴速度] 区域中的 ☑ 主轴速度 (rpm) 复选框，在其后的文本框中输入"1500.0"，在 [进给率] 区域的文本框中输入"300.0"，按 Enter 键，然后单击 [🔲] 按钮，其他参数的设置采用系统默认的设置值。

（3）单击 [确定] 按钮，系统返回"铣削孔"对话框。

6.5.8 生成刀路轨迹并仿真

（1）生成的刀路轨迹如图 6.83 所示，3D 动态仿真加工后的零件模型如图 6.84 所示。

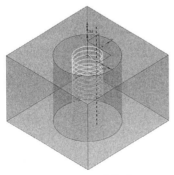

图 6.83 刀路轨迹   图 6.84 3D 动态仿真加工后的零件模型

6.5.9 保存文件

选择下拉菜单 [文件(F)] → [💾] 命令，保存文件。

6.6　型腔铣

型腔铣（标准型腔铣）可以切除大部分毛坯材料，几乎适用于加工任意形状的几何体，可以应用于大部分的粗加工和直壁或者是斜度不大的侧壁的精加工，也可以用于清根操作。型腔铣以固定刀轴快速而高效地粗加工平面和曲面类的几何体。型腔铣和平面铣一样，刀具是侧面的刀刃对垂直面进行切削，底面的刀刃切削工件底面的材料，不同之处在于定义切削加工材料的方法不同。下面以图 6.85 所示的模型为例，讲解创建型腔铣的一般操作步骤。

（a）部件几何体　　　　　（b）毛坯几何体　　　　　（c）加工结果

图 6.85　型腔铣

6.6.1　打开模型文件并进入加工环境

（1）进入"加工环境"。选择下拉菜单 应用模块 → 加工 命令，选择初始化的 CAM 设置为 mill_planar 选项。系统弹出如图 6.86 所示的"加工环境"对话框，单击 确定 按钮，进入加工环境。

6.6.2　创建几何体

（1）创建机床坐标系和安全平面。
（2）创建机床坐标系。
（3）选择下拉菜单 主页 → 创建几何体 命令，系统弹出如图 6.87 所示的"创建几何体"对话框。

图 6.86　"加工环境"对话框

图 6.87　"创建几何体"对话框

（4）在 类型 下拉列表中选择 mill_contour 选项，在 几何体子类型 区域中选择 ，在 几何体 下拉列表中选择 GEOMETRY 选项，在 名称 文本框中采用系统默认的名称 "MCS"。

（5）单击 确定 按钮，系统弹出如图 6.88 所示的 MCS 对话框。

（6）在 机床坐标系 区域中单击 "CSYS 对话框" 按钮 ，在系统弹出的 CSYS 对话框下拉列表中选择 动态 选项。

（7）单击 操控器 区域中的 按钮，在 "点" 对话框的 参考 下拉列表中选择 WCS 选项，然后在 XC 文本框中输入 "-60.0"，在 YC 文本框中输入 "40.0"，在 ZC 文本框中输入 "0.0"，单击 确定 按钮，返回 "CSYS" 对话框，单击 确定 按钮，完成机床坐标系的创建。

6.6.3 创建安全平面

（1）在 安全设置 区域的 安全设置选项 下拉列表中选择 平面 选项。单击 "平面对话框" 按钮 ，系统弹出 "平面" 对话框，选取如图 6.89 所示的模型表面为参考平面，在 偏置 区域的 距离 文本框中输入 "10.0"。

（2）单击 确定 按钮，完成安全平面的创建，然后再单击 MCS 对话框中的 确定 按钮。

图 6.88　"MCS" 对话框

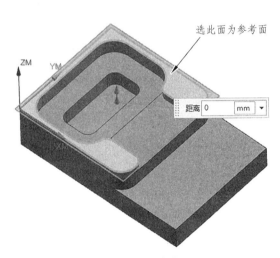

图 6.89　选择参考平面

6.6.4 创建部件几何体

（1）选择下拉菜单 主页 → 创建几何体 命令，系统弹出 "创建几何体" 对话框。

（2）在 类型 下拉列表中选择 mill_planar 选项，在 几何体子类型 区域中选择 WORKPIECE 按钮 ，在 几何体 下拉列表中选择 MCS 选项，采用系统默认的名称 "WORKPIECE_1"。单击 确定 按钮，系统弹出 "工件" 对话框。

（3）单击 "选择或编辑部件几何体" 按钮 ，系统弹出 "部件几何体" 对话框，在图形区选取整个零件实体为部件几何体，结果如图 6.90 所示。单击 确定 按钮，系统返回 "工件" 对话框。

6.6.5 创建毛坯几何体

（1）在"工件"对话框中单击"选择或编辑毛坯几何体"按钮 ⊗，系统弹出"毛坯几何体"对话框。

（2）确定毛坯几何体。在下拉列表中选择 ⬜ 包容块 选项，在图形区中显示如图 6.91 所示的毛坯几何体，单击 确定 按钮完成毛坯几何体的创建，系统返回到"工件"对话框。

（3）单击 确定 按钮，完成毛坯几何体的创建。

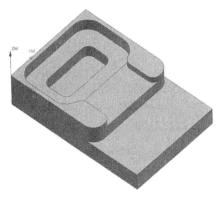

图 6.90　部件几何体

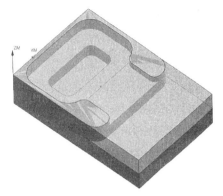

图 6.91　毛坯几何体

6.6.6 创建刀具

（1）选择下拉菜单 主页 → ⬚ 创建刀具 命令，系统弹出"创建刀具"对话框。

（2）确定刀具类型。在 类型 下拉列表中选择 mill_planar 选项，在 刀具子类型 区域中选择 MILL 按钮团，在 刀具 下拉列表中选择 GENERIC_MACHINE ▾ 选项，在 名称 文本框中输入 D10R1，单击 确定 按钮，系统弹出"铣刀-5 参数"对话框。

（3）设置刀具参数。在"铣刀-5 参数"对话框 尺寸 区域的 (D) 直径 文本框中输入"10.0"，在 (R1) 下半径 文本框中输入"1.0"，其他参数采用系统默认的设置值，单击 确定 按钮，完成刀具的创建。

6.6.7 创建型腔铣操作

（1）选择下拉菜单 主页 → ⬚ 创建工序 命令，系统弹出"创建工序"对话框，如图 6.92 所示。

（2）确定加工方法。在 类型 下拉列表中选择 mill_contour 选项，在 工序子类型 区域中选择"型腔铣"按钮 ⬚，在 程序 下拉列表中选择 PROGRAM ▾ 选项，在 刀具 下拉列表中选择 D10R1 (铣刀-5 参数) ▾ 选项，在 几何体 下拉列表中选择 WORKPIECE_1 ▾ 选项，在 方法 下拉列表中选择 METHOD ▾ 选项，单击 确定 按钮，系统弹出图 6.93 所示的"型腔铣"对话框。

6.6.8 显示刀具和几何体

（1）显示刀具。在 刀具 区域中单击"编辑/显示"按钮 ⬚，系统弹出"铣刀-5 参数"对话框，同时在图形区显示当前刀具的形状及大小，单击 确定 按钮。

（2）显示几何体。在 几何体 区域中单击 指定部件 右侧的"显示"按钮 ，在图形区会 显示与之对应的几何体，如图 6.94 所示。

图 6.92 "创建工序"对话框

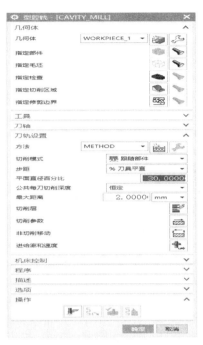

图 6.93 "型腔铣"对话框

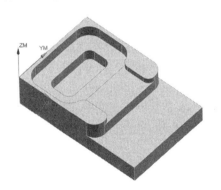

图 6.94 显示几何体

6.6.9 设置刀具路径参数

在"型腔铣"对话框的 切削模式 下拉列表中选择 跟随周边 选项，在 步距 下拉列表中选择 % 刀具平直 选项，在 平面直径百分比 文本框中输入"50.0"，在 公共每刀切削深度 下拉列表中选择 恒定 选项，然后在 最大距离 文本框中输入"6.0"。

6.6.10 设置切削参数

（1）单击"型腔铣"对话框中的"切削参数"按钮 ，系统弹出"切削参数"对话框。
（2）单击 策略 选项卡，设置如图 6.95 所示的参数。

图 6.95　"策略"选项卡

图 6.95 所示的 策略 选项卡 切削 区域 切削方向 下拉列表中的 层优先 ▼ 和 深度优先 ▼ 选项的说明如下：

层优先 ▼ ：每次切削完工件上所有的同一高度的切削层再进入下一层的切削。

深度优先 ▼ ：每次将一个切削区中的所有层切削完再进行下一个切削区的切削。

（3）单击 连接 选项卡，其参数设置值如图 6.96 所示，单击 确定 按钮，系统返回"型腔铣"对话框。

图 6.96　"连接"选项卡

图 6.96 所示的选项卡 切削顺序 区域 区域排序 下拉列表中的部分选项说明如下：

标准 ▼ ：根据切削区域的创建顺序来确定各切削区域的加工顺序，如图 6.97 所示。模型示例如图 6.98 所示。

优化 ▼ ：根据抬刀后横越运动最短的原则决定切削区域的加工顺序，效率比"标准"顺序高，系统默认此选项，如图 6.99 所示。模型示例如图 6.100 所示。

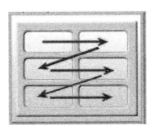

图 6.97　效果图（一）

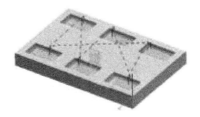

图 6.98　示例图（一）

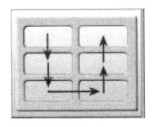

图 6.99　效果图（二）

图 6.100　示例图（二）

6.6.11　设置非切削移动参数

（1）在"型腔铣"对话框中单击"非切削移动"按钮 🔲，系统弹出"非切削移动"对话框。

（2）单击 进刀 选项卡，在 封闭区域 区域的 开放区域 下拉列表中选择 螺旋 ▾ 选项，其他参数的设置如图 6.101 所示，单击 确定 按钮完成非切削移动参数的设置。

图 6.101　"非切削移动"对话框

6.6.12　设置进给率和速度

（1）单击"型腔铣"对话框中的"进给率和速度"按钮 🔩，系统弹出"进给率和速度"对话框。

（2）选中 ☑ 主轴速度 (rpm)复选框，然后在其后的文本框中输入"1200.0"，在 切削 文本框中输入"250.0"，按 Enter 键，单击 ▣ 按钮，其他参数采用系统默认设置值。

注：这里不设置表面速度和每齿进给并不表示其值为 0，系统会根据主轴转速计算表面速度，会根据剪切值计算每齿进给量。

（3）单击"进给率和速度"对话框中的 确定 按钮，完成进给率和速度的设置，系统返回"型腔铣"对话框。

6.6.13　生成刀路轨迹并仿真

（1）在"型腔铣"对话框中单击"生成"按钮 ▶，在图形区中生成如图 6.102 所示的刀路轨迹。

（2）在"型腔铣"对话框中单击"确认"按钮 ⚑，系统弹出"刀轨可视化"对话框。单击3D 动态选项卡，调整动画速度后单击"播放"按钮 ▶，即可演示刀具按刀轨运行，完成演示后的模型如图 6.103 所示，仿真完成后单击 确定 按钮，完成仿真操作。

（3）单击 确定 按钮，完成操作。

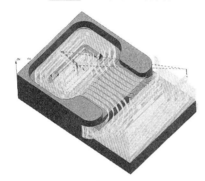

图 6.102　刀路轨迹

图 6.103　3D 动态仿真加工后的模型

6.6.14　保存文件

选择下拉菜单 文件(F) → 🖫 命令，保存文件。

UG NX 12.0 CAM 加工综合实例

7.1 综合范例一——泵盖案例编程

本节以泵体端盖的加工为例，讲解平面和孔系的加工编程。零件的数控加工内容、切削刀具类型（高速钢）和切削工艺参数见表 7.1。相应的加工工艺路线如图 7.1 所示。

表 7.1 泵盖切削工艺参数

序号	数控加工内容	切削刀具类型	刀具直径/mm	主轴转速/（r/min）	进给速度/（mm/min）
1	底壁铣工序、表面加工	平刀	20	2 200	650
2	平面铣工序、外轮廓加工	平刀	20	2 200	800
3	中心钻工序、所有孔打点	中心钻	C3	2 500	200
4	钻孔工序、钻 ϕ 10 的 8 个孔	钻头	10	650	80
5	钻孔工序、钻 ϕ 15 的 2 个孔	钻头	17.8	450	80
6	钻孔工序、钻 ϕ 10 的 2 个精孔	钻头	8.5	680	80
7	铰工序、铰 ϕ 10 的 2 个精孔	铰刀	10	680	80
8	铰孔工序、铰 ϕ 15 的 2 个孔	铰刀	15	700	100
9	钻埋头孔工序、倒角 ϕ 15 的 2 个孔	沉头	30	400	80

（a）底壁铣工序、表面加工　（b）平面铣工序、外轮廓加工　（c）中心钻工序、所有孔打点

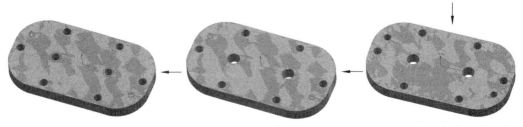

（f）钻孔工序、钻 ϕ 10 的 2 个精孔　（e）钻孔工序、钻 ϕ 15 的 2 个孔　（d）钻孔工序、钻 ϕ 10 的 8 个孔

（h）铰工序、铰 ϕ 10 的 2 个精孔　（g）铰孔工序、铰 ϕ 15 的 2 个孔　（i）钻埋头孔工序、倒角 ϕ 15 的 2 个孔

图 7.1　泵盖加工工艺路线

7.1.1　打开模型文件并进入加工环境

进入加工环境。在 **应用模块** 功能选项卡区域单击 按钮，系统弹出"加工环境"对话框；在"加工环境"对话框的 CAM 会话配置 列表框中选择 **cam_general** 选项，在 **要创建的 CAM 组装** 列表框中选择 **mill planar** 选项，单击 **确定** 按钮，进入加工环境。

1. 创建几何体

将工序导航器调整到几何视图，双击节点 MCS_MILL，系统弹出"MCS 铣削"对话框。采用系统默认的机床坐标系，如图 7.2 所示。

2. 创建部件几何体

（1）在工序导航器中双击 MCS_MILL 节点下的 WORKPIECE，系统弹出"工件"对话框。

（2）选取部件几何体。在"工件"对话框中单击 按钮，系统弹出"部件几何体"对话框。

（3）在图形区中选择零件模型实体为部件几何体。在"部件几何体"对话框中单击 **确定** 按钮，完成部件几何体的创建，同时系统返回到"工件"对话框。

3. 创建毛坯几何体

（1）在"工件"对话框中单击"选择或编辑毛坯几何体"按钮 ，系统弹出"毛坯几何体"对话框，如图 7.3 所示。

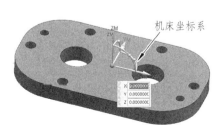

图 7.2　机床坐标系

图 7.3　建立毛坯几何体

（2）确定毛坯几何体。在下拉列表中选择 包容块 选项，在图形区中显示毛坯几何体，单击 **确定** 按钮完成毛坯几何体的创建，系统返回到"工件"对话框。

（3）单击 确定 按钮，完成毛坯几何体的创建。系统返回到"工件"对话框。

（4）单击"工件"对话框中的 确定 按钮，完成铣削几何体的定义。

注：为了方便后续的选取，可以在设置工件后先将毛坯几何体进行隐藏。

7.1.2　创建刀具 1（立铣刀）

（1）将工序导航器调整到机床视图。

（2）选择下拉菜单 主页 ➡ 创建刀具 命令，系统弹出"创建刀具"对话框。

（3）在"创建刀具"对话框的 类型 下拉列表中选择 mill_planar 选项，在 刀具子类型 区域中单击 MILL 按钮 ，在 位置 区域的 刀具 下拉列表中选择 GENERIC_MACHINE ▼ 选项，在 名称 文本框中输入 D20，然后单击 确定 按钮，系统弹出"铣刀-5 参数"对话框。

（4）在 (D) 直径 文本框中输入"20"，在 刀具号 文本框中输入"1"，在 补偿寄存器 文本框中输入"1"，在 刀具补偿寄存器 文本框中输入"1"，其他参数采用系统默认设置，单击 确定 按钮，完成刀具 1 的创建。

7.1.3　创建底壁加工工序

（1）选择下拉菜单 主页 ➡ 创建工序 命令，系统弹出"创建工序"对话框。

（2）确定加工方法。在"创建工序"对话框的 类型 下拉列表中选择 mill_planar 选项，在 工序子类型 区域中单击"底壁加工"按钮 ，在 程序 下拉列表中选择 PROGRAM ▼ 选项，在 刀具 下拉列表中选择 D20 (铣刀-5 参数) ▼ 选项，在 几何体 下拉列表中选择 WORKPIECE ▼ 选项，在 方法 下拉列表中选择 MILL_SEMI_FINISH ▼ 选项，采用系统默认的名称。

（3）在"创建工序"对话框中单击 确定 按钮，系统弹出"底壁加工"对话框。

1. 指定切削区域

（1）在 几何体 区域中单击"选择或编辑切削区域几何体"按钮 ，系统弹出"切削区域"对话框。

（2）选取图 7.4 所示的面为切削区域，在"切削区域"对话框中单击 确定 按钮，完成切削区域的创建，同时系统返回到"底壁加工"对话框。

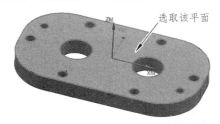

图 7.4　切削区域

2. 设置刀具路径参数

（1）设置切削模式。在 刀轨设置 区域的 切削模式 下拉列表中选择 往复 ▼ 选项。

（2）设置步进方式。在 步距 下拉列表中选择 ▣ % 刀具平直 ▾ 选项，在 平面直径百分比 文本框中输入"80"，其他参数采用系统默认设置。

3．设置切削参数

单击"底壁加工"对话框 刀轨设置 区域中的"切削参数"按钮 ⊞，系统弹出"切削参数"对话框。在"切削参数"对话框中单击 策略 选项卡，在 切削角 下拉列表中选择 指定 ▾ 选项，然后在 与 XC 的夹角 的文本框中输入"180"；单击 空间范围 选项卡，在简化形状下拉列表中选择 ▣ 最小包围盒 ▾ 选项，其他参数采用系统默认设置。

4．设置非切削移动参数

参数设置采用系统默认的非切削移动参数值。

5．设置进给率和速度

（1）单击"底壁加工"对话框中的"进给率和速度"按钮 ⬆，系统弹出"进给率和速度"对话框。

（2）选中 主轴速度 区域中的 ☑ 主轴速度 (rpm) 复选框，在其后的文本框中输入"2500"，按 Enter 键，单击 ▣ 按钮；在 进给率 区域的 切削 文本框中输入"800"，按 Enter 键，然后单击 ▣ 按钮。

（3）单击"进给率和速度"对话框中的 确定 按钮，系统返回"底壁加工"对话框。

6．生成刀路轨迹并仿真

生成的刀路轨迹如图 7.5 所示，3D 动态仿真加工后的模型如图 7.6 所示。

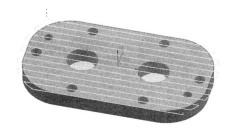

图 7.5　刀路轨迹

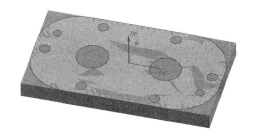

图 7.6　3D 动态仿真加工后的模型

7.1.4　创建平面铣加工外轮廓工序

（1）选择下拉菜单 主页 ➡ ⎘ 创建工序 命令，系统弹出"创建工序"对话框。

（2）确定加工方法。在"创建工序"对话框的 类型 下拉列表中选择 mill_planar 选项，在 工序子类型 区域中单击"平面铣"按钮 ⬆，在 程序 下拉列表中选择 PROGRAM ▾ 选项，在 刀具 下拉列表中选择 D20 (铣刀-5 参数) ▾ 选项，在 几何体 下拉列表中选择 WORKPIECE ▾ 选项，在 方法 下拉列表中选择 MILL_SEMI_FINISH ▾ 选项，采用系统默认的名称。

（3）在"创建工序"对话框中单击 确定 按钮，系统弹出"平面铣"对话框。

1. 指定部件边界

（1）在 几何体 区域中单击"选择指定部件边界"按钮 ，系统弹出"部件边界"对话框。

（2）选取图 7.7 所示的面为切削区域，在"切削区域"对话框中单击 确定 按钮完成切削区域的创建，同时系统返回"平面铣"对话框。

选取该边界

图 7.7　切削区域

2. 设置刀具路径参数

（1）设置切削模式。在 刀轨设置 区域的 切削模式 下拉列表中选择 刀轮廓 选项。

（2）设置 切削层。单击按钮 ，进入切削层对话框、每刀切削深度 选项，公共值设置为 0.5。

（3）设置非切削参数采用系统默认的参数设置。

（4）设置非切削移动参数参数设置采用，系统默认的非切削移动参数值。

3. 设置进给率和速度

（1）单击"平面铣"对话框中的"进给率和速度"按钮 ，系统弹出"进给率和速度"对话框。

（2）选中 主轴速度 区域中的 主轴速度 (rpm) 复选框，在其后的文本框中输入"2500"，按 Enter 键，单击 按钮；在 进给率 区域的切削文本框中输入"800"，按 Enter 键；单击 按钮。

（3）单击"进给率和速度"对话框中的 确定 按钮，系统返回"平面铣"对话框。

4. 生成刀路轨迹并仿真

生成的刀路轨迹如图 7.8 所示，3D 动态仿真加工后的模型如图 7.9 所示。

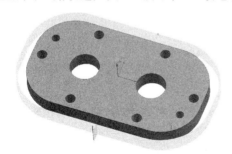

图 7.8　刀路轨迹

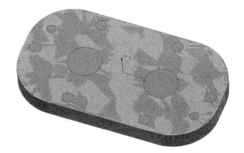

图 7.9　3D 动态仿真加工后的模型

7.1.5 创建刀具 2（中心钻）

将工序导航器调整到机床视图。

（1）选择下拉菜单 主页 ➡️ 🔧命令，系统弹出"创建刀具"对话框。
创建刀具

（2）在"创建刀具"对话框的 类型 下拉列表中选择 hole_making 选项，在 刀具子类型 区域中单击 CENTERDRILL 按钮 🔧，在 位置 区域的 刀具 下拉列表中选择 GENERIC_MACHINE ▼ 选项，在 名称 文本框中输入 C3，然后单击 确定 按钮，系统弹出"中心钻刀"对话框。

（3）在 (TD) 刀尖直径 文本框中输入"3"，在 刀具号 文本框中输入"2"，在 补偿寄存器 文本框 中输入"2"，其他参数采用系统默认设置，单击 确定 按钮，完成刀具 2 的创建。

7.1.6 创建中心钻加工工序

（1）选择下拉菜单 主页 ➡️ 🔧命令，系统弹出"创建工序"对话框。
创建工序

（2）确定加工方法。在"创建工序"对话框的 类型 下拉列表中选择 hole_making 选项，在 工序子类型 区域中单击"定心钻"按钮 👆，在 程序 下拉列表中选择 PROGRAM ▼ 选项，在 刀具 下拉列表中选择 C3 (中心钻刀) ▼ 选项，在 几何体 下拉列表中选择 WORKPIECE ▼ 选项，在 方法 下拉列表中选择 DRILL_METHOD ▼ 选项，采用系统默认的名称。

（3）在"创建工序"对话框中单击 确定 按钮，系统弹出"定心钻"对话框。

1. 指定几何体

（1）单击"定心钻"对话框 指定特征几何体 右侧的 🔧 按钮，系统弹出"特征几何体"对话框。

（2）在图形区依次选取如图 7.10 所示的圆，然后在 列表 中选中所有孔，单击 深度 后面的 🔒 按钮，选择 👆 用户定义(U) 选项，将深度数值修改为"2.0"，单击 ⟍ 按钮，如图 7.11 所示。单击 确定 按钮，系统返回"定心钻"对话框。

注：在选择孔边线时，如果坐标方向相反，可通过单击 ✗ 按钮来调整；孔的加工顺序取决于选择孔边线的顺序。

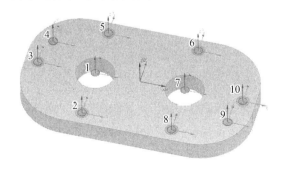

图 7.10　选取参考圆

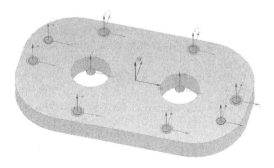

图 7.11　选取参照面

2．设置循环参数

（1）在"钻孔"对话框 刀轨设置 区域的 循环 下拉列表中选择 钻 ▾ 选项，单击"编辑循环"按钮 🔧，系统弹出"循环参数"对话框。

（2）在"循环参数"对话框中采用系统默认的参数，单击 确定 按钮返回"钻孔"对话框。

3．设置切削参数设置

在切削参数设置对话框 策略 区域的 延伸路径 的 顶偏置 选择距离，在 距离 文本框中输入"0.5"。

4．设置非切削参数

采用系统默认的参数设置。

5．设置进给率和速度

（1）单击"定心钻"对话框中的"进给率和速度"按钮 ✚，系统弹出"进给率和速度"对话框。

（2）在"进给率和速度"对话框中选中 ☑ 主轴速度 (rpm) 复选框，然后在其后文本框中输入值 2400，按 Enter 键，然后单击 🔳 按钮，在 切削 文本框中输入"200"，按 Enter 键，然后单击 🔳 按钮，其他选项采用系统默认设置，单击 确定 按钮。

（3）生成刀路轨迹并仿真生成的刀路轨迹如图 7.12 所示，3D 动态仿真加工后的模型如图 7.13 所示。

图 7.12　刀路轨迹

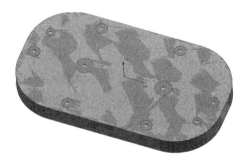

图 7.13　3D 动态仿真加工后的模型

7.1.7　创建刀具 3（钻头）

将工序导航器调整到机床视图。

（1）选择下拉菜单 主页 ➡️ 🔧 命令，系统弹出"创建刀具"对话框。
创建刀具

（2）在"创建刀具"对话框的 类型 下拉列表中选择 hole_making 选项，在 刀具子类型 区域中单击 STD_DRILL 按钮 🔧，在 位置 区域的 刀具 下拉列表中选择 GENERIC_MACHINE ▾ 选项，在 名称 文本框中输入"DR10"，然后单击 确定 按钮，系统弹出"钻刀"对话框。

（3）在 (TD) 刀尖直径 文本框中输入值 10，在 刀具号 文本框中输入"3"，在 补偿寄存器 文本框中输入"3"，其他参数采用系统默认设置，单击 确定 按钮，完成刀具 3 的创建。

7.1.8 创建钻孔工序 1

（1）选择下拉菜单 主页 ➡ 创建工序 命令，系统弹出"创建工序"对话框。

（2）确定加工方法。在"创建工序"对话框的 类型 下拉列表中选择 hole making 选项，在 工序子类型 区域中单击"钻孔"按钮 ⬇，在 程序 下拉列表中选择 PROGRAM ▾ 选项，在 刀具 下拉列表中选择 DR10 (钻刀) ▾ 选项，在 几何体 下拉列表中选择 WORKPIECE ▾ 选项，在 方法 下拉列表中选择 DRILL METHOD ▾ 选项，采用系统默认的名称。

（3）在"创建工序"对话框中单击 确定 按钮，系统弹出"钻孔"对话框。

（4）单击"钻孔"对话框 指定特征几何体 右侧的 🗇 按钮，系统弹出"特征几何体"对话框。

（5）在图形区依次选取图 7.14 所示的 8 个孔边线，然后在 列表 区域中将所有深度为 3 的孔选中，在 特征 区域单击 深度 后面的 🔒 按钮，在弹出的菜单中选择 ⎁ 用户定义(U) 选项，然后在 深度 文本框中输入"18"，在 深度限制 下拉列表中选择 通孔 ▾ 选项，然后 ✕ 按钮。

注：在选择孔边线顺序不同，最后的刀路轨迹也不同。

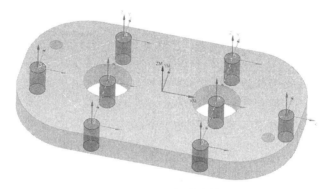

图 7.14 选择孔边线

（6）单击"特征几何体"对话框中的 确定 按钮，返回"钻孔"对话框。

1. 设置循环参数设置

（1）在切削参数设置对话框 策略 区域的 延伸路径 的 顶偏置 选择距离，在 距离 文本框中输入"0.5"。底偏置 选择距离，在 距离 文本框中输入"0.5"。

（2）设置非切削参数采用系统默认参数设置。

2. 设置进给率和速度

（1）单击"钻孔"对话框中的"进给率和速度"按钮 ✋，系统弹出"进给率和速度"对话框。

（2）在"进给率和速度"对话框中选中 ☑ 主轴速度 (rpm) 复选框，然后在其后文本框中输入"650"，按 Enter 键，然后单击 🖩 按钮，在 切削 文本框中输入"80"，按 Enter 键，然后单击 🖩 按钮，其他选项采用系统默认设置，单击 确定 按钮。

3. 生成刀路轨迹并仿真

生成的刀路轨迹如图 7.15 所示，3D 动态仿真加工后的结果如图 7.16 所示。

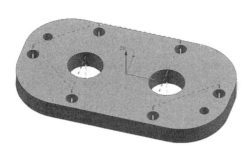

图 7.15　刀路轨迹　　　　　　　　图 7.16　3D 动态仿真加工后的模型

7.1.9　创建刀具 4（钻头）

将工序导航器调整到机床视图。

（1）选择下拉菜单 主页 ➡ 创建刀具 命令，系统弹出"创建刀具"对话框。

（2）在"创建刀具"对话框的 类型 下拉列表中选择 hole_making 选项，在 刀具子类型 区域中单击 STD_DRILL 按钮 ⬚，在 位置 区域的 刀具 下拉列表中选择 GENERIC_MACHINE ▾ 选项，在 名称 文本框中输入"DR17.8"，然后单击 确定 按钮，系统弹出"钻刀"对话框。

（3）在 (TD) 刀尖直径 文本框中输入"17.8"，在 刀具号 文本框中输入"4"，在 补偿寄存器 文本框中输入"4"，其他参数采用系统默认设置，单击 确定 按钮，完成刀具 4 的创建。

7.1.10　创建钻孔工序 2

（1）选择下拉菜单 主页 ➡ 创建工序 命令，系统弹出"创建工序"对话框。

（2）确定加工方法。在"创建工序"对话框的 类型 下拉列表中选择 hole_making 选项，在 工序子类型 区域中单击"钻孔"按钮 ⬚，在 程序 下拉列表中选择 PROGRAM ▾ 选项，在 刀具 下拉列表中选择 DR14.8 (钻刀) ▾ 选项，在 几何体 下拉列表中选择 WORKPIECE ▾ 选项，在 方法 下拉列表中选择 DRILL_METHOD ▾ 选项，采用系统默认的名称。

（3）在"创建工序"对话框中单击 确定 按钮，系统弹出"钻孔"对话框。

（4）单击"钻孔"对话框 指定特征几何体 右侧的 ⬚ 按钮，系统弹出"特征几何体"对话框。

（5）在图形区选取图 7.17 所示的孔，单击"特征几何体"对话框中的 确定 按钮，返回"钻孔"对话框。

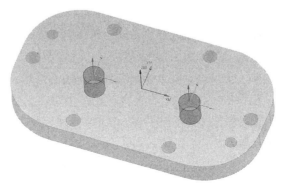

图 7.17　选择孔

1. 设置循环参数

采用系统默认参数设置。

2. 设置切削参数

采用系统默认参数设置。

3. 设置非切削参数

采用系统默认参数设置。

4. 设置进给率和速度

（1）单击"钻孔"对话框中的"进给率和速度"按钮 🔧，系统弹出"进给率和速度"对话框。

（2）在"进给率和速度"对话框中选中 ☑ 主轴速度 (rpm) 复选框，然后在其后文本框中输入"450"，按 Enter 键，然后单击 按钮，在切削文本框中输入"80"，按 Enter 键，然后单击 按钮，其他选项采用系统默认设置，单击 确定 按钮。

（3）生成刀路轨迹并仿真生成的刀路轨迹如图 7.18 所示，3D 动态仿真加工后的结果如图 7.19 所示。

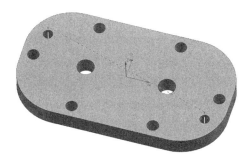 

图 7.18　刀路轨迹　　　　　　　图 7.19　3D 动态仿真加工后的模型

7.1.11　创建刀具 5（钻头）

将工序导航器调整到机床视图。

（1）选择下拉菜单 主页 ➡ 创建刀具 命令，系统弹出"创建刀具"对话框。

（2）在"创建刀具"对话框的 类型 下拉列表中选择 hole_making 选项，在 刀具子类型 区域中单击 STD_DRILL 按钮 🔧，在 位置 区域的刀具下拉列表中选择 GENERIC_MACHINE ▾ 选项，在 名称 文本框中输入"DR8.5"，然后单击 确定 按钮，系统弹出"钻刀"对话框。

（3）在 (TD) 刀尖直径 文本框中输入"8.5"，在 刀具号 文本框中输入"5"，在 补偿寄存器 文本框中输入"5"，其他参数采用系统默认设置，单击 确定 按钮，完成刀具 5 的创建。

7.1.12　创建钻孔工序 3

（1）选择下拉菜单 主页 ➡ 创建工序 命令，系统弹出"创建工序"对话框。

（2）确定加工方法。在"创建工序"对话框的 类型 下拉列表中选择 hole_making 选项，在工序子类型区域中单击"钻孔"按钮 ⬇，在程序下拉列表中选择 PROGRAM ▼选项，在刀具下拉列表中选择 DR8.5 (钻刀) ▼选项，在几何体下拉列表中选择 WORKPIECE ▼选项，在方法下拉列表中选择 DRILL METHOD ▼选项，采用系统默认的名称。

（3）在"创建工序"对话框中单击 确定 按钮，系统弹出"钻孔"对话框。

1. 指定几何体

（1）单击"钻孔"对话框指定特征几何体右侧的 🔧 按钮，系统弹出"特征几何体"对话框。

（2）在图形区选取图 7.20 所示的孔边线，单击"特征几何体"对话框中的 确定 按钮，返回"钻孔"对话框。

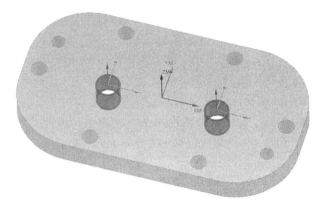

图 7.20　选择孔

2. 设置循环参数

采用系统默认参数设置。

3. 设置切削参数

采用系统默认参数设置。

4. 设置非切削参数

采用系统默认参数设置。

5. 设置进给率和速度

（1）单击"钻孔"对话框中的"进给率和速度"按钮 ⬤，系统弹出"进给率和速度"对话框。

（2）在"进给率和速度"对话框中选中 ✓ 主轴速度 (rpm) 复选框，然后在其后文本框中输入"680"，按 Enter 键，然后单击 🔲 按钮，在切削文本框中输入"80"，按 Enter 键，然后单击圆按钮，其他选项采用系统默认设置，单击 确定 按钮。

（3）生成刀路轨迹并仿真生成的刀路轨迹如图 7.21 所示，3D 动态仿真加工后的结果如图 7.22 所示。

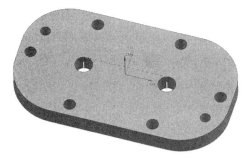

图 7.21 刀路轨迹

图 7.22 3D 动态仿真加工后的模型

7.1.13 创建刀具 6（铰刀）

将工序导航器调整到机床视图。

（1）选择下拉菜单 主页 ➡ 创建刀具 命令，系统弹出"创建刀具"对话框。

（2）在"创建刀具"对话框的 类型 下拉列表中选择 hole_making 选项，在 刀具子类型 区域中单击 REAMER 按钮 🔲，在 位置 区域的 刀具 下拉列表中选择 GENERIC_MACHINE ▾ 选项，在 名称 文本框中输入"RE15"，然后单击 确定 按钮，系统弹出"钻刀"对话框。

（3）在 (TD) 刀尖直径 文本框中输入"15"，在 刀具号 文本框中输入"6"，在 补偿寄存器 文本框中输入"6"，其他参数采用系统默认设置，单击 确定 按钮，完成刀具 6 的创建。

7.1.14 创建铰孔工序 1

（1）选择下拉菜单 主页 ➡ 创建工序 命令，系统弹出"创建工序"对话框。

（2）在"创建工序"对话框的 类型 下拉列表中选择 hole_making 选项，在 工序子类型 区域中单击"攻丝"（应为"攻螺纹"，软件汉化时仍用了"攻丝"）按钮 🔧，在 刀具 下拉列表中选择 RE15 (铰刀) ▾ 选项，其他参数采用系统默认设置。

（3）单击"创建工序"对话框中的 确定 按钮，系统弹出"攻丝"对话框。

1. 指定几何体

（1）单击"攻丝"对话框 指定特征几何体 右侧的 按钮，系统弹出"特征几何体"对话框。

（2）在图形区选取图 7.23 所示的孔边线，单击"特征几何体"对话框中的 确定 按钮，返回"攻丝"对话框。

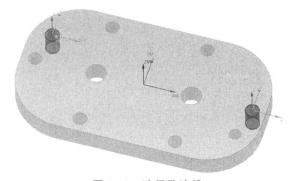

图 7.23 选择孔边线

2. 设置循环参数

（1）在"攻丝"对话框 刀轨设置 区域的 循环 下拉列表中选择 钻，攻丝 选项，单击"编辑循环"按钮 ，系统弹出"循环参数"对话框。

（2）在"循环参数"对话框中选中 Cam 状态 复选框，在 Cam 文本框中输入"1"；在 驻留模式 下拉列表中选择 秒 选项，在 驻留 文本框中输入"3"，单击 确定 按钮，系统弹出返回"攻丝"对话框。

3. 设置切削参数和非切削参数

采用系统默认参数设置。

4. 设置进给率和速度

（1）单击"钻孔"对话框中的"进给率和速度"按钮 ，系统弹出"进给率和速度"对话框。

（2）在"进给率和速度"对话框中选中 主轴速度 (rpm) 复选框，然后在其后文本框中输入"700"，按 Enter 键，然后单击 按钮，在切削文本框中输入"100"，按 Enter 键，然后单击圆按钮，其他选项采用系统默认设置，单击 确定 按钮。

（3）生成刀路轨迹并仿真生成的刀路轨迹如图 7.24 所示，3D 动态仿真加工后的结果如图7.25 所示。

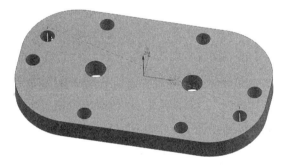

图 7.24　刀路轨迹

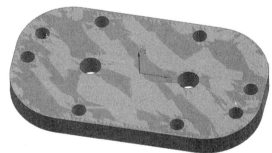

图 7.25　3D 动态仿真加工后的模型

7.1.15　创建刀具 7（铰刀）

将工序导航器调整到机床视图。

（1）选择下拉菜单 主页 ➡ 创建刀具 命令，系统弹出"创建刀具"对话框。

（2）在"创建刀具"对话框的 类型 下拉列表中选择 hole_making 选项，在 刀具子类型 区域中单击 REAMER 按钮 ，在 位置 区域的 刀具 下拉列表中选择 GENERIC_MACHINE 选项，在 名称 文本框中输入"RE10"，然后单击 确定 按钮，系统弹出"钻刀"对话框。

（3）在 (TD) 刀尖直径 文本框中输入"10"，在 刀具号 文本框中输入"7"，在 补偿寄存器 文本框中输入"7"，其他参数采用系统默认设置，单击 确定 按钮，完成刀具 7 的创建。

7.1.16 创建铰孔工序 2

（1）选择下拉菜单 主页 ➡ 创建工序 命令，系统弹出"创建工序"对话框。

（2）在"创建工序"对话框的 类型 下拉列表中选择 hole_making 选项，在 工序子类型 区域中单击"攻丝"按钮 ，在 刀具 下拉列表中选择 DR10 (钻刀) ▼ 选项，其他参数采用系统默认设置。

（3）单击"创建工序"对话框中的 确定 按钮，系统弹出"攻丝"对话框。

1. 指定几何体

（1）单击"攻丝"对话框 指定特征几何体 右侧的 按钮，系统弹出"特征几何体"对话框。

（2）在图形区选取图 7.26 所示的孔，单击"特征几何体"对话框中的 确定 按钮，返回"攻丝"对话框。

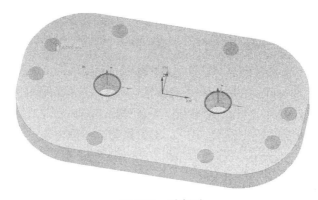

图 7.26　选择孔

2. 设置循环参数

（1）在"攻丝"对话框 刀轨设置 区域的 循环 下拉列表中选择 钻, 攻丝 ▼ 选项，单击"编辑循环"按钮 ，系统弹出"循环参数"对话框。

（2）在"循环参数"对话框中选中 ☑ Cam 状态 复选框，在 Cam 文本框中输入"1"；在 驻留模式 下拉列表中选择 秒 ▼ 选项，在 驻留 文本框中输入"3"，单击 确定 按钮，系统弹出返回"攻丝"对话框。

3. 设置切削参数和非切削参数

采用系统默认参数设置。

4. 设置进给率和速度

（1）单击"钻孔"对话框中的"进给率和速度"按钮 ，系统弹出"进给率和速度"对话框。

（2）在"进给率和速度"对话框中选中 ☑ 主轴速度 (rpm) 复选框，然后在其后文本框中输入"700"，按 Enter 键，然后单击 按钮，在 切削 文本框中输入"100"，按 Enter 键，然后单击 按钮，其他选项采用系统默认设置，单击 确定 按钮。

（3）生成刀路轨迹并仿真生成的刀路轨迹如图 7.27 所示，3D 动态仿真加工后的结果如图 7.28 所示。

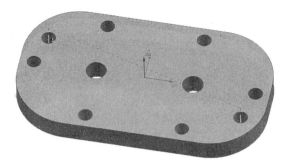

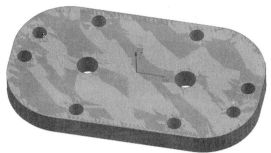

图 7.27　刀路轨迹　　　　　　　　图 7.28　3D 动态仿真加工后的模型

7.1.17　创建刀具 8（埋头钻）

将工序导航器调整到机床视图。

（1）选择下拉菜单 主页 ➡  命令，系统弹出"创建刀具"对话框。

（2）在"创建刀具"对话框的 类型 下拉列表中选择 hole_making 选项，在 刀具子类型 区域中单击 COUNTER_SINK 按钮 ，在 位置 区域的 刀具 下拉列表中选择 GENERIC_MACHINE ▾ 选项，在 名称 文本框中输入"CO30"，然后单击 确定 按钮，系统弹出"埋头钻"对话框。

（3）在 (TD) 刀尖直径 文本框中输入"30"，在 刀具号 文本框中输入"8"，在 补偿寄存器 文本框中输入"8"，其他参数采用系统默认设置，单击 确定 按钮，完成刀具 8 的创建。

7.1.18　创建钻埋头孔工序

（1）选择下拉菜单 主页 ➡ 命令，系统弹出"创建工序"对话框。

（2）在"创建工序"对话框的 类型 下拉列表中选择 hole_making 选项，在 工序子类型 区域中单击"钻埋头孔"按钮 ，在 刀具 下拉列表中选择 CO30 (埋头钻) ▾ 选项，其他参数采用系统默认设置。

（3）单击"创建工序"对话框中的 确定 按钮，系统弹出"攻丝"对话框。

1. 指定几何体

（1）单击"钻埋头孔"对话框指定特征几何体右侧的 按钮，系统弹出"特征几何体"对话框。

（2）在图形区选取图 7.29 所示的孔边线，单击"特征几何体"对话框中的 确定 按钮，返回"钻埋头孔"对话框。

2. 设置循环参数

（1）在"钻埋头孔"对话框 刀轨设置 区域的 循环 下拉列表中选择 钻，埋头孔 ▾ 选项，单击"编辑循环"按钮 ，系统弹出"循环参数"对话框。

（2）在"循环参数"对话框中 驻留模式 下拉列表中选择 秒 ▾ 选项，在 驻留 文本框中输入"3"，单击 确定 按钮，系统弹出返回"钻埋头孔"对话框。

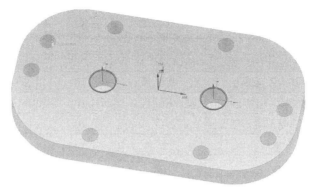

图 7.29　选择孔

3. 设置切削参数

采用系统默认参数设置。

4. 设置非切削参数

采用系统默认参数设置。

5. 设置进给率和速度

（1）单击"钻孔"对话框中的"进给率和速度"按钮 ⊕，系统弹出"进给率和速度"对话框。

（2）在"进给率和速度"对话框中选中 ☑ 主轴速度 (rpm) 复选框，然后在其后文本框中输入"400"，按 Enter 键，然后单击 🗐 按钮，在切削文本框中输入"80"，按 Enter 键，再单击圆按钮，其他选项采用系统默认设置，单击 确定 按钮。

6. 生成刀路轨迹并仿真

生成的刀路轨迹如图 7.30 所示，3D 动态仿真加工后的结果如图 7.31 所示。

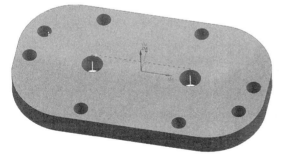

图 7.30　刀路轨迹

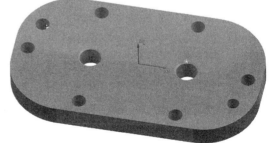

图 7.31　3D 动态仿真加工后的模型

7.2　综合案例二——2D 综合零件案例编程

本实例通过 2D 综合零件的加工，讲解曲面编程和攻丝编程。零件的数控加工内容、切削刀具类型（高速钢）和切削工艺参数见表 7.2。相应的加工工艺路线如图 7.32 所示。

表 7.2　2D 综合零件切削参数

序号	数控加工内容	切削刀具类型	刀具直径/mm	主轴转速/(r/min)	进给速度/(mm/min)
1	底壁铣、平面加工工序	平刀	10	2 500	800
2	型腔铣、粗加工工序	平刀	10	2 500	1 200
3	平面铣、ϕ14 孔螺旋粗加工工序	平刀	10	2 500	400
4	底壁铣、零件平面精加工工序	平刀	10	2 800	650
5	底壁铣、零件轮廓精加工工序	平刀	10	2 800	650
6	平面铣、ϕ14 孔轮廓精加工工序	平刀	10	2 800	150
7	中心钻、M8 螺纹孔打点加工工序	中心钻	C3	2 400	200
8	钻孔、M8 螺纹钻孔加工工序	钻头	6.8	800	80
9	攻丝、M8 螺纹攻丝加工工序	丝锥	M8	600	1.25(MMPR)
10	固定轮廓铣、半圆曲面加工工序	圆鼻刀	8	2 800	250

（a）底壁铣工序、表面加工　　（b）平面铣工序、外轮廓加工　　（c）中心钻工序、所有孔打点

（f）钻孔工序、钻ϕ10 的 2 个精孔　（e）钻孔工序、钻ϕ15 的 2 个孔　（d）钻孔工序、钻ϕ10 的 8 个孔

（g）铰工序、铰ϕ10 的 2 个精孔　（h）铰孔工序、铰ϕ15 的 2 个孔　（i）钻埋头孔工序、倒角ϕ15 的 2 个孔

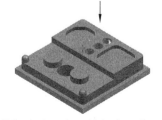

（j）钻埋头孔工序、倒角ϕ15 的 2 个孔

图 7.32　加工工艺路线

7.2.1　打开模型文件并进入加工环境

1. 进入加工环境

在 **应用模块** 功能选项卡区域单击 🔧 按钮，系统弹出"加工环境"对话框；在"加工环境"对话框的 CAM 会话配置列表框中选择 cam_general 选项，在 要创建的 CAM 组装 列表框中选择 mill planar 选项，单击 确定 按钮，进入加工环境。

2. 创建加工坐标系

将工序导航器调整到几何视图，双击节点 + 🔦 MCS_MILL，系统弹出"MCS 铣削"对话框。采用系统默认的机床坐标系，如图 7.33 所示。

3. 创建部件几何体

（1）在工序导航器中双击 + 🔦 MCS_MILL 节点下的 🗐 WORKPIECE，系统弹出"工件"对话框。

（2）选取部件几何体。在"工件"对话框中单击 🗐 按钮，系统弹出"部件几何体"对话框。

（3）在图形区中选择零件模型实体为部件几何体。在"部件几何体"对话框中单击 确定 按钮，完成部件几何体的创建，同时系统返回到"工件"对话框。

4. 创建毛坯几何体

（1）在"工件"对话框中单击"选择或编辑毛坯几何体"按钮 🗐，系统弹出"毛坯几何体"对话框。

（2）确定毛坯几何体。在下拉列表中选择 🗐 包容块 选项，在图形区中显示如图 7.34 毛坯几何体，单击 确定 按钮完成毛坯几何体的创建，系统返回到"工件"对话框。

（3）单击 确定 按钮，完成毛坯几何体的创建。系统返回到"工件"对话框。

（4）单击"工件"对话框中的 确定 按钮，完成铣削几何体的定义。

注：为了方便后续的选取，可以在设置工件后先将毛坯几何体进行隐藏。

图 7.33　机床坐标系　　　　　　　　　　图 7.34　创建毛坯几何体

7.2.2　创建刀具 1（立铣刀）

将工序导航器调整到机床视图。

（1）选择下拉菜单 主页 ➡ 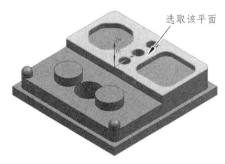 命令，系统弹出"创建刀具"对话框。

（2）在"创建刀具"对话框的 类型 下拉列表中选择 mill_planar 选项，在 刀具子类型 区域中单击 MILL 按钮 ，在 位置 区域的 刀具 下拉列表中选择 GENERIC_MACHINE ▼ 选项，在 名称 文本框中输入 D10，然后单击 确定 按钮，系统弹出"铣刀-5 参数"对话框。

（3）在 (D) 直径 文本框中输入"10"，在 刀具号 文本框中输入"1"，在 补偿寄存器 文本框中输入"1"，在 刀具补偿寄存器 文本框中输入"1"，其他参数采用系统默认设置，单击 确定 按钮，完成刀具 1 的创建。

7.2.3 创建底壁铣、平面加工工序

（1）选择下拉菜单 主页 ➡ 命令，系统弹出"创建工序"对话框。

（2）确定加工方法。在"创建工序"对话框的 类型 下拉列表中选择 mill_planar 选项，在 工序子类型 区域中单击"底壁加工"按钮 ，在 程序 下拉列表中选择 PROGRAM ▼ 选项，在 刀具 下拉列表中选择 D10 (铣刀-5 参数) ▼ 选项，在 几何体 下拉列表中选择 WORKPIECE ▼ 选项，在 方法 下拉列表中选择 MILL_SEMI_FINISH ▼ 选项，采用系统默认的名称。

（3）在"创建工序"对话框中单击 确定 按钮，系统弹出"底壁加工"对话框。

1. 指定切削区域

（1）在 几何体 区域中单击"选择或编辑切削区域几何体"按钮 ，系统弹出"切削区域"对话框。

（2）选取图 7.35 所示的面为切削区域，在"切削区域"对话框中单击 确定 按钮，完成切削区域的创建，同时系统返回到"底壁加工"对话框。

图 7.35　切削区域

2. 设置刀具路径参数

（1）设置切削模式。在 刀轨设置 区域的 切削模式 下拉列表中选择 目 往复 ▼ 选项。

（2）设置步进方式。在 步距 下拉列表中选择 % 刀具平直 ▼ 选项，在 平面直径百分比 文本框中输入"80"，其他参数采用系统默认设置。

3. 设置切削参数

（1）单击"底壁加工"对话框 刀轨设置 区域中的"切削参数"按钮 ，系统弹出"切削参数"对话框。

（2）在"切削参数"对话框中单击 空间范围 选项卡 切削区域 。

（3）在 将底面延伸至 下拉列表中选择 部件轮廓 ▼ 选项。

（4）在 简化形状 下拉列表中选择 轮廓 ▼ 选项，其他参数采用系统默认设置。

4. 设置非切削移动参数

参数设置采用系统默认的非切削移动参数值。

5. 设置进给率和速度

（1）单击"底壁加工"对话框中的"进给率和速度"按钮 ，系统弹出"进给率和速度"对话框。

（2）选中 主轴速度 区域中的 ✓ 主轴速度 (rpm)复选框，在其后的文本框中输入"2500"，按 Enter 键，单击 按钮；在 进给率 区域的 切削 文本框中输入"800"，按 Enter 键，然后单击 按钮。

（3）单击"进给率和速度"对话框中的 确定 按钮，系统返回"底壁加工"对话框。

6. 生成刀路轨迹并仿真

生成的刀路轨迹如图 7.36 所示，3D 动态仿真加工后的模型如图 7.37 所示。

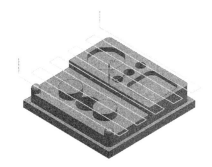
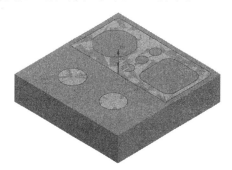

图 7.36　刀路轨迹　　　　　图 7.37　3D 动态仿真加工后的模型

7.2.4　创建型腔铣、粗加工工序

（1）选择下拉菜单 主页 ➡ 创建工序 命令，系统弹出"创建工序"对话框。

（2）确定加工方法。在"创建工序"对话框的 类型 下拉列表中选择 mill_contour 选项，在 工序子类型 区域中单击"平面铣"按钮 ，在 程序 下拉列表中选择 PROGRAM ▼ 选项，在 刀具 下拉列表中选择 D10 (铣刀-5 参数) ▼ 选项，在 几何体 下拉列表中选择 WORKPIECE ▼ 选项，在 方法 下拉列表中选择 MILL_SEMI_FINISH ▼ 选项，采用系统默认的名称。

（3）在"创建工序"对话框中单击 确定 按钮，系统弹出"型腔铣"对话框。

1. 设置刀具路径参数

（1）设置切削模式。在 刀轨设置 区域的 切削模式 下拉列表中选择 跟随周边 ▼ 选项。

（2）设置 公共每刀切削深度 。下拉列表中选择 恒定 ▼ 选项，最大距离 值设置为"0.5"。

2．设置切削参数

（1）单击"型腔铣"对话框 刀轨设置 区域中的"切削参数"按钮 ，系统弹出"切削参数"对话框。在"切削参数"对话框中单击 策略 选项卡，在 切削顺序 下拉列表中选择 深度优先 选项。

（2）对话框中单击 余量 选项卡，在 使底面余量与侧面余量一致 选项。在 部件侧面余量 选项输入"0.3"，其他参数采用系统默认设置。

3．设置非切削移动参数设置

（1）单击"型腔铣"对话框 刀轨设置 区域中的"切削参数"按钮 ，系统弹出"非切削参数"对话框。在"非切削参数"对话框中单击 进刀 选项卡 封闭区域 ，在 进刀类型 下拉列表中选择 螺旋 选项。

（2）在 封闭区域 选项卡的 直径 文本框中输入"90"（%刀具直径），斜坡角度 文本框中输入"1"，高度文本框中输入"0.5"，如图 7.38 所示。

图 7.38　非切削移动参数

（3）对话框中单击 进刀 选项卡 开放区域 ，在 进刀类型 下拉列表中选择 线性 选项。在 开放区域 选项卡的 长度 文本框中输入"60"（%刀具直径）、高度 文本框中输入"0"，如图 7.38 所示。

（4）在"非切削参数"对话框中单击 转移/快速 选项卡 区域内 ，在 转移类型 下拉列表中选择 直接 选项。其他参数采用系统默认设置。

4. 设置进给率和速度

（1）单击"平面铣"对话框中的"进给率和速度"按钮 🔩，系统弹出"进给率和速度"对话框。

（2）选中 主轴速度 区域中的 ☑ 主轴速度 (rpm) 复选框，在其后的文本框中输入"2500"，按 Enter 键，单击 ▣ 按钮；在 进给率 区域的 切削 文本框中输入"1200"，按 Enter 键，然后单击 ▣ 按钮。

（3）单击"进给率和速度"对话框中的 确定 按钮，系统返回"平面铣"对话框。

5. 生成刀路轨迹并仿真

生成的刀路轨迹如图 7.39 所示，3D 动态仿真加工后的模型如图 7.40 所示。

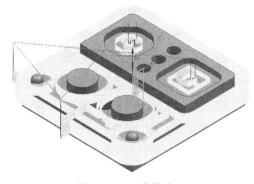

图 7.39　刀路轨迹

图 7.40　3D 动态仿真加工后的模型

7.2.5　创建平面铣、φ14 孔螺旋粗加工工序

（1）选择下拉菜单 主页 ➡ 🔧创建工序 命令，系统弹出"创建工序"对话框。

（2）确定加工方法。在"创建工序"对话框的 类型 下拉列表中选择 mill_planar 选项，在 工序子类型 区域中单击"平面铣"按钮 ᇤ，在 程序 下拉列表中选择 PROGRAM ▾选项，在 刀具 下拉列表中选择 D10 (铣刀-5 参数 ▾ 选项，在 几何体 下拉列表中选择 WORKPIECE ▾选项，在 方法 下拉列表中选择 MILL_SEMI_FINISH ▾选项，采用系统默认的名称。

（3）在"创建工序"对话框中单击 确定 按钮，系统弹出"平面铣"对话框。

1. 指定部件边界

（1）在 几何体 区域中单击"选择指定部件边界"按钮 ⑳，系统弹出"部件边界"对话框。

（2）在 几何体 区域中单击"指定底面"按钮 ⑤，系统弹出"平面"对话框。

（3）选取图 7.41 所示的面为切削区域，在"切削区域"对话框中单击 确定 按钮，完成切削区域的创建。选取图 7.42 所示的面（选取面为工件的底面）为指定底面，在"平面"对话框中单击 确定 按钮同时系统返回到"平面铣"对话框。

2. 设置刀具路径参数

设置切削模式。在 刀轨设置 区域的 切削模式 下拉列表中选择 ⭤轮廓 ▾选项。

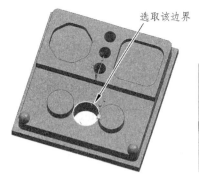
选取该边界

图 7.41　切削区域　　　　　　　　　图 7.42　指定底面

3. 设置切削参数

对话框中单击 余量 选项卡，在 ☑ 使底面余量与侧面余量一致 选项。在 部件侧面余量 选项输入 "0.3"，其他参数采用系统默认设置。

4. 设置非切削移动参数设置

单击 "平面铣" 对话框 刀轨设置 区域中的 "切削参数" 按钮 ▨，系统弹出 "非切削参数" 对话框。在 "非切削参数" 对话框中单击 进刀 选项卡 封闭区域 ，在 进刀类型 下拉列表中选择 沿形状斜进刀 ▾ 选项。在 封闭区域 选项卡的 斜坡角度 文本框中输入 "1.5"、高度 文本框中输入 "0.5"，如图 7.43 所示。

图 7.43　非切削移动参数

5. 设置进给率和速度

（1）单击 "平面铣" 对话框中的 "进给率和速度" 按钮 ⬙，系统弹出 "进给率和速度" 对话框。

（2）选中 主轴速度 区域中的 ☑ 主轴速度 (rpm) 复选框，在其后的文本框中输入 "2500"，按 Enter 键，单击 ▤ 按钮；在 进给率 区域的切削文本框中输入 "400"，按 Enter 键，然后单击 ▤

按钮。

（3）单击"进给率和速度"对话框中的 [确定] 按钮，系统返回"平面铣"对话框。

6. 生成刀路轨迹并仿真

生成的刀路轨迹如图 7.44 所示，3D 动态仿真加工后的模型如图 7.45 所示。

图 7.44　刀路轨迹 　　　　　　　　　图 7.45　3D 动态仿真加工后的模型

7.2.6　创建刀具 2 [立铣刀（精）]

将工序导航器调整到机床视图。

（1）选择下拉菜单 [主页] ➡ [创建刀具] 命令，系统弹出"创建刀具"对话框。

（2）在"创建刀具"对话框的 [类型] 下拉列表中选择 [mill_planar] 选项，在 [刀具子类型] 区域中单击 MILL 按钮 [刀]，在 [位置] 区域的 [刀具] 下拉列表中选择 [GENERIC_MACHINE ▾] 选项，在 [名称] 文本框中输入"DD10"，然后单击 [确定] 按钮，系统弹出"铣刀-5 参数"对话框。

（3）在 (D) [直径] 文本框中输入"10"，在 [刀具号] 文本框中输入"2"，在 [补偿寄存器] 文本框中输入"2"，在 [刀具补偿寄存器] 文本框中输入"2"，其他参数采用系统默认设置，单击 [确定] 按钮，完成刀具 2 的创建。

7.2.7　创建底壁铣、零件平面精加工工序

（1）选择下拉菜单 主页 ➡ [创建工序] 命令，系统弹出"创建工序"对话框。

（2）确定加工方法。在"创建工序"对话框的 [类型] 下拉列表中选择 [mill_planar] 选项，在 [工序子类型] 区域中单击"底壁加工"按钮 [凵]，在 [程序] 下拉列表中选择 [PROGRAM ▾] 选项，在 [刀具] 下拉列表中选择 [DD10 (铣刀-5 参 ▾] 选项，在 [几何体] 下拉列表中选择 [WORKPIECE ▾] 选项，在 [方法] 下拉列表中选择 [MILL_SEMI_FINISH ▾] 选项，采用系统默认的名称。

（3）在"创建工序"对话框中单击 [确定] 按钮，系统弹出"底壁加工"对话框。

1. 指定切削区域

（1）在 [几何体] 区域中单击"选择或编辑切削区域几何体"按钮 [▣]，系统弹出"切削区域"对话框。

（2）选取图 7.46 所示的面为切削区域，在"切削区域"对话框中单击 [确定] 按钮，完成切削区域的创建，同时系统返回到"底壁加工"对话框。

选取该平面

图 7.46　切削区域

2. 设置刀具路径参数

（1）设置切削模式。在 刀轨设置 区域的 切削模式 下拉列表中选择 跟随周边 选项。

（2）设置步进方式。在 步距 下拉列表中选择 %刀具平直 选项，在 平面直径百分比 文本框中输入"70"，其他参数采用系统默认设置，设置 底面毛坯厚度 文本框中输入"0.3"。

3. 设置切削参数

（1）单击"底壁加工"对话框 刀轨设置 区域中的"切削参数"按钮 ，系统弹出"切削参数"对话框。在"切削参数"对话框中单击 空间范围 选项卡 切削区域 ，在简化形状下拉列表中选择 凸包 选项，在 刀具延展量 文本框中输入"100"（%刀具直径）。

（2）对话框中单击 余量 选项卡，在 余量 选项。在 壁余量 选项输入"0.1"，其他参数采用系统默认设置。

（3）对话框中单击 拐角 选项卡 拐角处的刀轨形状 选项，在 光顺 下拉列表中选择 所有刀路 选项，其他参数采用系统默认设置。

4. 设置非切削移动参数

（1）单击"底壁加工"对话框 刀轨设置 区域中的"切削参数"按钮 ，系统弹出"非切削参数"对话框。在"非切削参数"对话框中单击 进刀 选项卡 封闭区域 ，在 进刀类型 下拉列表中选择 与开放区域相同 选项。在 开放区域 选项卡的 进刀类型 下拉列表中选择 圆弧 选项。 半径 文本框中输入"2"（mm），最小安全距离 下拉列表中选择 仅延伸 选项/最小安全距离 文本框中输入"1"（mm），如图 7.47 所示。

图 7.47　非切削移动参数

5. 设置进给率和速度

（1）单击"底壁加工"对话框中的"进给率和速度"按钮 🔩，系统弹出"进给率和速度"对话框。

（2）选中 主轴速度 区域中的 ☑ 主轴速度 (rpm) 复选框，在其后的文本框中输入"2800"，按 Enter 键，单击 🔲 按钮；在 进给率 区域的切削文本框中输入"650"，按 Enter 键，然后单击 🔲 按钮。

（3）单击"进给率和速度"对话框中的 确定 按钮，系统返回"底壁加工"对话框。

6. 生成刀路轨迹并仿真

生成的刀路轨迹如图 7.48 所示，3D 动态仿真加工后的模型如图 7.49 所示。

图 7.48　刀路轨迹

图 7.49　3D 动态仿真加工后的模型

7.2.8　创建底壁铣、零件轮廓精加工工序

（1）选择下拉菜单 主页 ➡ 🔲 创建工序 命令，系统弹出"创建工序"对话框。

（2）确定加工方法。在"创建工序"对话框的 类型 下拉列表中选择 mill_planar 选项，在 工序子类型 区域中单击"底壁加工"按钮 🔲，在 程序 下拉列表中选择 PROGRAM ▼ 选项，在 刀具 下拉列表中选择 DD10 (铣刀-5 参 ▼ 选项，在 几何体 下拉列表中选择 WORKPIECE ▼ 选项，在 方法 下拉列表中选择 MILL_SEMI_FINISH ▼ 选项，采用系统默认的名称。

（3）在"创建工序"对话框中单击 确定 按钮，系统弹出"底壁加工"对话框。

1. 指定切削区域

（1）在 几何体 区域中单击"选择或编辑切削区域几何体"按钮 🔲，系统弹出"切削区域"对话框。

（2）选取图 7.50 所示的面为切削区域，在"切削区域"对话框中单击 确定 按钮，完成切削区域的创建，同时系统返回到"底壁加工"对话框。

2. 设置刀具路径参数

（1）设置切削模式。在 刀轨设置 区域的 切削模式 下拉列表中选择 🔲 轮廓 ▼ 选项。

（2）设置切削模式。在 刀轨设置 区域的 底面毛坯厚度 选项输入"0.1"。

选取该平面

图 7.50　切削区域

3．设置切削参数

（1）单击"底壁加工"对话框 刀轨设置 区域中的"切削参数"按钮 ，系统弹出"切削参数"对话框。在"切削参数"对话框中单击 空间范围 选项卡 切削区域，在 简化形状 下拉列表中选择 凸包 ▼选项，在 刀具延展量 文本框中输入"100"（%刀具直径）。

（2）对话框中单击 余量 选项卡，在 余量 选项。在选项输入"0"，其他参数采用系统默认设置。

（3）对话框中单击 拐角 选项卡 拐角处的刀轨形状 选项，在 光顺 下拉列表中选择 所有刀路 ▼选项，其他参数采用系统默认设置。

4．设置非切削移动参数

（1）单击"底壁加工"对话框 刀轨设置 区域中的"切削参数"按钮 ，系统弹出"非切削参数"对话框。在"非切削参数"对话框中单击 进刀 选项卡 开放区域，在 进刀类型 下拉列表中选择 圆弧 ▼选项。

（2）在 半径 文本框中输入"2"（mm），最小安全距离 下拉列表中选择 仅延伸 ▼选项/最小安全距离 文本框中输入"1"（mm），如图 7.51 所示。

图 7.51　非切削移动参数

5. 设置进给率和速度

（1）单击"底壁加工"对话框中的"进给率和速度"按钮🔫，系统弹出"进给率和速度"对话框。

（2）选中 主轴速度 区域中的 ☑ 主轴速度 (rpm)复选框，在其后的文本框中输入"2800"，按 Enter 键，单击 🔲 按钮；在 进给率 区域的切削文本框中输入"650"，按 Enter 键，然后单击 🔲 按钮。

（3）单击"进给率和速度"对话框中的 确定 按钮，系统返回"底壁加工"对话框。

6. 生成刀路轨迹并仿真

生成的刀路轨迹如图 7.52 所示，3D 动态仿真加工后的模型如图 7.53 所示。

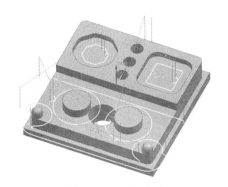
图 7.52　刀路轨迹

图 7.53　3D 动态仿真加工后的模型

7.2.9　创建平面铣、ϕ14孔轮廓精加工工序

（1）选择下拉菜单 主页 ➡ 🎯 命令，系统弹出"创建工序"对话框。

（2）确定加工方法。在"创建工序"对话框的 类型 下拉列表中选择 mill_planar 选项，在 工序子类型 区域中单击"平面铣"按钮 🎯，在 程序 下拉列表中选择 PROGRAM ▼ 选项，在刀具下拉列表中选择 DD10 (铣刀-5 参 ▼ 选项，在 几何体 下拉列表中选择 WORKPIECE ▼ 选项，在 方法 下拉列表中选择 MILL SEMI FINISH ▼ 选项，采用系统默认的名称。

（3）在"创建工序"对话框中单击 确定 按钮，系统弹出"平面铣"对话框。

1. 指定部件边界

（1）在 几何体 区域中单击"选择指定部件边界"按钮 🎯，系统弹出"部件边界"对话框。

（2）在 几何体 区域中单击"指定底面"按钮 🎯，系统弹出"平面"对话框。

（3）选取图 7.54 所示的面为切削区域，在"切削区域"对话框中单击 确定 按钮，完成切削区域的创建。选取图 7.55 所示的面（选取面为工件的底面）为指定底面，在"平面"对话框中单击 确定 按钮同时系统返回到"平面铣"对话框。

2. 设置刀具路径参数

设置切削模式。在 刀轨设置 区域的 切削模式 下拉列表中选择 轮廓 ▼ 选项。

选取该边界

图 7.54　切削区域

图 7.55　指定底面

3. 设置切削参数

对话框中单击 余量 选项卡，在 ☑ 使底面余量与侧面余量一致 选项。在 部件侧面余量 选项输入 "0"，其他参数采用系统默认设置。

4. 设置非切削移动参数设置

（1）单击"底壁加工"对话框 刀轨设置 区域中的"切削参数"按钮 ▦，系统弹出"非切削参数"对话框。

（2）在"非切削参数"对话框中单击 进刀 选项卡 开放区域，在 进刀类型 下拉列表中选择 圆弧 ▼ 选项。半径 文本框中输入 "2"（mm），最小安全距离 下拉列表中选择 仅延伸 ▼ 选项/最小安全距离 文本框中输入 "1"（mm），如图 7.56 所示。

图 7.56　非切削移动参数

5. 设置进给率和速度

（1）单击"平面铣"对话框中的"进给率和速度"按钮 ↕，系统弹出"进给率和速度"对话框。

（2）选中 主轴速度 区域中的 ☑ 主轴速度 (rpm) 复选框，在其后的文本框中输入 "2800"，按 Enter 键，单击 按钮；在 进给率 区域的 切削 文本框中输入 "150"，按 Enter 键，然后单击 按钮。

（3）单击 "进给率和速度" 对话框中的 确定 按钮，系统返回 "平面铣" 对话框。

6. 生成刀路轨迹并仿真

生成的刀路轨迹如图 7.57 所示，3D 动态仿真加工后的模型如图 7.58 所示。

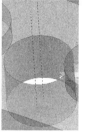

图 7.57　刀路轨迹　　　　　图 7.58　3D 动态仿真加工后的模型

7.2.10　创建刀具 3（中心站）

将工序导航器调整到机床视图。

（1）选择下拉菜单 主页 ➡ 创建刀具 命令，系统弹出 "创建刀具" 对话框。

（2）在 "创建刀具" 对话框的 类型 下拉列表中选择 hole_making 选项，在 刀具子类型 区域中单击 CENTERDRILL 按钮，在 位置 区域的 刀具 下拉列表中选择 GENERIC_MACHINE 选项，在 名称 文本框中输入 "C3"，然后单击 确定 按钮，系统弹出 "中心钻刀" 对话框。

（3）在 (TD) 刀尖直径 文本框中输入 "3"，在 刀具号 文本框中输入 "3"，在 补偿寄存器 文本框中输入 "3"，其他参数采用系统默认设置，单击 确定 按钮，完成刀具 3 的创建。

7.2.11　创建中心钻、M8 螺纹孔打点加工工序

（1）选择下拉菜单 主页 ➡ 创建工序 命令，系统弹出 "创建工序" 对话框。

（2）确定加工方法。在 "创建工序" 对话框的 类型 下拉列表中选择 hole_making 选项，在 工序子类型 区域中单击 "定心钻" 按钮，在 程序 下拉列表中选择 PROGRAM 选项，在 刀具 下拉列表中选择 C3 (中心钻刀) 选项，在 几何体 下拉列表中选择 WORKPIECE 选项，在 方法 下拉列表中选择 DRILL_METHOD 选项，采用系统默认的名称。

（3）在 "创建工序" 对话框中单击 确定 按钮，系统弹出 "定心钻" 对话框。

1. 指定几何体

（1）单击 "定心钻" 对话框 指定特征几何体 右侧的 按钮，系统弹出 "特征几何体" 对话框。

（2）在图形区依次选取如图 7.59 所示的圆，然后在 列表 中选中所有孔，单击 深度 后面的 按钮，选择 用户定义(U) 选项，将深度数值修改为"2.0"，单击 按钮，如图 7.60 所示。单击 确定 按钮，系统返回"定心钻"对话框。

注：在选择孔边线时，如果坐标方向相反，可通过单击 按钮来调整；孔的加工顺序取决于选择孔边线的顺序。

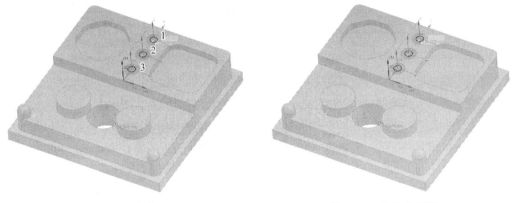

图 7.59　选取参考圆　　　　　　　　图 7.60　选取参照孔

2. 设置循环参数

（1）在"钻孔"对话框 刀轨设置 区域的 循环 下拉列表中选择 钻 选项，单击"编辑循环"按钮 ，系统弹出"循环参数"对话框。

（2）在"循环参数"对话框中采用系统默认的参数，单击 确定 按钮返回"钻孔"对话框。

3. 设置切削参数设置

在切削参数设置对话框 策略 区域的 延伸路径 的 顶偏置 选择距离，在 距离 文本框中输入"0.5"。

4. 设置非切削参数

采用系统默认的参数设置。

5. 设置进给率和速度

（1）单击"定心钻"对话框中的"进给率和速度"按钮 ，系统弹出"进给率和速度"对话框。

（2）在"进给率和速度"对话框中选中 主轴速度 (rpm) 复选框，然后在其后文本框中输入"2400"，按 Enter 键，然后单击 按钮，在 切削 文本框中输入"200"，按 Enter 键，然后单击 按钮，其他选项采用系统默认设置，单击 确定 按钮。

（3）生成刀路轨迹并仿真生成的刀路轨迹如图 7.61 所示，3D 动态仿真加工后的模型如图 7.62 所示。

图 7.61　刀路轨迹　　　　　　　　　　图 7.62　3D 动态仿真加工后的模型

7.2.12　创建刀具 4（钻头）

将工序导航器调整到机床视图。

（1）选择下拉菜单 主页 ➡ 创建刀具 命令，系统弹出"创建刀具"对话框。

（2）在"创建刀具"对话框的 类型 下拉列表中选择 hole_making 选项，在 刀具子类型 区域中单击 STD_DRILL 按钮 ，在 位置 区域的 刀具 下拉列表中选择 GENERIC_MACHINE 选项，在 名称 文本框中输入"DR6.8"，然后单击 确定 按钮，系统弹出"钻刀"对话框。

（3）在 (TD) 刀尖直径 文本框中输入"6.8"，在 刀具号 文本框中输入"4"，在 补偿寄存器 文本框中输入"4"，其他参数采用系统默认设置，单击 确定 按钮，完成刀具 4 的创建。

7.2.13　创建钻孔、M8 螺纹钻孔加工工序

（1）选择下拉菜单 主页 ➡ 创建工序 命令，系统弹出"创建工序"对话框。

（2）确定加工方法。在"创建工序"对话框的 类型 下拉列表中选择 hole_making 选项，在 工序子类型 区域中单击"钻孔"按钮 ，在 程序 下拉列表中选择 PROGRAM 选项，在 刀具 下拉列表中选择 DR6.8 (钻刀) 选项，在 几何体 下拉列表中选择 WORKPIECE 选项，在 方法 下拉列表中选择 DRILL_METHOD 选项，采用系统默认的名称。

（3）在"创建工序"对话框中单击 确定 按钮，系统弹出"钻孔"对话框。

1. 指定几何体

（1）单击"钻孔"对话框 指定特征几何体 右侧的 按钮，系统弹出"特征几何体"对话框。

（2）在图形区依次选取图 7.63 所示的 3 个孔边线，然后在 列表 区域中将所有深度为 17 的孔选中，在 特征 区域单击 深度 后面的 按钮，在弹出的菜单中选择 用户定义(U) 选项，然后在 深度 文本框中输入"17.2"，在 深度限制 下拉列表中选择 通孔 选项，然后 按钮。

注：在选择孔边线顺序不同，最后的刀路轨迹也不同。

（3）单击"特征几何体"对话框中的 确定 按钮，返回"钻孔"对话框。

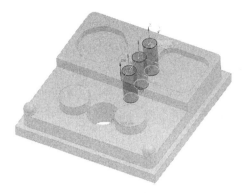

图 7.63　选择孔

2. 设置循环参数设置

在切削参数设置对话框 策略 区域的 延伸路径 的 顶偏置 选择距离，在 距离 文本框中输入"0.5"。底偏置 选择距离，在 距离 文本框中输入"0.5"。

3. 设置非切削参数

采用系统默认参数设置。

4. 设置进给率和速度

（1）单击"钻孔"对话框中的"进给率和速度"按钮 ，系统弹出"进给率和速度"对话框。

（2）在"进给率和速度"对话框中选中 主轴速度 (rpm) 复选框，然后在其后文本框中输入"800"，按 Enter 键，然后单击 按钮，在 切削 文本框中输入"80"，按 Enter 键，再单击 按钮，其他选项采用系统默认设置，单击 按钮。

5. 生成刀路轨迹并仿真

生成的刀路轨迹如图 7.64 所示，3D 动态仿真加工后的结果如图 7.65 所示。

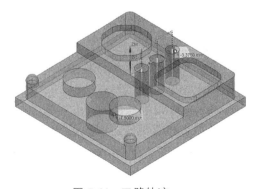

图 7.64　刀路轨迹

图 7.65　3D 动态仿真加工后的模型

7.2.14　创建刀具 5（丝锥）

将工序导航器调整到机床视图。

（1）选择下拉菜单 主页 ➡ 命令，系统弹出"创建刀具"对话框。

（2）在"创建刀具"对话框的 类型 下拉列表中选择 hole_making 选项，在 刀具子类型 区域中单击 TAP 按钮 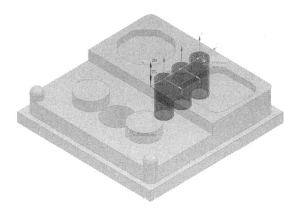，在 位置 区域的刀具下拉列表中选择 GENERIC_MACHINE ▾ 选项，在 名称 文本框中输入 M8，然后单击 确定 按钮，系统弹出"钻刀"对话框。

（3）在 (TD) 刀尖直径 文本框中输入"8"，在 (P) 螺距 文本框中输入"1.25"，在 刀具号 文本框中输入"5"，在 补偿寄存器 文本框中输入"5"，其他参数采用系统默认设置，单击 确定 按钮，完成刀具 5 的创建。

7.2.15　创建攻丝、M8 螺纹攻丝加工工序

（1）选择下拉菜单 主页 ➡ 创建工序 命令，系统弹出"创建工序"对话框。

（2）确定加工方法。在"创建工序"对话框的 类型 下拉列表中选择 hole_making 选项，在 工序子类型 区域中单击"攻丝"按钮 ，在 程序 下拉列表中选择 PROGRAM ▾ 选项，在 刀具 下拉列表中选择 M8 (丝锥) ▾ 选项，在 几何体 下拉列表中选择 WORKPIECE ▾ 选项，在 方法 下拉列表中选择 DRILL_METHOD ▾ 选项，采用系统默认的名称。

（3）在"创建工序"对话框中单击 确定 按钮，系统弹出"钻孔"对话框。

1．指定几何体

（1）单击"攻丝"对话框 指定特征几何体 右侧的 按钮，系统弹出"特征几何体"对话框。

（2）在图形区依次选取如图 7.59 所示的圆，在 螺纹尺寸 "特征几何体"对话框。然后在 列表 中选中所有孔，单击 大径 后面的 按钮，选择 用户定义(U) 选项，将数值修改为"8.0"，单击 小径 后面的 按钮，选择 用户定义(U) 选项，将数值修改为"6.75"，单击 确定 按钮，系统返回"攻丝"对话框。

（3）在图形区选取图 7.66 所示的孔，单击"特征几何体"对话框中的 确定 按钮，返回"钻孔"对话框。

图 7.66　选择孔

2．设置循环参数设置

在切削参数设置对话框 策略 区域的 延伸路径 的 顶偏置 选择距离，在 距离 文本框中输入"0.5"。 底偏置 选择距离，在 距离 文本框中输入"0.5"。

3. 设置非切削参数

采用系统默认参数设置。

4. 设置进给率和速度

（1）单击"钻孔"对话框中的"进给率和速度"按钮 🎛，系统弹出"进给率和速度"对话框。

（2）在"进给率和速度"对话框中选中 ☑ 主轴速度 (rpm) 复选框，然后在其后文本框中输入"600"，按 Enter 键，然后单击 🔲 按钮，在切削文本框中输入"1.25" mmpr ▼（每转进给），按 Enter 键，然后单击 🔲 按钮，其他选项采用系统默认设置，单击 确定 按钮。

5. 生成刀路轨迹并仿真

生成的刀路轨迹如图 7.67 所示，3D 动态仿真加工后的结果如图 7.68 所示。

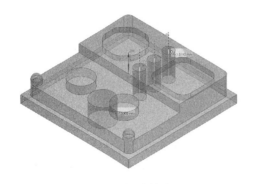

图 7.67　刀路轨迹

图 7.68　3D 动态仿真加工后的模型

7.2.16　创建刀具 6（圆鼻刀）

将工序导航器调整到机床视图。

（1）选择下拉菜单 主页 ➡ 🔧 命令，系统弹出"创建刀具"对话框。
创建刀具

（2）在"创建刀具"对话框的 类型 下拉列表中选择 mill_planar 选项，在 刀具子类型 区域中单击 MILL 按钮 🔩，在 位置 区域的 刀具 下拉列表中选择 GENERIC MACHINE ▼ 选项，在 名称 文本框中输入"D8R1"，然后单击 确定 按钮，系统弹出"铣刀-5 参数"对话框。

（3）在 (D) 直径 文本框中输入"8"，在 (R1) 下半径 文本框中输入"1"，在刀具号文本框中输入"6"，在 补偿寄存器 文本框中输入"6"，在 刀具补偿寄存器 文本框中输入"6"，其他参数采用系统默认设置，单击 确定 按钮，完成刀具 6 的创建。

7.2.17　创建固定轮廓铣、半圆曲面加工工序

（1）选择下拉菜单 主页 ➡ 📄 命令，系统弹出"创建工序"对话框。
创建工序

（2）确定加工方法。在"创建工序"对话框的 类型 下拉列表中选择 mill_contour 选项，在 工序子类型 区域中单击"固定轮廓铣"按钮 🔽，在 程序 下拉列表中选择 PROGRAM ▼ 选项，在 刀具 下拉列表中选择 D8R1 (铣刀-5 参数) ▼ 选项，在 几何体 下拉列表中选择 MCS_MILL ▼ 选

项，在方法下拉列表中选择 METHOD ▼ 选项，采用系统默认的名称。

（3）在"创建工序"对话框中单击 确定 按钮，系统弹出"固定轮廓铣"对话框。

1. 指定几何体

（1）单击"固定轮廓铣"对话框 指定部件 右侧的 🧊 按钮，系统弹出"部件几何体"对话框。

（2）在 🔄菜单(M) ▼ ⨀ 🔧 ⨀ 🔧 🔲 无选择过滤器 ▼ 工具栏"无选择过滤器"下拉列表中选择 面 ▼ 。

（3）单击"固定轮廓铣"对话框指定切削区域右侧的 🗒 按钮，系统弹出"部件几何体"对话框。

（4）在图形区选取图 7.69 所示的 指定部件、指定切削区域，单击"特征几何体"对话框中的 确定 按钮，返回"固定轮廓铣"对话框。

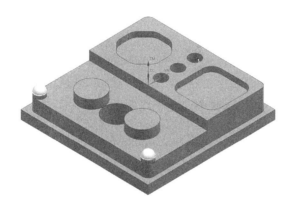

图 7.69　指定部件、切削区域

2. 设置驱动方法参数

（1）设置切削模式。在 驱动方法 区域的 方法 下拉列表中选择 区域铣削 ▼ 选项。

（2）设置 区域铣削 ▼ 。单击"编辑循环"按钮 🔧，系统弹出 区域铣削驱动方法 对话框。在 驱动设置 区域的 非陡峭切削 。非陡峭切削模式 下拉列表中选择 🔲 跟随周边 ▼ ，在 步距 下拉列表中选择 恒定 ▼ ，在 最大距离 在 距离 文本框中输入 "0.1"。在 步距已应用 下拉列表中选择 在平面上 ▼ 。

3. 设置切削参数

参数设置采用系统默认的切削移动参数值。

4. 设置非切削移动参数

参数设置采用系统默认的非切削移动参数值。

5. 设置进给率和速度

（1）单击"固定轮廓铣"对话框中的"进给率和速度"按钮 🔧，系统弹出"进给率和速度"对话框。

（2）在"进给率和速度"对话框中选中 ✅ 主轴速度 (rpm) 复选框，然后在其后文本框中输入

"2800"，按 Enter 键，然后单击 ▣ 按钮，在 **切削** 文本框中输入"250"，按 Enter 键，再单击 ▣
按钮，其他选项采用系统默认设置，单击 ▬▬ 按钮。

6. 生成刀路轨迹并仿真

生成的刀路轨迹如图 7.70 所示，3D 动态仿真加工后的结果如图 7.71 所示。

图 7.70　刀路轨迹　　　　　　　　　图 7.71　3D 动态仿真加工后的模型

7.3　综合案例三——八卦零件案例编程

本实例通过 2D 综合八卦零件的加工，讲解型腔工序二次开粗和曲面编程以及钻盲孔编
程。该零件加工的具体过程、零件的数控加工内容、切削刀具类型（高速钢）和切削工艺参
数见表 7.3。相应的加工工艺路线如图 7.72 所示。

表 7.3　八卦零件的切削参数

序号	数控加工内容	切削刀具类型	刀具直径/mm	主轴转速/ （r/min）	进给速度/ （mm/min）
1	底壁铣、平面加工工序	平刀	10	2 500	800
2	型腔铣、粗加工工序	平刀	10	2 500	1 200
3	型腔铣、二粗加工工序	平刀	6	2 600	800
4	底壁铣、零件平面精加工工序	平刀	6	2 800	650
5	底壁铣、零件轮廓精加工工序	平刀	6	2 800	650
6	中心钻、φ6.8 孔打点加工工序	中心钻	C3	2 400	200
7	钻孔、φ6.8 钻孔加工工序	钻头	6.8	800	80
8	固定轮廓铣、R 圆曲面加工工序	圆鼻刀	8	2 800	1 000

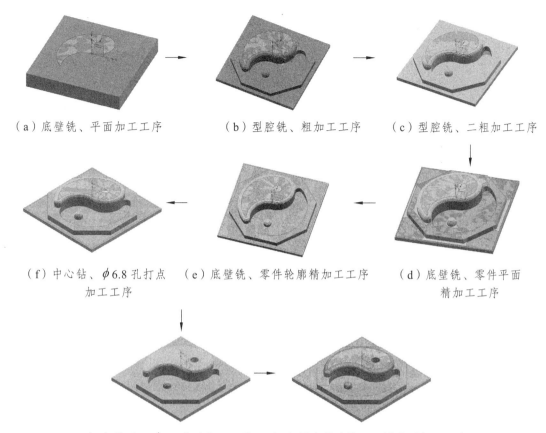

（a）底壁铣、平面加工工序　　　（b）型腔铣、粗加工工序　　　（c）型腔铣、二粗加工工序

（f）中心钻、ϕ6.8 孔打点　　（e）底壁铣、零件轮廓精加工工序　　（d）底壁铣、零件平面
　　　　加工工序　　　　　　　　　　　　　　　　　　　　　　　　　精加工工序

（g）钻孔、ϕ6.8 钻孔加工工序　　　（h）固定轮廓铣、R 圆曲面加工工序

图 7.72　加工工艺路线

7.3.1　打开模型文件并进入加工环境

进入加工环境。在 应用模块 功能选项卡区域单击 按钮，系统弹出"加工环境"对话框；在"加工环境"对话框的CAM 会话配置列表框中选择 cam_general 选项，在 要创建的 CAM 组装 列表框中选择 mill planar 选项，单击 确定 按钮，进入加工环境。

1. 创建加工坐标系

将工序导航器调整到几何视图，双击节点 MCS_MILL，系统弹出"MCS 铣削"对话框。采用系统默认的机床坐标系，如图 7.73 所示。

2. 创建部件几何体

（1）在工序导航器中双击 MCS_MILL 节点下的 WORKPIECE，系统弹出"工件"对话框。

（2）选取部件几何体。在"工件"对话框中单击 按钮，系统弹出"部件几何体"对话框。

（3）在图形区中选择零件模型实体为部件几何体。在"部件几何体"对话框中单击 确定 按钮，完成部件几何体的创建，同时系统返回到"工件"对话框。

3. 创建毛坯几何体

（1）在"工件"对话框中单击"选择或编辑毛坯几何体"按钮，系统弹出"毛坯几何体"对话框，如图 7.74 所示。

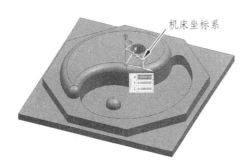

机床坐标系

图 7.73　机床坐标系

图 7.74　创建毛坯几何体

（2）确定毛坯几何体。在下拉列表中选择 包容块 选项，单击 确定 按钮完成毛坯几何体的创建，系统返回到"工件"对话框。

（3）单击 确定 按钮，完成毛坯几何体的创建。系统返回到"工件"对话框。

（4）单击"工件"对话框中的 确定 按钮，完成铣削几何体的定义。

说明：为了方便后续的选取，可以在设置工件后先将毛坯几何体进行隐藏。

7.3.2　创建刀具 1（立铣刀）

将工序导航器调整到机床视图。

（1）选择下拉菜单主页 ➡ 创建刀具 命令，系统弹出"创建刀具"对话框。

（2）在"创建刀具"对话框的 类型 下拉列表中选择 mill_planar 选项，在 刀具子类型 区域中单击 MILL 按钮 ，在 位置 区域的 刀具 下拉列表中选择 GENERIC_MACHINE ▾ 选项，在 名称 文本框中输入"D10"，然后单击 确定 按钮，系统弹出"铣刀-5 参数"对话框。

（3）在 (D) 直径 文本框中输入"10"，在 刀具号 文本框中输入"1"，在 补偿寄存器 文本框中输入"1"，在 刀具补偿寄存器 文本框中输入"1"，其他参数采用系统默认设置，单击 确定 按钮，完成刀具 1 的创建。

7.3.3　创建底壁铣、平面加工工序

（1）选择下拉菜单主页 ➡ 创建工序 命令，系统弹出"创建工序"对话框。

（2）确定加工方法。在"创建工序"对话框的 类型 下拉列表中选择 mill_planar 选项，在 工序子类型 区域中单击"底壁加工"按钮 ，在 程序 下拉列表中选择 PROGRAM ▾ 选项，在 刀具 下拉列表中选择 D10 (铣刀-5 参数) ▾ 选项，在 几何体 下拉列表中选择 WORKPIECE ▾ 选项，在 方法 下拉列表中选择 MILL_SEMI_FINISH ▾ 选项，采用系统默认的名称。

（3）在"创建工序"对话框中单击 确定 按钮，系统弹出"底壁加工"对话框。

1．指定切削区域

（1）在 几何体 区域中单击"选择或编辑切削区域几何体"按钮 🖐，系统弹出"切削区域"对话框。

（2）选取图 7.75 所示的面为切削区域，在"切削区域"对话框中单击 确定 按钮，完成切削区域的创建，同时系统返回到"底壁加工"对话框。

2．设置刀具路径参数

（1）设置切削模式。在 刀轨设置 区域的 切削模式 下拉列表中选择 ☰ 往复 ▾ 选项。

（2）设置步进方式。在 步距 下拉列表中选择 % 刀具平直 ▾ 选项，在 平面直径百分比 文本框中输入"80"，其他参数采用系统默认设置。

3．设置切削参数

单击"底壁加工"对话框 刀轨设置 区域中的"切削参数"按钮 ⚏，系统弹出"切削参数"对话框。在"切削参数"对话框中单击 空间范围 选项卡 切削区域，在 将底面延伸至 下拉列表中选择 部件轮廓 ▾ 选项，在 简化形状 下拉列表中选择 ⌐ 轮廓 ▾ 选项，其他参数采用系统默认设置。

4．设置非切削移动参数

参数设置采用系统默认的非切削移动参数值。

5．设置进给率和速度

（1）单击"底壁加工"对话框中的"进给率和速度"按钮 🕭，系统弹出"进给率和速度"对话框。

（2）选中 主轴速度 区域中的 ☑ 主轴速度 (rpm)复选框，在其后的文本框中输入"2500"，按 Enter 键，单击 ▤ 按钮；在 进给率 区域的切削文本框中输入"800"，按 Enter 键，然后单击 ▤ 按钮。

（3）单击"进给率和速度"对话框中的 确定 按钮，系统返回"底壁加工"对话框。

6．生成刀路轨迹并仿真

生成的刀路轨迹如图 7.76 所示，3D 动态仿真加工后的模型如图 7.77 所示。

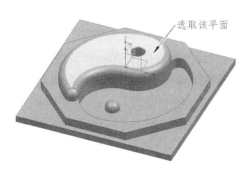

图 7.75　切削区域

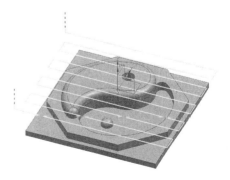

图 7.76　刀路轨迹

7.3.4 创建型腔铣、粗加工工序

（1）选择下拉菜单 主页 ➡ 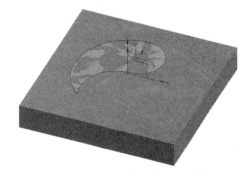[创建工序] 命令，系统弹出"创建工序"对话框。

（2）确定加工方法。在"创建工序"对话框的 类型 下拉列表中选择 mill_contour 选项，在 工序子类型 区域中单击"平面铣"按钮 ⬚，在 程序 下拉列表中选择 PROGRAM ▼ 选项，在 刀具 下拉列表中选择 D10 (铣刀-5 参数) ▼ 选项，在 几何体 下拉列表中选择 WORKPIECE ▼ 选项，在 方法 下拉列表中选择 MILL_SEMI_FINISH ▼ 选项，采用系统默认的名称。

（3）在"创建工序"对话框中单击 确定 按钮，系统弹出"型腔铣"对话框。

1. 指定切削区域

（1）在 几何体 区域中单击"选择或编辑切削区域几何体"按钮 ⬚，系统弹出"指定切削区域"对话框。

（2）选取图 7.78 所示的面为切削区域，在"切削区域"对话框中单击 确定 按钮，完成切削区域的创建，同时系统返回到"底壁加工"对话框。

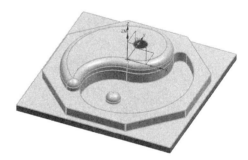

图 7.77　3D 动态仿真加工后的模型　　　　图 7.78　所示的面为切削区域

2. 设置刀具路径参数

（1）设置切削模式。在 刀轨设置 区域的 切削模式 下拉列表中选择 跟随周边 ▼ 选项。在 平面直径百分比 文本框中输入"65"。

（2）设置 公共每刀切削深度 。下拉列表中选择 恒定 ▼ 选项，最大距离 值设置为"0.5"。

3. 设置切削参数

（1）单击"型腔铣"对话框 刀轨设置 区域中的"切削参数"按钮 ⬚，系统弹出"切削参数"对话框。在"切削参数"对话框中单击 策略 选项卡，在 切削顺序 下拉列表中选择 深度优先 ▼ 选项。

（2）对话框中单击 余量 选项卡，在 ✓ 使底面余量与侧面余量一致 选项。在 部件侧面余量 选项输入"0.3"，其他参数采用系统默认设置。

4. 设置非切削移动参数参数设置

（1）单击"型腔铣"对话框 刀轨设置 区域中的"切削参数"按钮 ⬚，系统弹出"非切削参数"对话框。在"非切削参数"对话框中单击 进刀 选项卡 封闭区域 ，在 进刀类型 下拉列表

中选择 螺旋 ▼ 选项。在 封闭区域 选项卡的 直径 文本框中输入"90"（%刀具直径），斜坡角度 文本框中输入"5"，高度 文本框中输入"0.3"，如图 7.79 所示。

图 7.79　非切削移动参数

（2）对话框中单击 进刀 选项卡 开放区域，在 进刀类型 下拉列表中选择 线性 ▼ 选项。在 开放区域 选项卡的 长度 文本框中输入"60"（%刀具直径）、高度 文本框中输入"0"，如图 7.79 所示。

（3）在"非切削参数"对话框中单击 转移/快速 选项卡 区域内，在 转移类型 下拉列表中选择 直接 ▼ 选项。其他参数采用系统默认设置。

5. 设置进给率和速度

（1）单击"平面铣"对话框中的"进给率和速度"按钮 🖐，系统弹出"进给率和速度"对话框。

（2）选中 主轴速度 区域中的 ☑ 主轴速度 (rpm) 复选框，在其后的文本框中输入"2500"，按 Enter 键，单击 🔒 按钮；在 进给率 区域的切削文本框中输入"1200"，按 Enter 键，然后单击 🔒 按钮。

（3）单击"进给率和速度"对话框中的 确定 按钮，系统返回"平面铣"对话框。

6. 生成刀路轨迹并仿真

生成的刀路轨迹如图 7.80 所示，3D 动态仿真加工后的模型如图 7.81 所示。

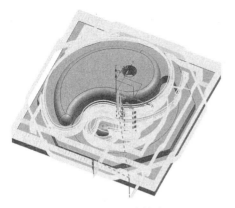

图 7.80　刀路轨迹　　　　　　　　　　图 7.81　3D 动态加工后的模型

7.3.5　创建刀具 2（立铣刀）

将工序导航器调整到机床视图。

（1）选择下拉菜单 主页 ➡ 创建刀具 命令，系统弹出"创建刀具"对话框。

（2）在"创建刀具"对话框的 类型 下拉列表中选择 mill_planar 选项，在 刀具子类型 区域中单击 MILL 按钮 🔧 ，在 位置 区域的 刀具 下拉列表中选择 GENERIC_MACHINE ▾ 选项，在 名称 文本框中输入"D6"，然后单击 确定 按钮，系统弹出"铣刀-5 参数"对话框。

（3）在 (D) 直径 文本框中输入"6"，在刀具号文本框中输入"2"，在 补偿寄存器 文本框中输入"2"，在 刀具补偿寄存器 文本框中输入"2"，其他参数采用系统默认设置，单击 确定 按钮，完成刀具 2 的创建。

7.3.6　创建型腔铣、二粗加工工序

（1）选择下拉菜单 主页 ➡ 创建工序 命令，系统弹出"创建工序"对话框。

（2）确定加工方法。在"创建工序"对话框的 类型 下拉列表中选择 mill_contour 选项，在 工序子类型 区域中单击"平面铣"按钮 ⬚ ，在 程序 下拉列表中选择 PROGRAM ▾ 选项，在 刀具 下拉列表中选择 D6 (铣刀-5 参数) ▾ 选项，在 几何体 下拉列表中选择 WORKPIECE ▾ 选项，在 方法 下拉列表中选择 MILL_SEMI_FINISH ▾ 选项，采用系统默认的名称。

（3）在"创建工序"对话框中单击 确定 按钮，系统弹出"型腔铣"对话框。

1. 设置刀具路径参数

（1）设置切削模式。在 刀轨设置 区域的 切削模式 下拉列表中选择 ▣ 跟随周边 ▾ 选项，在 平面直径百分比 文本框中输入"65"。

（2）设置 公共每刀切削深度 。下拉列表中选择 恒定 ▾ 选项，最大距离 值设置为"0.4"。

2. 设置切削参数

（1）单击"型腔铣"对话框 刀轨设置 区域中的"切削参数"按钮 ⬚ ，系统弹出"切削参数"对话框。在"切削参数"对话框中单击 策略 选项卡，在 切削顺序 下拉列表中选择

选项，对话框中单击 余量 选项卡，在 ☑ 使底面余量与侧面余量一致 选项。在 部件侧面余量 选项输入 "0.3"，其他参数采用系统默认设置。

（2）在"切削参数"对话框中单击 空间范围 选项卡 毛坯，在 过程工件 下拉列表中选择 使用 3D 选项，在 最小除料量 选项输入 "0.6"，对话框中单击 空间范围 选项卡 小区域避让，在 小封闭区域 下拉列表中选择 忽略 选项。

3. 设置非切削移动参数参数设置

（1）单击"型腔铣"对话框 刀轨设置 区域中的"切削参数"按钮 📷，系统弹出"非切削参数"对话框。在"非切削参数"对话框中单击 进刀 选项卡 封闭区域，在 进刀类型 下拉列表中选择 与开放区域相同 选项。对话框中单击 进刀 选项卡 开放区域，在 进刀类型 下拉列表中选择 线性 选项。在 开放区域 选项卡的 长度 文本框中输入 "55"（%刀具直径）、高度文本框中输入 "0"，如图 7.82 所示。

（2）在"非切削参数"对话框中单击 转移/快速 选项卡 区域内，在 转移类型 下拉列表中选择 直接 选项。其他参数采用系统默认设置。

图 7.82   非切削移动参数

4. 设置进给率和速度

（1）单击"平面铣"对话框中的"进给率和速度"按钮 🔧，系统弹出"进给率和速度"对话框。

（2）选中 主轴速度 区域中的 ☑ 主轴速度 (rpm) 复选框，在其后的文本框中输入 "2800"，按 Enter 键，单击 📊 按钮；在 进给率 区域的切削文本框中输入 "800"，按 Enter 键，然后单击 📊 按钮。

（3）单击"进给率和速度"对话框中的 确定 按钮，系统返回"平面铣"对话框。

5. 生成刀路轨迹并仿真

生成的刀路轨迹如图 7.83 所示，3D 动态仿真加工后的模型如图 7.84 所示。

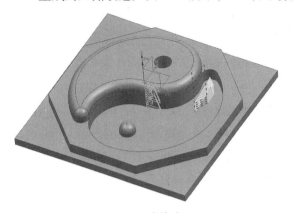

图 7.83　刀路轨迹

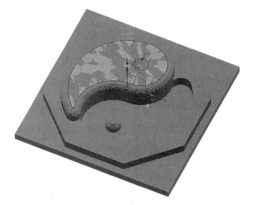

图 7.84　3D 动态仿真加工后的模型

7.3.7　创建刀具 3（立铣刀）

将工序导航器调整到机床视图。

（1）选择下拉菜单 主页 ➡ 创建刀具 命令，系统弹出"创建刀具"对话框。

（2）在"创建刀具"对话框的 类型 下拉列表中选择 mill_planar 选项，在 刀具子类型 区域中单击 MILL 按钮 ，在 位置 区域的 刀具 下拉列表中选择 GENERIC_MACHINE 选项，在 名称 文本框中输入"DD6"，然后单击 确定 按钮，系统弹出"铣刀-5 参数"对话框。

（3）在 (D) 直径 文本框中输入"6"，在 刀具号 文本框中输入"3"，在 补偿寄存器 文本框中输入"3"，在 刀具补偿寄存器 文本框中输入"3"，其他参数采用系统默认设置，单击 确定 按钮，完成刀具 3 的创建。

7.3.8　创建底壁铣、零件平面精加工工序

（1）选择下拉菜单 主页 ➡ 创建工序 命令，系统弹出"创建工序"对话框。

（2）确定加工方法。在"创建工序"对话框的 类型 下拉列表中选择 mill_planar 选项，在 工序子类型 区域中单击"底壁加工"按钮 ，在 程序 下拉列表中选择 PROGRAM 选项，在 刀具 下拉列表中选择 DD6 (铣刀-5 参数) 选项，在 几何体 下拉列表中选择 WORKPIECE 选项，在 方法 下拉列表中选择 MILL SEMI FINISH 选项，采用系统默认的名称。

（3）在"创建工序"对话框中单击 确定 按钮，系统弹出"底壁加工"对话框。

1. 指定切削区域

（1）在 几何体 区域中单击"选择或编辑切削区域几何体"按钮 ，系统弹出"切削区域"对话框。

（2）选取图 7.85 所示的面为切削区域，在"切削区域"对话框中单击 确定 按钮，完成切削区域的创建，同时系统返回到"底壁加工"对话框。

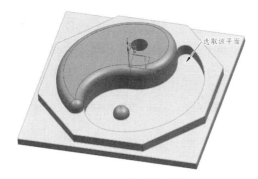

图 7.85　切削区域

2. 设置刀具路径参数

（1）设置切削模式。在 刀轨设置 区域的 切削模式 下拉列表中选择 ⊡ 跟随周边 ▾ 选项。

（2）设置步进方式。在 步距 下拉列表中选择 % 刀具平直 ▾ 选项，在 平面直径百分比 文本框中输入"75"，其他参数采用系统默认设置，设置 底面毛坯厚度 文本框中输入"0.3"。

3. 设置切削参数

（1）单击"底壁加工"对话框 刀轨设置 区域中的"切削参数"按钮 ⊡，系统弹出"切削参数"对话框。在"切削参数"对话框中单击 空间范围 选项卡 切削区域 ，在简化形状下拉列表中选择 ⎀ 凸包 ▾ 选项，在 刀具延展量 文本框中输入"100"（%刀具直径）。

（2）对话框中单击 余量 选项卡，在 余量 选项。在 壁余量 选项输入"0.1"，其他参数采用系统默认设置。

（3）对话框中单击 拐角 选项卡 拐角处的刀轨形状 选项，在 光顺 下拉列表中选择 所有刀路 ▾ 选项，其他参数采用系统默认设置。

4. 设置非切削移动参数

单击"底壁加工"对话框 刀轨设置 区域中的"切削参数"按钮 ⊡，系统弹出"非切削参数"对话框。在"非切削参数"对话框中单击 进刀 选项卡 封闭区域 ，在 进刀类型 下拉列表中选择 与开放区域相同 ▾ 选项。在 开放区域 选项卡的 进刀类型 下拉列表中选择 圆弧 ▾ 选项。半径 文本框中输入"2"（mm），最小安全距离 下拉列表中选择 仅延伸 ▾ 选项/最小安全距离 文本框中输入"1"（mm），如图 7.86 所示。

5. 设置进给率和速度

（1）单击"底壁加工"对话框中的"进给率和速度"按钮 ⬚，系统弹出"进给率和速度"对话框。

（2）选中 主轴速度 区域中的 ☑ 主轴速度 (rpm) 复选框，在其后的文本框中输入"2800"，按 Enter 键，单击 ⬚ 按钮；在 进给率 区域的 切削 文本框中输入"650"，按 Enter 键，然后单击 ⬚ 按钮。

（3）单击"进给率和速度"对话框中的 确定 按钮，系统返回"底壁加工"对话框。

图 7.86 非切削移动参数

6. 生成刀路轨迹并仿真

生成的刀路轨迹如图 7.87 所示，3D 动态仿真加工后的模型如图 7.88 所示。

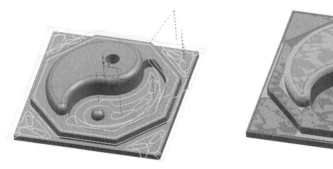

图 7.87 刀路轨迹　　　　　　　图 7.88 3D 动态仿真加工后的模型

7.3.9 创建底壁铣、零件轮廓精加工工序

（1）选择下拉菜单 主页 ➡ 创建工序 命令，系统弹出"创建工序"对话框。

（2）确定加工方法。在"创建工序"对话框的 类型 下拉列表中选择 mill_planar 选项，在 工序子类型 区域中单击"底壁加工"按钮 ，在 程序 下拉列表中选择 PROGRAM 选项，在 刀具 下拉列表中选择 DD6 (铣刀-5 参数) 选项，在 几何体 下拉列表中选择 WORKPIECE 选项，在 方法 下拉列表中选择 MILL_SEMI_FINISH 选项，采用系统默认的名称。

（3）在"创建工序"对话框中单击 确定 按钮，系统弹出"底壁加工"对话框。

1．指定切削区域

（1）在 几何体 区域中单击"选择或编辑切削区域几何体"按钮 ，系统弹出"切削区域"对话框。

（2）选取图 7.89 所示的面为切削区域，在"切削区域"对话框中单击 确定 按钮，完成切削区域的创建，同时系统返回到"底壁加工"对话框。

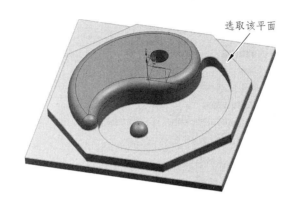

选取该平面

图 7.89　切削区域

2．设置刀具路径参数

（1）设置切削模式。在 刀轨设置 区域的 切削模式 下拉列表中选择 轮廓 选项。

（2）设置切削模式。在 刀轨设置 区域的 底面毛坯厚度 选项输入"0.1"。

3．设置切削参数

（1）单击"底壁加工"对话框 刀轨设置 区域中的"切削参数"按钮 ，系统弹出"切削参数"对话框。在"切削参数"对话框中单击 空间范围 选项卡 切削区域 ，在简化形状下拉列表中选择 凸包 选项，在 刀具延展量 文本框中输入值"100"（%刀具直径）。

（2）对话框中单击 余量 选项卡，在 余量 选项。在选项输入"0"，其他参数采用系统默认设置。

（3）对话框中单击 拐角 选项卡 拐角处的刀轨形状 选项，在 光顺 下拉列表中选择 所有刀路 选项，其他参数采用系统默认设置。

4．设置非切削移动参数

（1）单击"底壁加工"对话框 刀轨设置 区域中的"切削参数"按钮 ，系统弹出"非切削参数"对话框。在"非切削参数"对话框中单击 进刀 选项卡 开放区域 ，在 进刀类型 下拉列表中选择 圆弧 选项。半径 文本框中输入"2"（mm），最小安全距离 下拉列表中选择 仅延伸 选项/最小安全距离 文本框中输入"1"（mm），如图 7.90 所示。

图 7.90　非切削移动参数

5. 设置进给率和速度

（1）单击"底壁加工"对话框中的"进给率和速度"按钮 🐾，系统弹出"进给率和速度"对话框。

（2）选中 主轴速度 区域中的 ☑ 主轴速度 (rpm) 复选框，在其后的文本框中输入"2800"，按 Enter 键，单击 🔲 按钮；在 进给率 区域的 切削 文本框中输入"650"，按 Enter 键，然后单击 🔲 按钮。

（3）单击"进给率和速度"对话框中的 确定 按钮，系统返回"底壁加工"对话框。

6. 生成刀路轨迹并仿真

生成的刀路轨迹如图 7.91 所示，3D 动态仿真加工后的模型如图 7.92 所示。

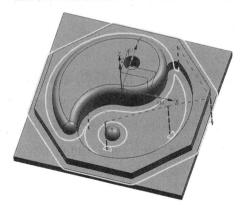

图 7.91　刀路轨迹

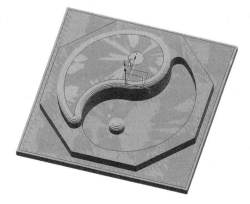

图 7.92　3D 动态仿真加工后的模型

7.3.10　创建刀具 4（中心钻）

将工序导航器调整到机床视图。

（1）选择下拉菜单 主页 ➡ 创建刀具 命令，系统弹出"创建刀具"对话框。

（2）在"创建刀具"对话框的 类型 下拉列表中选择 hole_making 选项，在 刀具子类型 区域中单击 CENTERDRILL 按钮 ，在 位置 区域的 刀具 下拉列表中选择 GENERIC_MACHINE ▾ 选项，在 名称 文本框中输入"C3"，然后单击 确定 按钮，系统弹出"中心钻刀"对话框。

（3）在 (TD) 刀尖直径 文本框中输入"3"，在 刀具号 文本框中输入"4"，在 补偿寄存器 文本框 中输入"4"，其他参数采用系统默认设置，单击 确定 按钮，完成刀具 4 的创建。

7.3.11　创建中心钻、$\phi 6.8$ 孔打点加工工序

（1）选择下拉菜单 主页 ➡ 创建工序 命令，系统弹出"创建工序"对话框。

（2）确定加工方法。在"创建工序"对话框的 类型 下拉列表中选择 hole_making 选项，在 工序子类型 区域中单击"定心钻"按钮 ，在 程序 下拉列表中选择 PROGRAM ▾ 选项，在 刀具 下拉列表中选择 C3 (中心钻刀) ▾ 选项，在 几何体 下拉列表中选择 WORKPIECE ▾ 选项，在 方法 下拉列表中选择 DRILL_METHOD ▾ 选项，采用系统默认的名称。

（3）在"创建工序"对话框中单击 确定 按钮，系统弹出"定心钻"对话框。

1. 指定几何体

（1）单击"定心钻"对话框 指定特征几何体 右侧的 按钮，系统弹出"特征几何体"对话框。

（2）在图形区依次选取如图 7.93 所示的圆，然后在 列表 中选中所有孔，单击 深度 后面的 按钮，选择 用户定义(U) 选项，将深度数值修改为"2.0"，单击 按钮，如图 7.93 所示。单击 确定 按钮，系统返回"定心钻"对话框。

注：在选择孔边线时，如果坐标方向相反，可通过单击 按钮来调整；孔的加工顺序取决于选择孔边线的顺序。

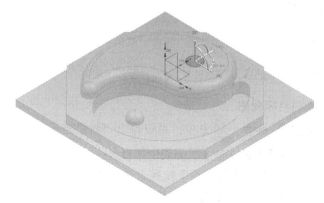

图 7.93　选取参照孔

2．设置循环参数

（1）在"钻孔"对话框 刀轨设置 区域的 循环 下拉列表中选择 钻 ▼ 选项，单击"编辑循环"按钮 ，系统弹出"循环参数"对话框。

（2）在"循环参数"对话框中采用系统默认的参数，单击 确定 按钮返回"钻孔"对话框。

3．设置切削参数设置

在切削参数设置对话框 策略 区域的 延伸路径 的 顶偏置 选择距离，在 距离 文本框中输入"0.5"。

4．设置非切削参数

采用系统默认的参数设置。

5．设置进给率和速度

（1）单击"定心钻"对话框中的"进给率和速度"按钮 ，系统弹出"进给率和速度"对话框。

（2）在"进给率和速度"对话框中选中 ✓ 主轴速度 (rpm) 复选框，然后在其后文本框中输入"2400"，按 Enter 键，然后单击 按钮；在进给率区域的 切削 文本框中输入"200"，按 Enter 键，然后单击 按钮，其他选项采用系统默认设置，单击 确定 按钮。

6．生成刀路轨迹并仿真

生成的刀路轨迹如图 7.94 所示，3D 动态仿真加工后的模型如图 7.95 所示。

图 7.94　刀路轨迹

图 7.95　3D 动态仿真加工后的模型

7.3.12　创建刀具 5（钻头）

将工序导航器调整到机床视图

（1）选择下拉菜单 主页 ➡ 创建刀具 命令，系统弹出"创建刀具"对话框。

（2）在"创建刀具"对话框的 类型 下拉列表中选择 hole_making 选项，在 刀具子类型 区域中单击 STD_DRILL 按钮 ，在 位置 区域的 刀具 下拉列表中选择 GENERIC_MACHINE ▼ 选项，在 名称 文本框中输入"DR6.8"，然后单击 确定 按钮，系统弹出"钻刀"对话框。

（3）在 (TD) 刀尖直径 文本框中输入"6.8"，在 刀具号 文本框中输入"5"，在 补偿寄存器 文本框中输入"5"，其他参数采用系统默认设置，单击 确定 按钮，完成刀具 5 的创建。

7.3.13 创建钻孔、$\phi6.8$ 孔打点加工工序

（1）选择下拉菜单 主页 ➡ 创建工序 命令，系统弹出"创建工序"对话框。

（2）确定加工方法。在"创建工序"对话框的 类型 下拉列表中选择 hole_making 选项，在 工序子类型 区域中单击"钻孔"按钮 ，在 程序 下拉列表中选择 PROGRAM ▾ 选项，在 刀具 下拉列表中选择 DR6.8 (钻刀) ▾ 选项，在 几何体 下拉列表中选择 WORKPIECE ▾ 选项，在 方法 下拉列表中选择 DRILL_METHOD ▾ 选项，采用系统默认的名称。

（3）在"创建工序"对话框中单击 确定 按钮，系统弹出"钻孔"对话框。

1．指定几何体

（1）单击"钻孔"对话框 指定特征几何体 右侧的 按钮，系统弹出"特征几何体"对话框。

（2）在图形区依次选取图 7.96 所示的 1 个孔边线，然后在 列表 区域中将所有深度为 7.957 的孔选中，在 特征 区域单击 深度 后面的 按钮，在弹出的菜单中选择 用户定义(U) 选项，然后在 深度 文本框中输入"5"，在 深度限制 下拉列表中选择 盲孔 ▾ 选项，然后 按钮。

注：在选择孔边线顺序不同，最后的刀路轨迹也不同。

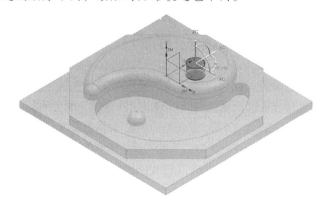

图 7.96 选择孔

（3）单击"特征几何体"对话框中的 确定 按钮，返回"钻孔"对话框。

2．设置循环参数设置

在切削参数设置对话框 策略 区域的 延伸路径 的 顶偏置 选择距离，在 距离 文本框中输入"0.5"。底偏置 选择距离，在 距离 文本框中输入"0"。

3．设置非切削参数

采用系统默认参数设置。

4．设置进给率和速度

（1）单击"钻孔"对话框中的"进给率和速度"按钮 ，系统弹出"进给率和速度"对话框。

（2）在"进给率和速度"对话框中选中 主轴速度 (rpm) 复选框，然后在其后文本框中输入"800"，按 Enter 键，然后单击 按钮，在 切削 文本框中输入"80"，按 Enter 键，然后单

击 ▣ 按钮，其他选项采用系统默认设置，单击 确定 按钮。

5. 生成刀路轨迹并仿真

生成的刀路轨迹如图 7.97 所示，3D 动态仿真加工后的结果如图 7.98 所示。

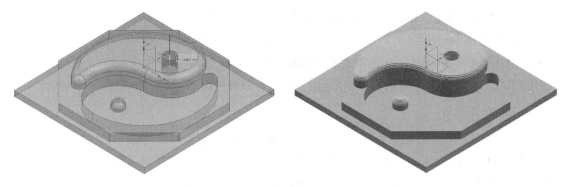

图 7.97　刀路轨迹　　　　　　　图 7.98　3D 动态仿真加工后的模型

7.3.14　创建刀具 6（圆鼻刀）

将工序导航器调整到机床视图。

（1）选择下拉菜单 主页 ➡ 创建刀具 命令，系统弹出"创建刀具"对话框。

（2）在"创建刀具"对话框的 类型 下拉列表中选择 mill_planar 选项，在 刀具子类型 区域中单击 MILL 按钮 ⑤，在 位置 区域的 刀具 下拉列表中选择 GENERIC_MACHINE ▾ 选项，在 名称 文本框中输入"D8R1"，然后单击 确定 按钮，系统弹出"铣刀-5 参数"对话框。

（3）在(D) 直径 文本框中输入"8"，在 (R1) 下半径 文本框中输入"1"，在 刀具号 文本框中输入"6"，在 补偿寄存器 文本框中输入"6"，在 刀具补偿寄存器 文本框中输入"6"，其他参数采用系统默认设置，单击 确定 按钮，完成刀具 6 的创建。

7.3.15　创建固定轮廓铣、R 圆曲面加工工序

（1）选择下拉菜单 主页 ➡ 创建工序 命令，系统弹出"创建工序"对话框。

（2）确定加工方法。在"创建工序"对话框的 类型 下拉列表中选择 mill_contour 选项，在 工序子类型 区域中单击"固定轮廓铣"按钮 ⚙，在 程序 下拉列表中选择 PROGRAM ▾ 选项，在 刀具 下拉列表中选择 D8R1 (铣刀-5 参数) ▾ 选项，在 几何体 下拉列表中选择 WORKPIECE ▾ 选项，在 方法 下拉列表中选择 METHOD ▾ 选项，采用系统默认的名称。

（3）在"创建工序"对话框中单击 确定 按钮，系统弹出"固定轮廓铣 "对话框。

1. 指定几何体

（1）单击"固定轮廓铣"对话框 指定切削区域 右侧的 📖 按钮，系统弹出"部件几何体"对话框。

（2）在图形区选取图 7.99 所示的 **指定部件**、**指定切削区域**，单击"特征几何体"对话框中的 **确定** 按钮，返回"固定轮廓铣"对话框。

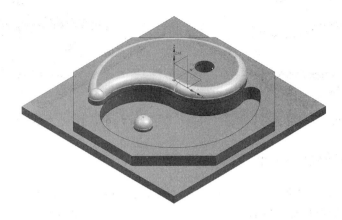

图 7.99　指定部件、切削区域

2．设置驱动方法参数

（1）设置切削模式。在 **驱动方法** 区域的 **方法** 下拉列表中选择 **区域铣削** ▼选项。

（2）设置 **区域铣削** ▼。单击"编辑循环"按钮 ，系统弹出" **区域铣削驱动方法** "对话框。在 **驱动设置** 区域的 **非陡峭切削** 。 **非陡峭切削模式** 下拉列表中选择 **跟随周边** ，在 **步距** 下拉列表中选择 **恒定** ▼ ，在 **最大距离** 在 **距离** 文本框中输入"0.1"。在 **步距已应用** 下拉列表中选择 **在部件上** ▼ 。

3．设置切削参数

单击"固定轮廓铣"对话框中单击 **余量** 选项卡，在 **公差** 选项 **内公差/外公差** 在选项输入"0.003"，其他参数采用系统默认设置。

4．设置非切削移动参数

参数设置采用系统默认的非切削移动参数值。

5．设置进给率和速度

（1）单击"固定轮廓铣"对话框中的"进给率和速度"按钮 ，系统弹出"进给率和速度"对话框。

（2）在"进给率和速度"对话框中选中 **主轴速度 (rpm)** 复选框，然后在其后文本框中输入"2800"，按 Enter 键，然后单击 按钮，在 **切削** 文本框中输入"1000"，按 Enter 键，然后单击 按钮，其他选项采用系统默认设置，单击 **确定** 按钮。

6．生成刀路轨迹并仿真

生成的刀路轨迹如图 7.100 所示，3D 动态仿真加工后的结果如图 7.101 所示。

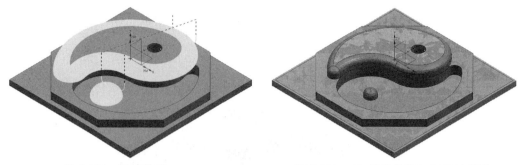

图 7.100　刀路轨迹　　　　　　　　图 7.101　3D 动态仿真加工后的模型

7.4　综合案例四——脸谱零件案例编程

本实例通过脸谱（3D 曲面）零件案例编程的加工，讲解 3D 曲面粗加工程序和 3D 曲面精加工程序。零件的数控加工内容、切削刀具类型（高速钢）和切削工艺参数见表 7.4，相应的加工工艺路线如图 7.102 所示。

表 7.4　脸谱切削参数表

序号	数控加工内容	切削刀具类型	刀具直径/mm	主轴转速/（r/min）	进给速度/（mm/min）
1	型腔铣、粗加工工序	平刀	10	2 500	1 200
2	底壁铣、零件平面精加工工序	平刀	10	2 800	650
3	固定轮廓铣、脸谱曲面二次粗加工工序	球头刀	8	2 800	1 500
4	固定轮廓铣、脸谱曲面一次精加工工序	球头刀	4	2 800	1 500
5	固定轮廓铣、脸谱曲面周边精加工工序	球头刀	4	2 800	500
6	固定轮廓铣、脸谱曲面精加工工序	刻字刀	0.3	2 800	800

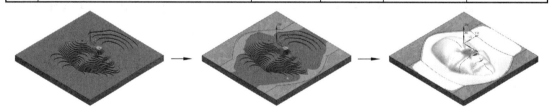

（a）型腔铣、粗加工工序　　（b）底壁铣、零件平面精加工工序　　（c）固定轮廓铣、脸谱曲面二次粗加工工序

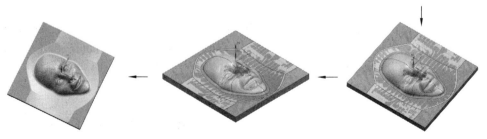

（f）固定轮廓铣、脸谱曲面精加工工序　　（e）固定轮廓铣、脸谱曲面周边精加工工序　　（d）固定轮廓铣、脸谱曲面一次精加工工序

图 7.102　加工工艺路线

7.4.1　打开模型文件并进入加工环境

1. 进入加工环境

在 应用模块 功能选项卡区域单击 加工 按钮，系统弹出"加工环境"对话框；在"加工环境"对话框的 CAM 会话配置 列表框中选择 cam_general 选项，在 要创建的 CAM 组装 列表框中选择 mill_planar 选项，单击 确定 按钮，进入加工环境。

2. 创建加工坐标系

将工序导航器调整到几何视图，双击节点 ⊕ ⊾ MCS_MILL，系统弹出"MCS 铣削"对话框。采用系统默认的机床坐标系，如图 7.103 所示。

3. 创建部件几何体

（1）在工序导航器中双击 ⊕ ⊾ MCS_MILL 节点下的 ◈ WORKPIECE，系统弹出"工件"对话框。

（2）选取部件几何体。在"工件"对话框中单击 ◈ 按钮，系统弹出"部件几何体"对话框。

（3）在图形区中选择零件模型实体为部件几何体。在"部件几何体"对话框中单击 确定 按钮，完成部件几何体的创建，同时系统返回到"工件"对话框。

4. 创建毛坯几何体

（1）在"工件"对话框中单击"选择或编辑毛坯几何体"按钮 ◈，系统弹出"毛坯几何体"对话框，如图 7.104 所示。

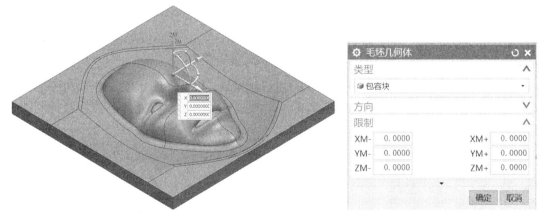

图 7.103　机床坐标系　　　　　　　　　　　图 7.104　创建毛坯几何体

（2）在下拉列表中选择 ◈ 包容块 选项，在图形区中显示毛坯几何体，单击 确定 按钮完成毛坯几何体的创建，系统返回到"工件"对话框。

（3）单击 确定 按钮，完成毛坯几何体的创建。系统返回到"工件"对话框。

（4）单击"工件"对话框中的 确定 按钮，完成铣削几何体的定义。

注：为了方便后续的选取，可以在设置工件后先将毛坯几何体进行隐藏。

7.4.2 创建刀具 1（立铣刀）

将工序导航器调整到机床视图。

（1）选择下拉菜单 主页 ➡ 创建刀具 命令，系统弹出"创建刀具"对话框。

（2）在"创建刀具"对话框的 类型 下拉列表中选择 mill_planar 选项，在 刀具子类型 区域中单击 MILL 按钮 ，在 位置 区域的 刀具 下拉列表中选择 GENERIC MACHINE 选项，在 名称 文本框中输入"D10"，然后单击 确定 按钮，系统弹出"铣刀-5 参数"对话框。

（3）在 (D) 直径 文本框中输入"10"，在 刀具号 文本框中输入"1"，在 补偿寄存器 文本框中输入"1"，在 刀具补偿寄存器 文本框中输入"1"，其他参数采用系统默认设置，单击 确定 按钮，完成刀具 1 的创建。

7.4.3 创建型腔铣、粗加工工序

（1）选择下拉菜单 主页 ➡ 创建工序 命令，系统弹出"创建工序"对话框。

（2）确定加工方法。在"创建工序"对话框的 类型 下拉列表中选择 mill_contour 选项，在 工序子类型 区域中单击"平面铣"按钮 ，在 程序 下拉列表中选择 PROGRAM 选项，在 刀具 下拉列表中选择 D10 (铣刀-5 参数) 选项，在 几何体 下拉列表中选择 WORKPIECE 选项，在 方法 下拉列表中选择 MILL_SEMI_FINISH 选项，采用系统默认的名称。

（3）在"创建工序"对话框中单击 确定 按钮，系统弹出"型腔铣"对话框。

1. 设置刀具路径参数

（1）设置切削模式。在 刀轨设置 区域的 切削模式 下拉列表中选择 跟随周边 选项。在 平面直径百分比 文本框中输入"75"。

（2）设置 公共每刀切削深度 。下拉列表中选择 恒定 选项，最大距离 值设置为"0.5"。

2. 设置切削参数

单击"型腔铣"对话框 刀轨设置 区域中的"切削参数"按钮 ，系统弹出"切削参数"对话框。在"切削参数"对话框中单击 策略 选项卡，在 切削顺序 下拉列表中选择 层优先 选项，对话框中单击 余量 选项卡，在 ☑ 使底面余量与侧面余量一致 选项。在 部件侧面余量 选项输入"0.3"，其他参数采用系统默认设置。

3. 设置非切削移动参数参数设置

（1）单击"型腔铣"对话框 刀轨设置 区域中的"切削参数"按钮 ，系统弹出"非切削参数"对话框。在"非切削参数"对话框中单击 进刀 选项卡 封闭区域 ，在 进刀类型 下拉列表中选择 螺旋 选项。在 封闭区域 选项卡的 直径 文本框中输入"90"（%刀具直径）、斜坡角度 文本框中输入"5"，高度文本框中输入"0.3"，如图 7.105 所示。

（2）对话框中单击 进刀 选项卡 开放区域，在 进刀类型 下拉列表中选择 线性 ▼ 选项。在 开放区域 选项卡的 长度 文本框中输入 "60"（%刀具直径）、高度 文本框中输入 "0"，如图 7.105 所示。

（3）在 "非切削参数" 对话框中单击 转移/快速 选项卡 区域内，在 转移类型 下拉列表中选择 直接 ▼ 选项。其他参数采用系统默认设置。

图 7.105　非切削移动参数

4. 设置进给率和速度

（1）单击 "平面铣" 对话框中的 "进给率和速度" 按钮 ⬚，系统弹出 "进给率和速度" 对话框。

（2）选中 主轴速度 区域中的 ☑ 主轴速度 (rpm) 复选框，在其后的文本框中输入 "2500"，按 Enter 键，单击 ⬚ 按钮；在 进给率 区域的切削文本框中输入 "1200"，按 Enter 键，然后单击 ⬚ 按钮。

（3）单击 "进给率和速度" 对话框中的 确定 按钮，系统返回 "平面铣" 对话框。

5. 生成刀路轨迹并仿真

生成的刀路轨迹如图 7.106 所示，3D 动态仿真加工后的模型如图 7.107 所示。

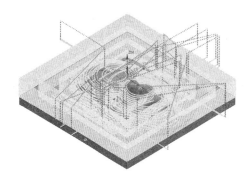

图 7.106　刀路轨迹　　　　　　图 7.107　3D 动态仿真加工后的模型

7.4.4　创建刀具 2（立铣刀.精）

将工序导航器调整到机床视图。

（1）选择下拉菜单 主页 ➡ 创建刀具 命令，系统弹出"创建刀具"对话框。

（2）在"创建刀具"对话框的 类型 下拉列表中选择 mill_planar 选项，在 刀具子类型 区域中单击 MILL 按钮 ，在 位置 区域的 刀具 下拉列表中选择 GENERIC MACHINE 选项，在 名称 文本框中输入"DD10"，然后单击 确定 按钮，系统弹出"铣刀-5 参数"对话框。

（3）在 (D) 直径 文本框中输入"10"，在 刀具号 文本框中输入"2"，在 补偿寄存器 文本框中输入"2"，在 刀具补偿寄存器 文本框中输入"2"，其他参数采用系统默认设置，单击 确定 按钮，完成刀具 2 的创建。

7.4.5　创建底壁铣、零件平面精加工工序

（1）选择下拉菜单 主页 ➡ 创建工序 命令，系统弹出"创建工序"对话框。

（2）确定加工方法。在"创建工序"对话框的 类型 下拉列表中选择 mill_planar 选项，在 工序子类型 区域中单击"底壁加工"按钮 ，在 程序 下拉列表中选择 PROGRAM 选项，在 刀具 下拉列表中选择 DD10 (铣刀-5 参 选项，在 几何体 下拉列表中选择 WORKPIECE 选项，在 方法 下拉列表中选择 MILL_SEMI_FINISH 选项，采用系统默认的名称。

（3）在"创建工序"对话框中单击 确定 按钮，系统弹出"底壁加工"对话框。

1. 指定切削区域

（1）在 几何体 区域中单击"选择或编辑切削区域几何体"按钮 ，系统弹出"切削区域"对话框。

（2）选取图 7.108 所示的面为切削区域，在"切削区域"对话框中单击 确定 按钮，完成切削区域的创建，同时系统返回到"底壁加工"对话框。

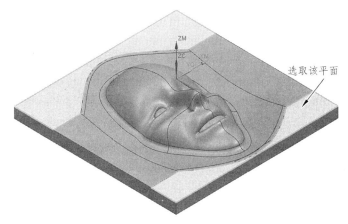

图 7.108　切削区域

2. 设置刀具路径参数

（1）设置切削模式。在 刀轨设置 区域的 切削模式 下拉列表中选择 往复 选项。

（2）设置步进方式。在 步距 下拉列表中选择 %刀具平直 选项，在 平面直径百分比 文本框中输入"50"，其他参数采用系统默认设置，设置 底面毛坯厚度 文本框中输入"0.3"。

3. 设置切削参数

（1）单击"底壁加工"对话框 刀轨设置 区域中的"切削参数"按钮 ，系统弹出"切削参数"对话框。在"切削参数"对话框中单击 空间范围 选项卡 切削区域 ，在简化形状下拉列表中选择 轮廓 选项。

（2）对话框中单击 余量 选项卡，在 余量 选项。在 壁余量 选项输入"0"，其他参数采用系统默认设置。

4. 设置非切削移动参数

参数设置采用系统默认的非切削移动参数值。

5. 设置进给率和速度

（1）单击"底壁加工"对话框中的"进给率和速度"按钮 ，系统弹出"进给率和速度"对话框。

（2）选中 主轴速度 区域中的 主轴速度 (rpm)复选框，在其后的文本框中输入"2800"，按 Enter 键，单击 按钮；在 进给率 区域的切削文本框中输入"650"，按 Enter 键，然后单击 按钮。

（3）单击"进给率和速度"对话框中的 确定 按钮，系统返回"底壁加工"对话框。

6. 生成刀路轨迹并仿真

生成的刀路轨迹如图 7.109 所示，3D 动态仿真加工后的模型如图 7.110 所示。

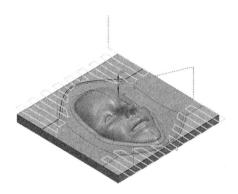

图 7.109　刀路轨迹

图 7.110　3D 动态仿真加工后的模型

7.4.6　创建刀具 3（球头刀）

将工序导航器调整到机床视图。

（1）选择下拉菜单 主页 ➡ 命令，系统弹出"创建刀具"对话框。

（2）在"创建刀具"对话框的 类型 下拉列表中选择 mill_planar 选项，在 刀具子类型 区域中单击 BALL_MILL 按钮 🔩，在 位置 区域的 刀具 下拉列表中选择 GENERIC_MACHINE ▾ 选项，在 名称 文本框中输入"R4"，然后单击 确定 按钮，系统弹出"铣刀-球头铣刀参数"对话框。

（3）在 (D) 球直径 文本框中输入"8"。在 刀具号 文本框中输入"3"，在 补偿寄存器 文本框中输入"3"，在 刀具补偿寄存器 文本框中输入"3"，其他参数采用系统默认设置，单击 确定 按钮，完成刀具 3 的创建。

7.4.7　创建固定轮廓铣、脸谱曲面二次粗加工工序

（1）选择下拉菜单 主页 ➡ 🖊命令，系统弹出"创建工序"对话框。

（2）确定加工方法。在"创建工序"对话框的 类型 下拉列表中选择 mill_contour 选项，在 工序子类型 区域中单击"固定轮廓铣"按钮 ⬇，在 程序 下拉列表中选择 PROGRAM ▾ 选项，在 刀具 下拉列表中选择 R4 (铣刀-球头铣) ▾ 选项，在 几何体 下拉列表中选择 MCS_MILL ▾ 选项，在 方法 下拉列表中选择 METHOD ▾ 选项，采用系统默认的名称。

（3）在"创建工序"对话框中单击 确定 按钮，系统弹出"固定轮廓铣"对话框。

1. 指定几何体

（1）单击"固定轮廓铣"对话框 指定部件 右侧的 🗊 按钮，系统弹出"部件几何体"对话框。

（2）单击"固定轮廓铣"对话框 指定切削区域 右侧的 🗊 按钮，系统弹出"部件几何体"对话框。

（3）在图形区选取图 7.111 所示的 指定部件、指定切削区域，单击"特征几何体"对话框中的 确定 按钮，返回"固定轮廓铣"对话框。

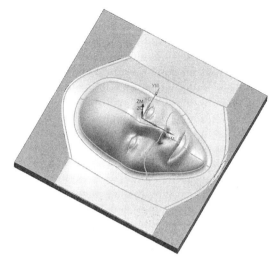

图 7.111　指定切削区域

2．设置驱动方法参数

（1）设置切削模式。在 驱动方法 区域的 方法 下拉列表中选择 区域铣削 ▼ 选项。

（2）设置 区域铣削 ▼ 。单击"编辑循环"按钮 🎝 ，系统弹出" 区域铣削驱动方法 "
对话框。在 驱动设置 区域的 非陡峭切削 。非陡峭切削模式 下拉列表中选择 🖴 往复 ▼ ，
在 步距 下拉列表中选择 恒定 ▼ ，在 最大距离 在 距离 文本框中输入"0.5"。在
步距已应用 下拉列表中选择 在平面上 ▼ ，在 切削角 下拉列表中选择 指定 ▼ ，
在 与 XC 的夹角 文本框中输入"45"。

3．设置切削参数

（1）单击"底壁加工"对话框 刀轨设置 区域中的"切削参数"按钮 🚟 ，系统弹出"切
削参数"对话框。对话框中单击 多刀路 选项卡，在 多重深度 选项 ☑ 多重深度切削 （√选上）
在 部件余量偏置 文本框中输入"1.5"，在 步进方法 下拉列表中选择 增量 ▼ ，在 增量 文
本框中输入"0.75"。

（2）对话框中单击 余量 选项卡，在 余量 选项。在 壁余量 选项输入"0.1"，其他参数采用
系统 默认设置。

4．设置非切削移动参数

参数设置采用系统默认的非切削移动参数值。

5．设置进给率和速度

（1）单击"固定轮廓铣"对话框中的"进给率和速度"按钮 🐾 ，系统弹出"进给率和速
度"对话框。

（2）在"进给率和速度"对话框中选中 ☑ 主轴速度 (rpm) 复选框，然后在其后文本框中输
入"2800"，按 Enter 键，然后单击 🔲 按钮，在 切削 文本框中输入"1500"，按 Enter 键，然后
单击 🔲 按钮，其他选项采用系统默认设置，单击 确定 按钮。

6. 生成刀路轨迹

（1）仿真生成的刀路轨迹如图 7.112 所示，3D 动态仿真加工后的结果如图 7.113 所示。

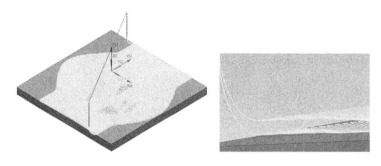

图 7.112　刀路轨迹

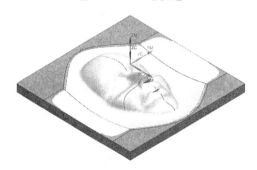

图 7.113　3D 动态仿真加工后的模型

7.4.8　创建刀具 4（球头刀）

将工序导航器调整到机床视图。

（1）选择下拉菜单 主页 ➡ 创建刀具 命令，系统弹出"创建刀具"对话框。

（2）在"创建刀具"对话框的 类型 下拉列表中选择 mill_planar 选项，在 刀具子类型 区域中单击 BALL_MILL 按钮，在 位置 区域的 刀具 下拉列表中选择 GENERIC MACHINE ▾ 选项，在 名称 文本框中输入"R2"，然后单击 确定 按钮，系统弹出"铣刀-球头铣刀参数"对话框。

（3）在 (D) 球直径 文本框中输入"4"。在 刀具号 文本框中输入"4"，在 补偿寄存器 文本框中输入"4"，在 刀具补偿寄存器 文本框中输入"4"，其他参数采用系统默认设置，单击 确定 按钮，完成刀具 4 的创建。

7.4.9　创建固定轮廓铣、脸谱曲面一次精加工工序

（1）选择下拉菜单 主页 ➡ 创建工序 命令，系统弹出"创建工序"对话框。

（2）确定加工方法。在"创建工序"对话框的 类型 下拉列表中选择 mill_contour 选项，在 工序子类型 区域中单击"固定轮廓铣"按钮，在 程序 下拉列表中选择 PROGRAM ▾ 选项，在 刀具 下拉列表中选择 R2 (铣刀-球头铣) ▾ 选项，在 几何体 下拉列表中选择 MCS_MILL ▾ 选项，在 方法 下拉列表中选择 METHOD ▾ 选项，采用系统默认的名称。

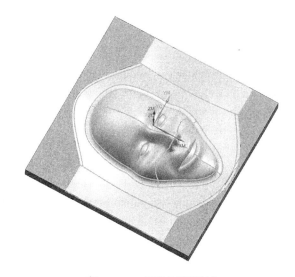

（3）在"创建工序"对话框中单击 **确定** 按钮，系统弹出"固定轮廓铣"对话框。

1. 指定几何体

（1）单击"固定轮廓铣"对话框 **指定部件** 右侧的 按钮，系统弹出"部件几何体"对话框。

（2）单击"固定轮廓铣"对话框指定切削区域右侧的 按钮，系统弹出"部件几何体"对话框。

（3）在图形区选取图 7.114 所示的 **指定部件**、**指定切削区域**，单击"特征几何体"对话框中的 **确定** 按钮，返回"固定轮廓铣"对话框。

图 7.114　指定切削区域

2. 设置驱动方法参数

（1）设置切削模式。在 **驱动方法** 区域的 **方法** 下拉列表中选择 **区域铣削** 选项。

（2）设置 **区域铣削** 。单击"编辑循环"按钮，系统弹出 **区域铣削驱动方法** 对话框。在 **驱动设置** 区域的 **非陡峭切削** 。**非陡峭切削模式** 下拉列表中选择 **往复** ，在 **步距** 下拉列表中选择 **恒定** ，在 **最大距离** 在 **距离** 文本框中输入"0.3"。在 **步距已应用** 下拉列表中选择 **在平面上** ，在 **切削角** 下拉列表中选择 **指定** ，在 **与 XC 的夹角** 文本框中输入"45"。

3. 设置切削参数

（1）单击"底壁加工"对话框 **刀轨设置** 区域中的"切削参数"按钮，系统弹出"切削参数"对话框。

（2）对话框中单击 **余量** 选项卡，在 **余量** 选项。在 **壁余量** 选项输入"0.0"，其他参数采用系统默认设置。

4. 设置非切削移动参数

参数设置采用系统默认的非切削移动参数值。

5. 设置进给率和速度

（1）单击"固定轮廓铣"对话框中的"进给率和速度"按钮🗲，系统弹出"进给率和速度"对话框。

（2）在"进给率和速度"对话框中选中☑ 主轴速度 (rpm)复选框，然后在其后文本框中输入"2800"，按 Enter 键，然后单击🔒按钮，在切削文本框中输入"1500"，按 Enter 键，然后单击🔒按钮，其他选项采用系统默认设置，单击 确定 按钮。

（3）生成刀路轨迹并仿真生成的刀路轨迹如图 7.115 所示，3D 动态仿真加工后的结果如图 7.116 所示。

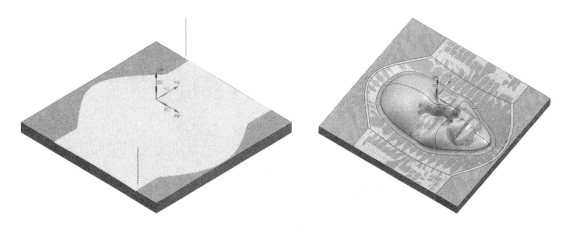

图 7.115　刀路轨迹　　　　　　　　图 7.116　3D 动态仿真加工后的模型

7.4.10　创建固定轮廓铣、脸谱曲面周边精加工工序

（1）选择下拉菜单主页 ➡ 🗩 创建工序命令，系统弹出"创建工序"对话框。

（2）确定加工方法。在"创建工序"对话框的类型下拉列表中选择 mill contour 选项，在工序子类型区域中单击"固定轮廓铣"按钮🔱，在程序下拉列表中选择 PROGRAM ▼选项，在刀具下拉列表中选择 R2 (铣刀-球头铣) ▼选项，在几何体下拉列表中选择 MCS_MILL ▼选项，在方法下拉列表中选择 METHOD ▼选项，采用系统默认的名称。

（3）在"创建工序"对话框中单击 确定 按钮，系统弹出"固定轮廓铣"对话框。

1. 指定几何体

（1）单击"固定轮廓铣"对话框指定部件右侧的🗔按钮，系统弹出"部件几何体"对话框。

（2）单击"固定轮廓铣"对话框指定切削区域右侧的🗔按钮，系统弹出"部件几何体"对话框。

（3）在图形区选取图 7.117 所示的指定部件、指定切削区域，单击"特征几何体"对话框中的 确定 按钮，返回"固定轮廓铣"对话框。

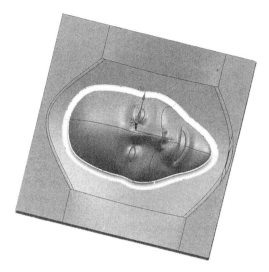

图 7.117　指定切削区域

2. 设置驱动方法参数

（1）设置切削模式。在 驱动方法 区域的 方法 下拉列表中选择 区域铣削 ▼ 选项。

（2）设置 区域铣削 ▼ 。单击"编辑循环"按钮 ⚙ ，系统弹出 区域铣削驱动方法 对话框。在 驱动设置 区域的 非陡峭切削 。非陡峭切削模式 下拉列表中选择 跟随周边 ▼ ，在 步距 下拉列表中选择 恒定 ▼ ，在 最大距离 在 距离 文本框中输入 "0.5"。在 步距已应用 下拉列表中选择 在平面上 ▼ 。

3. 设置切削参数

（1）单击"底壁加工"对话框 刀轨设置 区域中的"切削参数"按钮 🗔 ，系统弹出"切削参数"对话框。

（2）对话框中单击 余量 选项卡，在 余量 选项。在 壁余量 选项输入 "0.0"，其他参数采用系统 默认设置。

4. 设置非切削移动参数

参数设置采用系统默认的非切削移动参数值。

5. 设置进给率和速度

（1）单击"固定轮廓铣"对话框中的"进给率和速度"按钮 🐾 ，系统弹出"进给率和速度"对话框。

（2）在"进给率和速度"对话框中选中 🔘 主轴速度 (rpm) 复选框，然后在其后文本框中输入 "2800"，按 Enter 键，然后单击 🔲 按钮，在切削 文本框中输入 "500"，按 Enter 键，然后单击 🔲 按钮，其他选项采用系统默认设置，单击 确定 按钮。

（3）生成刀路轨迹并仿真生成的刀路轨迹如图 7.118 所示，3D 动态仿真加工后的结果如图 7.119 所示。

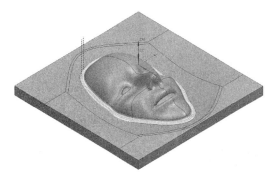

图 7.118　刀路轨迹

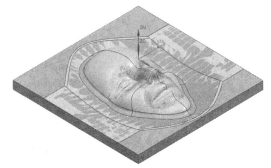

图 7.119　3D 动态仿真加工后的模型

7.4.11　创建刀具 5（刻字刀）

将工序导航器调整到机床视图。

（1）选择下拉菜单 主页 ➡  命令，系统弹出"创建刀具"对话框。

（2）在"创建刀具"对话框的 类型 下拉列表中选择 mill_planar 选项，在 刀具子类型 区域中单击 MILL 按钮 🔧，在 位置 区域的 刀具 下拉列表中选择 GENERIC_MACHINE ▾ 选项，在 名称 文本框中输入"DK0.3"，然后单击 确定 按钮，系统弹出"铣刀-5 参数"对话框。

（3）在 (D) 直径 文本框中输入"0.3"。在 (B) 锥角 文本框中输入"8"，在 (L) 长度 文本框中输入"20"，在 (FL) 刀刃长度 文本框中输入"20"。在 刀具号 文本框中输入"5"，在 补偿寄存器 文本框中输入"5"，在 刀具补偿寄存器 文本框中输入"5"，其他参数采用系统默认设置，单击 确定 按钮，完成刀具 5 的创建。

7.4.12　创建固定轮廓铣、脸谱曲面精加工工序

（1）选择下拉菜单 主页 ➡ 📄 命令，系统弹出"创建工序"对话框。

（2）确定加工方法。在"创建工序"对话框的 类型 下拉列表中选择 mill_contour 选项，在 工序子类型 区域中单击"固定轮廓铣"按钮 ⬇，在 程序 下拉列表中选择 PROGRAM ▾ 选项，在 刀具 下拉列表中选择 DK0.3 (铣刀-5 参 ▾ 选项，在 几何体 下拉列表中选择 MCS_MILL ▾ 选项，在 方法 下拉列表中选择 METHOD ▾ 选项，采用系统默认的名称。

（3）在"创建工序"对话框中单击 确定 按钮，系统弹出"固定轮廓铣"对话框。

1. 指定几何体

（1）单击"固定轮廓铣"对话框 指定部件 右侧的 🔷 按钮，系统弹出"部件几何体"对话框。

（2）单击"固定轮廓铣"对话框 指定切削区域 右侧的 🔷 按钮，系统弹出"部件几何体"对话框。

（3）在图形区选取图 7.120 所示的 指定部件 、指定切削区域，单击"特征几何体"对话框中的 确定 按钮，返回"固定轮廓铣"对话框。

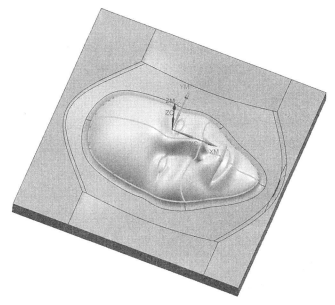

图 7.120　指定切削区域

2. 设置驱动方法参数

（1）设置切削模式。在 驱动方法 区域的 方法 下拉列表中选择 区域铣削 ▼ 选项。

（2）设置 区域铣削 ▼ 。单击"编辑循环"按钮 🖉 ，系统弹出 区域铣削驱动方法 对话框。在 驱动设置 区域的 非陡峭切削 。非陡峭切削模式 下拉列表中选择 🔁 往复 ▼ ，在 步距 下拉列表中选择 恒定 ▼ ，在 最大距离 在 距离 文本框中输入"0.1"。在 步距已应用 下拉列表中选择 在平面上 ▼ 。

3. 设置切削参数

（1）单击"底壁加工"对话框 刀轨设置 区域中的"切削参数"按钮 ᇤ ，系统弹出"切削参数"对话框。

（2）对话框中单击 余量 选项卡，在 余量 选项。在 壁余量 选项输入"0.0"，其他参数采用系统默认设置。

4. 设置非切削移动参数

参数设置采用系统默认的非切削移动参数值。

5. 设置进给率和速度

（1）单击"固定轮廓铣"对话框中的"进给率和速度"按钮 ⭐ ，系统弹出"进给率和速度"对话框。

（2）在"进给率和速度"对话框中选中 ✅ 主轴速度 (rpm) 复选框，然后在其后文本框中输入"2800"，按 Enter 键，然后单击 🖩 按钮，在 切削 文本框中输入"800"，按 Enter 键，然后单击 🖩 按钮，其他选项采用系统默认设置，单击 确定 按钮。

6. 生成刀路轨迹并仿真

生成的刀路轨迹如图 7.121 所示，3D 动态仿真加工后的结果如图 7.122 所示。

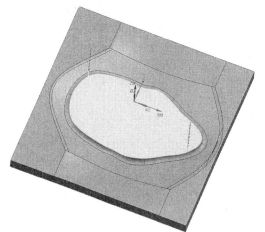

图 7.121　刀路轨迹

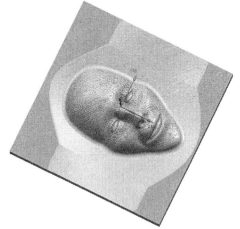

图 7.122　3D 动态仿真加工后的模型

参考文献

[1] 陈蔚芳，王宏涛，等. 机床数控技术及应用[M]. 5 版. 北京：科学出版社，2023.

[2] 程俊兰，卢良旺，等. 数控加工工艺与编程[M]. 3 版. 北京：中国中信出版集团，2018.

[3] 王睿鹏. 现代数控机床编程与操作[M]. 北京：机械工业出版社，2014.

[4] 崔兆华. 数控机床编程与操作[M]. 北京：化学工业出版社，2019.

[5] 刘蔡保. 数控编程从入门到精通[M]. 北京：化学工业出版社，2019.

[6] 刘蔡保. 数控车床编程与操作[M]. 北京：化学工业出版社，2009.

[7] 苏宏志. 数控加工刀具及其选用技术[M]. 北京：机械工业出版社，2005.

[8] 缪遇春，吴光明，等. 数控编程与操作[M]. 2 版. 北京：机械工业出版社，2023.

[9] 常虹，贺磊. 数控编程与操作[M]. 2 版. 武汉：华中科技大学出版社，2017.

[10] 詹建新，张日红. UG NX 12.0 产品设计、模具设计与数控编程从新手到高手[M]. 北京：清华大学出版社，2021.

[11] 康亚鹏，李小刚，左立浩. UG NX 8.0 数控加工自动编程[M]. 2 版. 北京：机械工业出版社，2013.

[12] 北京兆迪科技有限公司. UG NX 12.0 数控加工实例精解[M]. 北京：机械工业出版社，2019.

[13] 葛新锋. 数控加工工艺[M]. 北京：机械工业出版社，2023.

[14] 彼得·斯密德. 数控编程手册[M]. 北京：化学工业出版社，2012.